浙江省普通高校"十三五"新形态教材

工程测量

（非测绘专业）

ENGINEERING SURVEYING

主 编 董洪晶

副主编 李桂苓 杜国标 李 嘉

ZHEJIANG UNIVERSITY PRESS
浙江大学出版社

图书在版编目（CIP）数据

工程测量：非测绘专业 / 董洪晶主编. —杭州：浙江大学出版社，2019.11

ISBN 978-7-308-19490-7

Ⅰ.①工… Ⅱ.①董… Ⅲ.①工程测量—教材 Ⅳ.①TB22

中国版本图书馆 CIP 数据核字(2019)第 185605 号

工程测量(非测绘专业)

董洪晶　主编

责任编辑　徐　霞

责任校对　陈静毅　汪志强

封面设计　春天书装

出版发行　浙江大学出版社

（杭州市天目山路 148 号　邮政编码 310007）

（网址：http://www.zjupress.com）

排　　版　杭州中大图文设计有限公司

印　　刷　杭州杭新印务有限公司

开　　本　787mm×1092mm　1/16

印　　张　15.5

字　　数　397 千

版 印 次　2019 年 11 月第 1 版　2019 年 11 月第 1 次印刷

书　　号　ISBN 978-7-308-19490-7

定　　价　46.00 元

编 委 会

主　编　董洪晶

副主编　李桂苓　杜国标　李　嘉

参　编　郑建明　孙志群　陈　述
郑　帅　苏立云

前　言

随着工程测量技术的飞速发展，测量仪器日新月异，工程测量的教材也应与时俱进；同时，随着网络技术的发展和手机的普遍使用，基于互联网、手机APP客户端的线上线下要求，我们的教材也需要与时俱进，除了纸质教材之外，还应配合开发网络教材，以多种方式和形式满足教学与学生学习的需要。因此，我们响应浙江省高等教育学会教材建设委员会关于促进“互联网＋教育”背景下“十三五”新形态教材建设的号召，编写了这本教材。

在教材的编写过程中，编者总结了多年的教学经验，本着线上与线下结合、基础理论与实践并重、传统仪器与现代技术兼顾、内容精而不失系统性的原则，努力使本教材做到实用、先进，在内容的选择上力求做到重点突出、简明扼要、概念准确、去旧纳新、循序渐进、便于自学。同时，结合“互联网＋”教材的需要，将一些教学素材和拓展内容以二维码的形式链接到书中相关知识点处，供有需要的读者拓展学习。本教材每一章后都附有思考题和习题。

本教材共分十一章，由嘉兴学院董洪晶担任主编，嘉兴学院李桂苓、浙江科技学院杜国标、嘉兴学院李嘉担任副主编，嘉兴学院孙志群及南方测绘仪器公司杭州分公司郑建明、陈述、郑帅、苏立云参与编写，在此对以上人员表示衷心的感谢。另外，对本书中所引参考文献的作者也一并表示感谢。

为保证本书的编写质量，编者多次外出调研，查阅了大量资料，采取了分工编写、共同讨论、交叉检查、逐步完善、集体定稿的方法。尽管如此，由于编者水平所限，书中难免存在不妥和疏漏之处，恳请广大读者批评指正。如有意见或建议请发邮件至 dongjing_ii9@foxmail.com。

编者

2019年10月

前言

目　录

第一章

绪论

第一节 概述

一、工程测量的任务

测绘学是研究地球的形状、大小以及地球表面上各种物体的几何形状和空间位置的学科。按研究范围和对象的不同,测绘学可分为大地测量学、普通测量学、摄影测量与遥感学、工程测量学、海洋测量学、地图制图学等。

工程测量学是测绘学的分支学科,是研究工程建设在勘测设计、施工和管理阶段所进行的各种测量工作的学科。工程测量学的主要内容有工程控制网建立、地形测绘、施工放样、设备安装测量、竣工测量、变形观测和维修养护测量的理论、技术与方法。其主要任务如下:

(1)测绘大比例尺地形图。把工程建设区域内的地貌和各种物体的几何形状及其空间位置,依照规定的符号和比例尺绘制成图,并把建筑工程所需的数据用数字表示出来,为规划设计提供图纸和资料。

(2)施工放样和竣工测量。把图纸上设计的建(构)筑物,按照设计要求在现场标定出来,作为施工的依据;配合建筑施工进行各种测量工作,保证施工质量;开展竣工测量,为工程验收、日后扩建和维修管理提供资料。

(3)建(构)筑物变形观测。对于一些重要的建(构)筑物,在施工和运营期间定期进行变形观测,以了解建(构)筑物的变形规律,保证其安全施工和运营。

测量工作贯穿于工程建设的勘察设计、施工建造和运营管理阶段的全过程。在工程建设的勘察设计阶段,测量工作主要是提供各种比例尺的地形图。在工程建设的施工建造阶段,主要的测量工作是施工放样和设备安装测量,即将图纸上设计好的各种建(构)筑物按其设计的三维坐标测设到实地上去,并把设备安装到设计的位置上。为此,要根据工地的地形、工程的性质以及施工的组织与计划等,建立不同形式的施工控制网,作为施工放样与设备安装的基础,然后再按照施工的需要进行点位放样。在工程建设的运营管理阶段,为了监控建(构)筑物的安全和稳定情况以验证设计是否合理、正确,需要定期对其变形情况进行观测。

二、工程测量发展概况

工程测量学的历史源远流长,建于公元前 2690 年左右的埃及胡夫金字塔,其形状与方向都很准确,这说明当时已有放样的工具和方法。公元前 14 世纪在幼发拉底河与尼罗河流域,曾进行过土地边界的测定。我国早在 3000 多年前的夏商时代,为了治水就开始了实际的工程测量工作。对此,伟大的史学家司马迁在《史记》中对夏禹治水有这样的描述:"陆行乘车,水行乘船,泥行乘橇,山行乘晫。左准绳,右规矩,载四时,以开九州,通九道,陂九泽,度九山。"其中"准"是古代用的水准器;"绳"是一种测量距离、引画直线和定平用的工具,是最早的长度度量及定平工具之一;"规"是校正回形的工具;"矩"是古代画方形的用具,也就是曲尺。在山东嘉祥县汉代武梁祠石室造像中,就有拿矩的伏羲和拿规的女娲的图像,说明我国在西汉以前,"规"和"矩"是用得很普遍的测量仪器。秦代李冰父子开凿的都江堰水利枢纽工程,用一个石头人来标定水位,当水位超过石头人的肩时,下游将受到洪水的威胁;当水位低于石头人的脚背时,下游将出现干旱。这种标定水位的办法,虽不如水准尺那样精确,却是我国水利工程测量发展的标志。

自 17 世纪发明望远镜后,人们利用光学仪器进行测量,测绘科学的发展迈出了一大步。20 世纪 60 年代以来,由于电子计算技术的飞速发展,出现了自动化程度很高的电子经纬仪、全站仪和自动绘图仪。1964 年国际测量师联合会(FIG)为了促进和繁荣工程测量,成立了工程测量委员会(第六委员会),从此工程测量学在国际上成为一门独立的学科。20 世纪末,现代科学技术有了飞速的发展,人类科学技术不断向着宏观宇宙和微观粒子世界延伸,测量对象不仅限于地面而且深入地下、水域、空间和宇宙。20 世纪 80 年代末以来发展了一种利用卫星定位的新技术,如 GPS(global positioning system,全球定位系统)、BDS(Beidou navigation satellite system,中国北斗卫星导航系统)。

目前国际公认的、引领 21 世纪科技发展的三大技术之一——"空间信息技术",正在使传统测绘向天地一体化(地表、地层、天体)、信息化、实时化、数字化、自动化、智能化迈进,使工程测量产品向多样化、网络化、社会化方向发展。

第二节　地球形状和地面点位的确定

一、地球的形状与大小

测量工作是在地球的自然表面上进行的,而地球自然表面是极不平坦和极不规则的,它有约占 71%面积的海洋,约占 29%的陆地,有高达 8 844.43 m 的珠穆朗玛峰,也有深达 11 034 m的马里亚纳海沟。这样的高低起伏,相对于地球庞大的体积来说,还是很小的。因此,人们把海水面所包围的地球形体看作地球的形状。

由于地球的自转运动,地球上任意点都要受到离心力和地心引力的双重作用,这两个力的合力称为重力。重力的方向线称为铅垂线,铅垂线是测量工作的基准线(见图 1 - 1)。处处与重力方向垂直的连续曲面称为水准面。任何自由静止的水面都是水准面。与水准面相切的平面称为水平面。水准面可高可低,因此符合上述特点的水准面有无数个。其中,与平均海水面吻合并向大陆、岛屿内延伸而形成的闭合曲面称为大地水准面,它是测量工作的基准面。

大地水准面所包围的地球形体称为大地体。由于地球内部质量分布不均匀而使各点铅垂线方向产生不规则变化,致使大地水准面成为一个复杂的曲面(见图 1-2),无法在这个曲面上进行测量数据处理。为了使用方便,通常用一个非常接近大地体、可用数学表达式表示的几何形体,即旋转椭球体来代替地球形状作为内业计算工作的基准。这个旋转椭球体称为参考椭球体,是由一个椭圆绕其短轴旋转而成的形体,其表面称为旋转椭球面。作为一个规则的曲面体,旋转椭球体可用数学函数表示为:

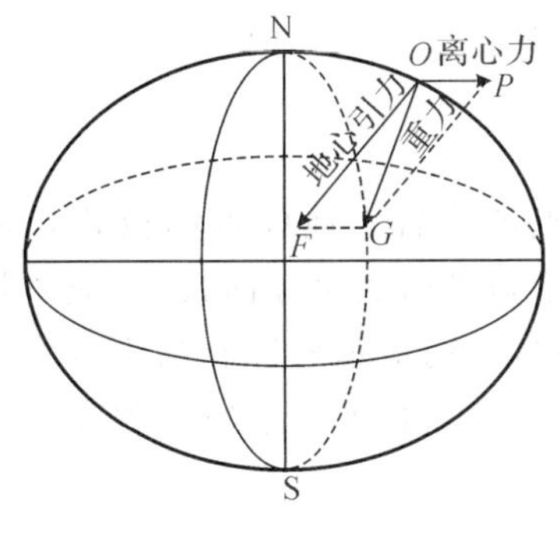

图 1-1　铅垂线

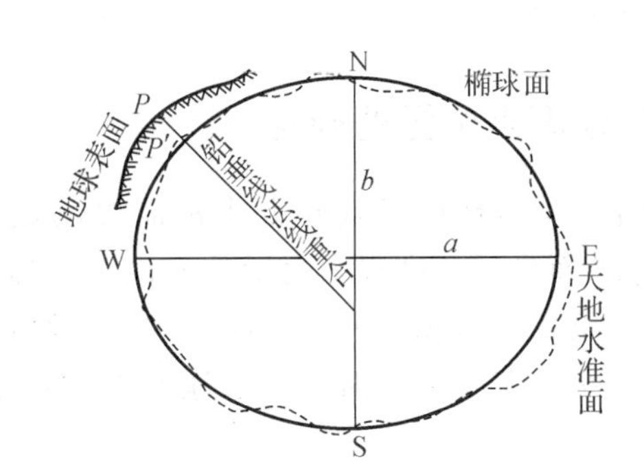

图 1-2　大地水准面

$$\frac{X^2}{a^2}+\frac{Y^2}{a^2}+\frac{Z^2}{b^2}=1 \tag{1-1}$$

式中,a、b 为参考椭球体的几何参数,a 为椭球长半径,b 为椭球短半径。参考椭球扁率 α 应满足下式:

$$\alpha=\frac{a-b}{a} \tag{1-2}$$

两个多世纪以来,许多学者和机构分别测算出了参考椭球体的参数值,表 1-1 是几次有代表性的测算结果。

表 1-1　参考椭球几何参数

参考椭球体名称	年份	长半径 a	扁率 α	说明
德兰勃参考椭球体	1800	6 375 653	1∶334.0	法国
克拉索夫斯基参考椭球体	1940	6 378 245	1∶298.3	苏联
1975 大地测量参考椭球体	1975	6 378 140	1∶298.257	IUGG 第 16 届大会推荐值
1980 大地测量参考椭球体	1979	6 378 137	1∶298.257	IUGG 第 17 届大会推荐值
WGS-84 参考椭球体	1984	6 378 137±2	1∶298.257 223 563	美国,1984 世界大地坐标系
CGCS 2000 参考椭球体	2008	6 378 137	1∶298.257 222 101	中国,2000 国家大地坐标系

地球的形状确定后,还应进一步确定大地水准面与椭球面的相对关系,这样才能将观测成果换算到椭球面上。如图1-2所示,在一个国家的适当地点,选择一点 P,设想把椭球与大地体相切,切点 P' 位于 P 点的铅垂线方向上。这时,椭球面上 P' 点的法线与大地水准面的铅垂线相重合,使椭球的短轴与地轴保持平行,且椭球面与这个国家范围内的大地水准面差距尽量地小。于是椭球与大地水准面的相对位置便确定下来,这就是参考椭球的定位工作,P 点称为“大地原点”。根据定位的结果确定大地原点的起算数据。由于地球椭球体的扁率很小,因此,在测区范围不大时可将地球视为圆球体,其半径为6 371 km。

1-1 大地原点、我国的参考椭球体

二、地面点位置的确定

研究和确定地球形状和大小都需要测定地面点的位置。地面点的位置是用三维坐标,即由平面坐标和高程来表示的。由于地球表面不是平面而是球面,因而应采用能表示球面上点位置的坐标来表示地面上的点。测量上通常采用地理坐标和高程这类全球统一的坐标系统。若要在平面上表示地面点的位置,则应采用平面直角坐标和高程这样的坐标系统。

(一)地面点在投影面上的坐标

1. 地理坐标系

用经度和纬度表示地面点球面位置的坐标称为地理坐标。根据使用的基准线、基准面不同,地理坐标又分为天文坐标和大地坐标。

(1)天文坐标系

天文坐标以铅垂线为基准线,以大地水准面为基准面,地面点的位置用天文经度 λ 和天文纬度 φ 表示。在图1-3中,视地球为一球体,N和S是地球的北极和南极,连接两极且通过地心 O 的线称为地轴。过地轴的平面称为子午面,子午面与地球表面的交线称为子午线或经线。通过英国格林尼治天文台的子午线称为首子午线,其子午面称为首子午面。过地心 O 且垂直于地轴的平面称为赤道面。赤道面与球面的交线称为赤道。过地面上任一点 P 的子午面与首子午面的夹角 λ,称为 P 点的天文经度。从首子午线起向东0°~180°称东经,向西0°~180°称西经。过 P 点的铅垂线与赤道面的夹角 φ,称为 P 点的天文纬度。从赤道向北0°~90°称北纬,向南0°~90°称南纬。例如北京某点的天文地理坐标为东经116°28′,北纬39°54′。

(2)大地坐标系

大地坐标以法线为基准线,以旋转椭球面为基准面,地面点位用大地经度 L 和大地纬度 B 表示。如图1-4所示,将地面点 P 沿椭球法线投影到椭球面上 P' 点,过 P' 点的子午面与首子午面之间的夹角 L,称为 P 点的大地经度。从首子午线起向东0°~180°称东经,向西0°~180°称西经。过 P' 点的椭球法线与赤道面的夹角 B,称为 P 点的大地纬度。从赤道向北0°~90°称北纬,向南0°~90°称南纬。

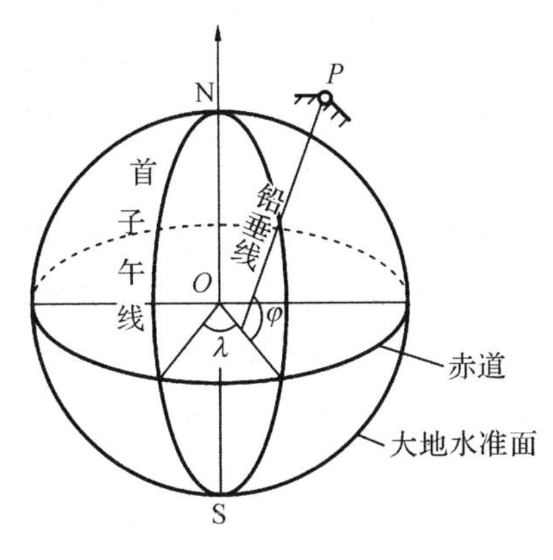

图 1－3 天文坐标系

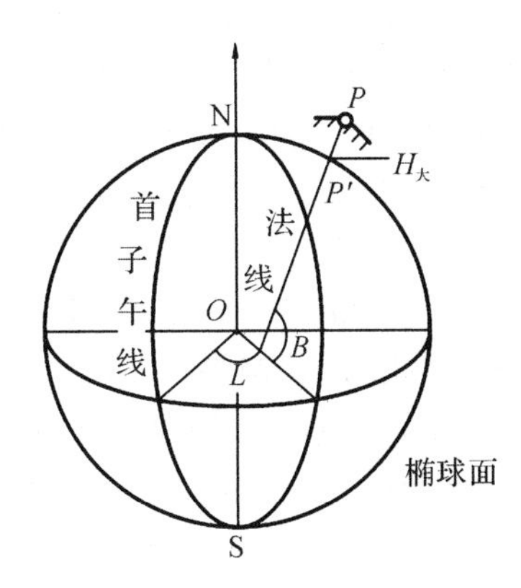

图 1－4 大地坐标系

天文坐标系和大地坐标系的不同点是各自所依据的基准面和基准线不同，前者所依据的是大地水准面和铅垂线，后者依据的是旋转椭球面和法线。天文经、纬度是用天文测量方法测定的。大地经、纬度是根据一个起始的大地原点（该点的大地经、纬度与天文经、纬度一致）的大地坐标，按大地测量所得的数据推算而得的。

2. 高斯平面直角坐标系

地理坐标是球面坐标，不便于进行各种计算。在工程建设的规划、设计与施工中，宜在平面上进行各项计算。为此，须将球面上的图形用平面来表现出来，这就必须采用适当的投影方法。在测量工作中，通常采用高斯投影方法。

高斯投影的方法是将地球划分为若干带，然后将每带投影到平面上。如图 1－5 所示，投影带从首子午线起，每经差 6°划一带（称为 6°带），自西向东将整个地球划分成经差相等的 60 个带。带号从首子午线起自西向东依次用阿拉伯数字 1，2，3，…，60 表示。位于各带中央的子午线称为该带的中央子午线。第一个 6°带的中央子午线是东经 3°。任意带中央子午线经度 L_0，可按下式计算：

$$L_0 = 6N - 3 \tag{1-3}$$

式中，N 为投影带的号数。

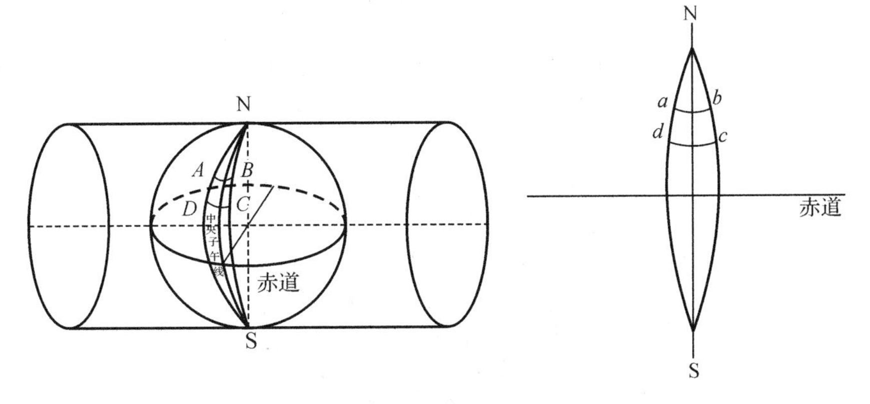

图 1－5 高斯投影

设想用一个平面卷成一个空心椭圆柱套在地球椭球外面,使椭圆柱的中心轴线位于赤道面内并且通过球心,使地球椭球上某6°带的中央子午线与椭圆柱相切,在椭球面上的图形与椭圆柱面上的图形保持等角的条件下,将整个6°带投影到椭圆柱面上。然后将椭圆柱沿着通过南北极的母线切开并展成平面,便得到6°带在平面上的投影。

投影后,每一带的中央子午线与赤道成为相互垂直的直线,其他子午线和纬线成为曲线,如图1-5中纬圈 AB 和 CD 投影后仍为曲线(ab 和 cd)。以中央子午线作为坐标纵轴 x,以赤道为横轴 y,两条轴线的交点为坐标原点 o,组成高斯平面直角坐标系。在坐标系内,规定 x 轴向北为正,y 轴向东为正,坐标象限按顺时针方向编号[见图1-6(a)]。

我国位于北半球,x 坐标均为正值,而 y 坐标值有正有负。如图1-6(a)所示,$y_A=+136\ 780.55$ m,$y_B=-273\ 440.62$ m。为了避免横坐标 y 值出现负值,我国将每带的中央子午线西移500 km,如图1-6(b)所示,纵轴西移后,$y_A=500\ 000+136\ 780.55=636\ 780.55$ m,$y_B=500\ 000-273\ 440.62=226\ 560$ m。同时,在横坐标值前冠以带号以表明该点所在投影带,如图1-6(b)中 A 点坐标为 $x_A=412\ 034.47$ m,$y_A=20\ 636\ 780.55$ m,y_A 坐标的前两位数"20"表示第20个投影带。

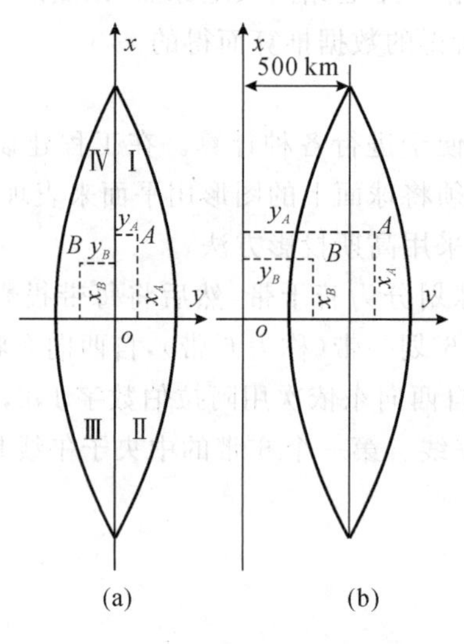

图1-6　高斯平面直角坐标系

将投影后具有高斯平面直角坐标系的6°带一个个拼接起来,便得到如图1-7所示的图形。在高斯投影中,离中央子午线近的部分变形小,离中央子午线愈远变形愈大,两侧对称。

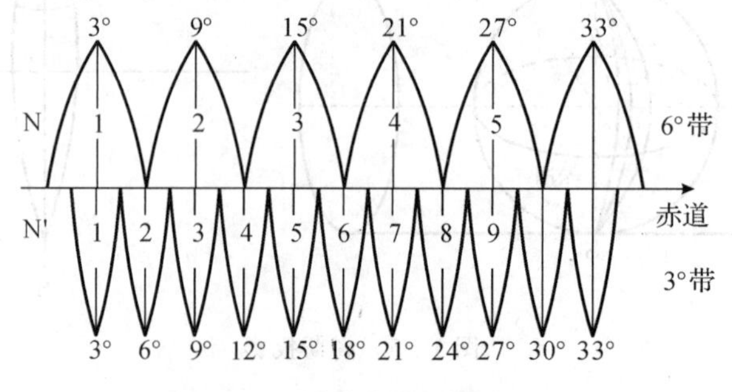

图1-7　高斯6°和3°带投影

当测绘大比例尺地形图要求投影变形更小时，可采用 3°带投影法。3°带是从东经 1°30′开始，每隔 3°划分一带，将整个地球划分为 120 个带，每带中央子午线经度 L_0'可按下式表示：

$$L_0' = 3N' \tag{1-4}$$

式中，N'为 3°带的带号。

3. 独立平面直角坐标系

当测区范围较小时，可将该部分的球面视为水平面，建立如图 1-8 所示的独立平面直角坐标系。通常为使测区内各点坐标均为正值，取测区内西南角某点为坐标原点 O，以南北方向为纵轴 x，向北为正；以东西方向为 y 轴，向东为正。坐标轴将平面分为四个象限，按顺时针方向编号。测量上使用的平面直角坐标与数学上常用的不同，这是因为测量工作中规定所有的直线方向都是以纵坐标轴北端顺时针方向量度的，这样的变换既不改变数学公式，同时又便于测量中方向和坐标的计算。

4. 空间直角坐标系

如图 1-9 所示，空间直角坐标系的原点 O 为地球质心，Z 轴与椭球体的旋转轴重合并指向地球北极极地原点(CIO)，X 轴指向首子午面与赤道面的交点，Y 轴垂直于 XOZ 平面，构成右手坐标系。在该坐标系中，地面某点 P 的位置可用其在各坐标轴上的投影 x，y，z 来表示。

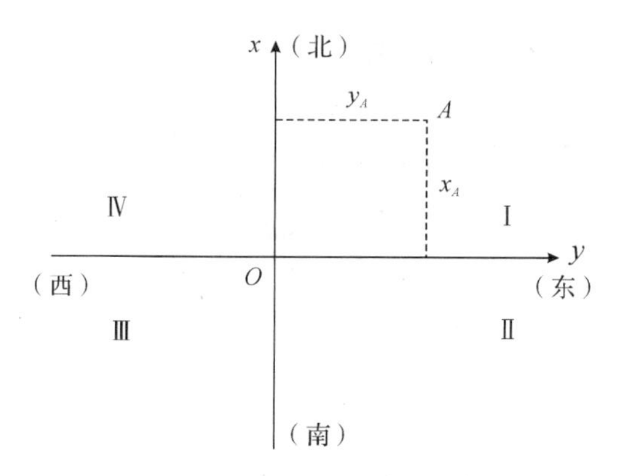

图 1-8 测量计算的平面直角坐标系

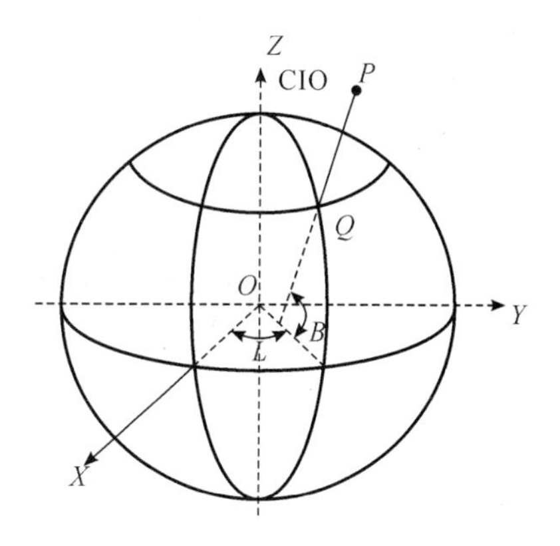

图 1-9 空间直角坐标系

(1)WGS-84 坐标系

WGS-84 坐标系的全称为 world geodetic system—1984 coordinate system，是一种国际上采用的地心坐标系。坐标原点为地球质心 M，其地心空间直角坐标系的 Z 轴由原点指向国际时间局(BIH)1984.0 定义的协议地球极(conventional terrestrial pole，CTP)方向，X 轴由原点指向 BIH 1984.0 定义的零子午面与协议赤道的交点，Y 轴与 Z 轴、X 轴垂直构成右手坐标系，如图 1-10 所示。

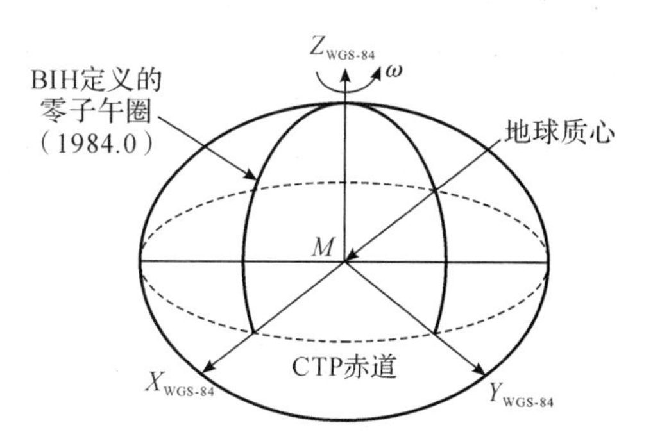

图 1-10 WGS-84 坐标系

WGS-84 坐标系采用的地球椭球体为WGS-84

参考椭球体,其主要参数如表 1-1 所示。GPS 卫星定位系统使用此坐标系。

(2)2000 国家大地坐标系

经国务院批准,我国自 2008 年 7 月 1 日起全面启用 2000 国家大地坐标系,由国家测绘局授权组织实施。2000 国家大地坐标系的原点为包括海洋和大气的整个地球的质量中心;Z 轴由原点指向 BIH 1984.0 定义的协议地球极方向,X 轴由原点指向 BIH 1984.0 定义的零子午面与协议赤道的交点,Y 轴与 Z 轴、X 轴垂直构成右手坐标系。2000 国家大地坐标系采用改进后的 WGS-84 参考椭球体参数。

1-2 2000 国家大地坐标系

(二)地面点的高程

地面点到大地水准面的铅垂距离称为绝对高程或海拔,简称高程,用 H 表示。图 1-11 中的 H_A、H_B 分别表示 A 点和 B 点的高程。地面点到假定水准面的铅垂距离称为假定高程或相对高程,用 H' 表示。图 1-11 中的 H'_A、H'_B 分别表示 A 点和 B 点的相对高程。地面上任意两点之间的高程之差称为高差,用 h 表示。A、B 两点的高差为:

$$h_{AB}=H_B-H_A=H'_B-H'_A \tag{1-5}$$

由此可见两点间的高差与高程的起算面无关。

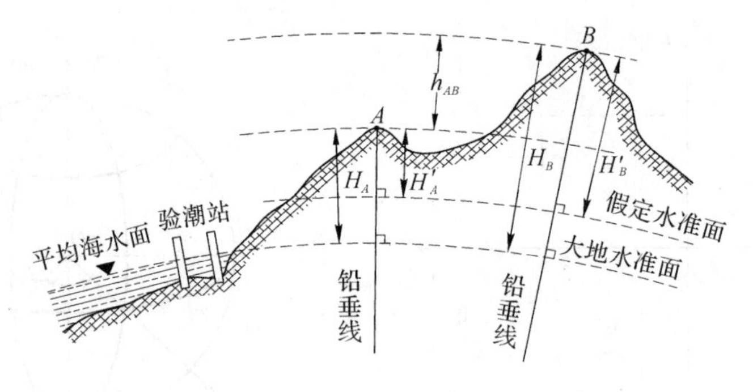

图 1-11 点的高程

我国大地水准面的确定方法是在青岛市的黄海边设立测定海水高低起落的验潮站,通过长期观测,求得平均海水面作为高程基准面,此基准面的高程为零;再用测绘的方法由验潮站引测至青岛观象山上的一个有固定位置的点,求得此点的高程值,并称此点为"水准原点"。目前,我国采用青岛验潮站 1953—1979 年观测成果推算的黄海平均海水面作为高程零点,称为"1985 国家高程基准"。位于青岛的中华人民共和国水准原点高程为 $H=72.260$ m。

1-3 水准原点

第三节 用水平面代替水准面的限度

水准面是一个曲面,曲面上的图形投影到平面上,总会产生一定的变形。当变形不超过测量误差容许的范围时,可以用水平面代替水准面,但仍有必要讨论在多大面积范围内才容许这种替代。

一、对水平距离的影响

为便于叙述，假定大地水准面为圆球面。如图 1 - 12 所示，设地面上 A、B、C 三个点在大地水准面上的投影点是 a、b、c，用过 a 点的切平面代替大地水准面，则地面点在水平面上的投影点是 a、b'、c'。设 ab 的弧长为 D，ab'的长度为 D'，球面半径为 R，D 所对的圆心角为 θ，则以水平长度 D'代替弧长 D 所产生的误差为：

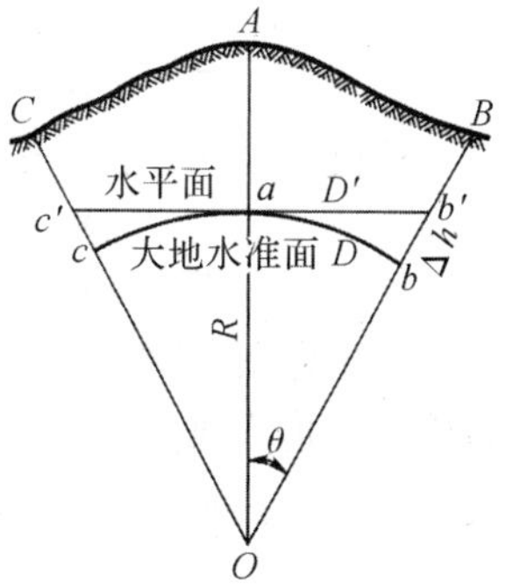

图 1 - 12　用水平面代替水准面

$$\Delta D = D' - D = R\tan\theta - R\theta = R(\tan\theta - \theta) \tag{1-6}$$

将 $\tan\theta$ 用级数展开为：

$$\tan\theta = \theta + \frac{1}{3}\theta^3 + \frac{5}{12}\theta^5 + \cdots$$

因 θ 很小，只取其前两项代入式(1 - 6)得：

$$\Delta D = R\left(\theta + \frac{1}{3}\theta^3 - \theta\right) = \frac{1}{3}R\theta^3$$

因 $\theta = \dfrac{D}{R}$，故：

$$\Delta D = \frac{D^3}{3R^2}$$

即

$$\frac{\Delta D}{D} = \frac{D^2}{3R^2} \tag{1-7}$$

取 R=6 371 km，以不同的 D 值代入式(1 - 7)，得到如表 1 - 2 所列结果。从该表中可以看出，当 D=10 km 时，用水平面代替大地水准面所产生的距离误差为 1∶1 220 000，这样小的误差，对于精密量距来说也是允许的。因此，在半径为 10 km 的圆面积范围内进行距离测量时，可以把大地水准面当作水平面看待，而不考虑地球曲率对距离的影响。

表 1 - 2　用水平面代替大地水准面产生的距离误差

D/km	ΔD/cm	$\Delta D/D$
5	0.1	1∶4 870 000
10	0.8	1∶1 220 000
20	6.6	1∶304 000
50	102.7	1∶48 700

二、对高程的影响

在图 1 - 12 中，地面点 B 的绝对高程 $H_B = Bb$，用水平面代替大地水准面时，B 点的高程 $H_B' = Bb'$，两者之差 Δh 即为对高程的影响。由图 1 - 12 得：

$$(R+\Delta h)^2=R^2+D'^2$$

$$\Delta h=\frac{D'^2}{2R+\Delta h}$$

前已证明 D'与 D 相差很小,可用 D 代替 D',同时 Δh 与 $2R$ 相比可忽略不计,则:

$$\Delta h=\frac{D^2}{2R} \tag{1-8}$$

用不同的距离代入式(1-8),得到如表 1-3 所列结果。从表 1-3 中可以看出,用水平面代替大地水准面,对高程的影响是很大的,距离 200 m 就有 0.31 cm 的高程误差,这是不被允许的。因此,就高程测量而言,即使距离很短,也应顾及地球曲率对高程的影响。

表 1-3　用水平面代替大地水准面产生的高程误差

D/km	0.2	0.5	1	2	3	4	5
Δh/cm	0.31	2	8	31	71	125	196

三、对水平角的影响

从球面三角形可知,球面上三角形内角之和比平面上相应的三角形内角之和多出一个球面角超,如图 1-13 所示。其值可用多边形面积求得:

$$\varepsilon=\frac{P}{R^2}\rho \tag{1-9}$$

式中,ε 为球面角超;P 为球面多边形面积;ρ 为弧度相应的秒值,$\rho=206\ 265''$;R 为地球半径。

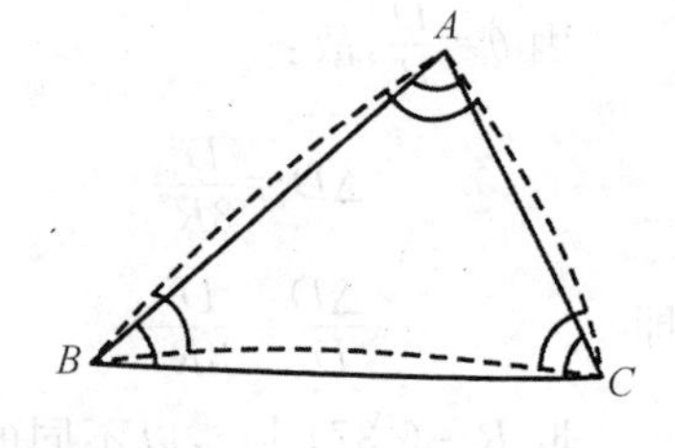

图 1-13　球面角超

以球面上不同面积代入式(1-9)中,则将求出的球面角超列入表 1-4 中。

表 1-4　用水平面代替水准面产生的球面角超值

球面面积/km²	球面角超/″
10	0.05
50	0.25
100	0.51
500	2.54

计算结果表明,当测区范围在 100 km² 时,用水平面代替水准面时,对角度的影响仅为 0.51″,在普通测量工作中是可以忽略不计的。

第四节　测量工作概述

一、测量的基本工作

测绘的主要任务是确定地面点与点之间的平面和高程位置关系，它的内容包括测定和测设两部分。测定是指使用测量仪器和工具，通过测量和计算得到一系列的数据，将地球表面的地物和地貌按一定的比例尺缩绘成地形图，供规划设计、经济建设、国防建设和科学研究使用。测设是将在图纸上设计好的建筑物和构筑物的位置在实地标定出来，作为施工的依据。如图1－14所示，测区内有耕地、房屋、河流、道路等，测绘地形图的过程是先测量出这些地物、地貌特征点的坐标，然后按一定的比例尺、规定的符号缩小展绘在图纸上。

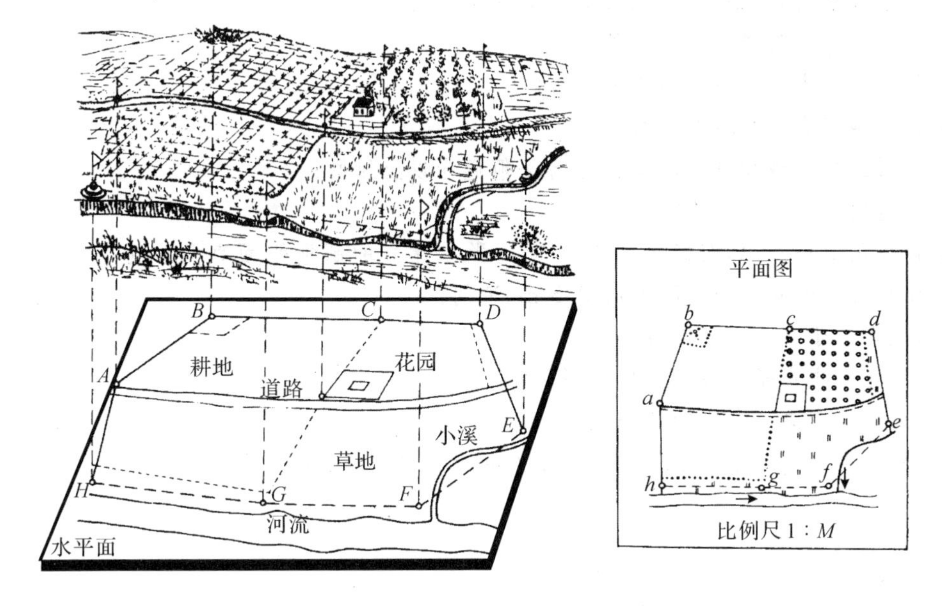

图1－14　地形图测绘的基本原理

在实际测量工作中，一般不能直接测出地面点的坐标和高程。通常确定地面点的平面位置可通过测定待定点与已测出坐标的已知点之间的水平角和水平距离，算出待定点的坐标；通过测定待定点与已知高程的已知点之间的高差来推算待定点的高程。因此，在测量工作中，高差测量、水平角测量、水平距离测量是测量工作的基本内容。

二、测量的基本原则

地表形态和建(构)筑物形状是由许多特征点决定的，在进行测量时就需要测定(或测设)许多特征点(也称碎部点)的平面位置或高程。如果从一个特征点开始逐点进行施测，虽然可得到待测各点的位置，但由于测量工作中存在不可避免的误差，会导致前一点的测量误差传递到下一点，这样累积起来，最后可能使点位误差达到不被容许的程度。因此，测量工作必须按照一定的原则进行。在实际工作中，应遵循“从整体到局部，先控制后碎部”的基本原则，也就是先在测区内选择一些有控制意义的点(控制点)，把它们的平面位置和高程精确地测定出来(测定控制点的工作称为控制测量)，然后再根据这些控制点测出附近其他碎部点的位置(这项工作称为碎部测量)。这种测量方法可以减少误差累积，而且可以同时在几个控制点上进行测量，加快工作进度。此外，测量工作必须重视检核，防止发生错误，避免错误的结果对后续测量工作产生影响。因此“前一步测量工作未做检核，不进行下一步测量工作”是测量工作应遵循的又一个原则。

1-4 测量常用计量单位

思考题与习题

1. 测量学的主要任务是什么？

2. 水准面有何特性？大地水准面是如何定义的？

3. 参考椭球是怎样进行定位的？

4. 用哪些元素来确定地面点的位置？

5. 何谓绝对高程和相对高程？

6. 测量工作应遵循什么原则？为何必须遵守以上原则？

7. 测量有哪些基本工作？

8. 设我国有一点 A，在经过高斯 6°带投影后建立的高斯平面直角坐标系中，其坐标为 $x_A = 3\,689.269$ m，$y_A = 19\,473\,658.235$ m，请问：

(1)此点位于第几个投影带？

(2)所在带中央子午线的经度为多少？

(3)地点在中央子午线的哪一侧？

(4)距所在投影带中央子午线多少米？距赤道多少米？

第二章

水准测量

测定地面点高程的工作，称为高程测量。根据所使用的仪器及测量方法的不同，高程测量分为水准测量、三角高程测量和 GNSS(全球导航卫星系统)高程测量。水准测量精度较高，是测定地面点高程的主要方法，在国家高程控制测量、工程勘测和施工测量中被广泛采用。本章主要介绍水准测量。

第一节　水准测量基本原理

水准测量的实质是测定地面两点间的高差，然后通过已知点的高程，计算出未知点的高程。

如图 2-1 所示，A 点高程已知，欲测定待定点 B 的高程，需首先测出 A、B 两点之间的高差 h_{AB}，则 B 点的高程 H_B 为：

$$H_B = H_A + h_{AB} \tag{2-1}$$

为了测出 A、B 两点之间的高差，可在 A、B 两点上分别竖立有刻划的尺子——水准尺，并在 A、B 点之间安置一架能提供水平视线的仪器——水准仪。根据仪器的水平视线，在 A 点尺上读数为 a，在 B 点尺上读数为 b，则 A、B 点间的高差为：

$$h_{AB} = a - b \tag{2-2}$$

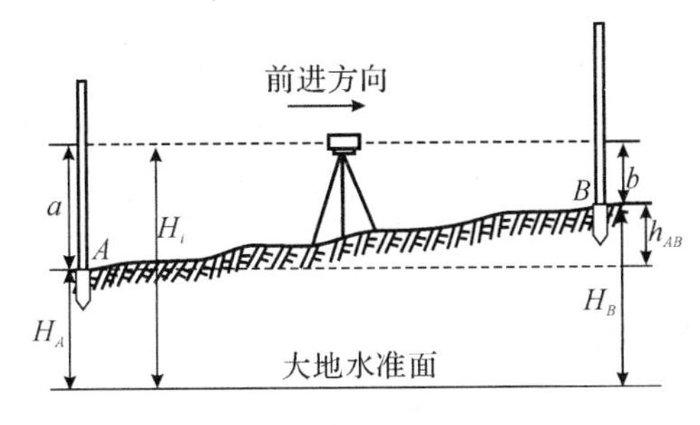

图 2-1　水准测量原理

如果水准测量是由 A 到 B 进行的(如图 2-1 中的箭头所示),则称 A 为后视点,A 点尺上读数 a 称为后视读数;称 B 为前视点,B 点尺上读数 b 为前视读数。则 A、B 间高差 h_{AB} 等于后视读数减去前视读数。若 $a>b$,则高差 h_{AB} 为正,反之 h_{AB} 为负。

式(2-1)和式(2-2)是直接利用高差 h_{AB} 计算 B 点高程的,称为高差法。

还可通过仪器的视线高 H_i 计算 B 点的高程:

$$\begin{cases} H_i = H_A + a \\ H_B = H_i - b \end{cases} \tag{2-3}$$

式(2-3)是利用仪器视线高 H_i 计算 B 点的高程,称为视线高法。当安置一次仪器要求测出几个点的高程时,视线高法比高差法方便。

第二节 水准测量的仪器和工具

水准测量所使用的仪器为水准仪,工具为水准尺和尺垫。

目前,我国土木工程测量中一般使用的是 DS3 微倾式水准仪和 DSZ3 自动安平水准仪。其中,"DS"表示大地测量水准仪,即取"大地"和"水准仪"的拼音的第一个字母;"Z"表示自动安平;数字表示仪器所能达到的每千米水准测量往返测高差中数的中误差,以 mm 计,可分为 DS05、DS1、DS3、DSZ3、DS10 等不同的精度。

一、微倾式水准仪的构造

根据水准测量的原理,水准仪的主要作用是提供一条水平视线,并能照准水准尺进行读数。因此,水准仪主要由望远镜、水准器及基座三部分构成,我国生产的 DS3 微倾式水准仪如图 2-2 所示。

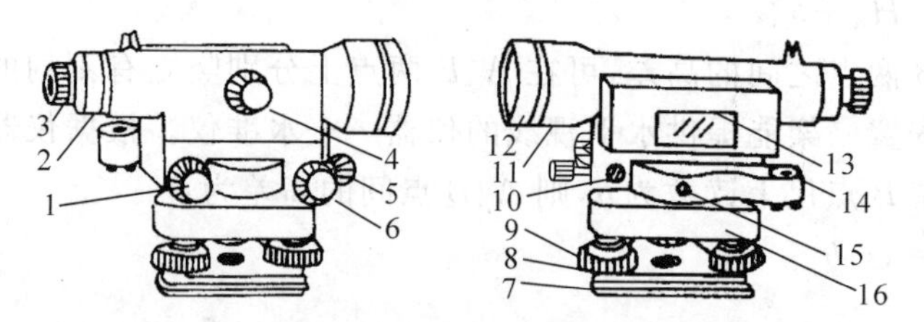

1—微倾螺旋;2—分划板护罩;3—目镜;4—物镜调焦螺旋;5—制动螺旋;6—微动螺旋;7—底板;8—三角压板;9—脚螺旋;10—弹簧帽;11—望远镜;12—物镜;13—管水准器;14—圆水准器;15—连接小螺丝;16—轴座

图 2-2 DS3 水准仪的构造

(一)望远镜及其成像原理

图 2-3 是 DS3 水准仪望远镜的构造图。望远镜主要由物镜 1、目镜 2、对光凹透镜 3 和十字丝分划板 4 所组成。物镜的作用是将所照准的目标成像在十字丝面上,形成一个倒立而缩小的实像,它由凸透镜或复合透镜组成。目镜的作用是将物镜所成的实像连同十字丝的影像放大成虚像。此时该实像与目镜之间的距离应小于目镜的焦距。由于目镜也是由凸

透镜或复合透镜组成，所以能得到放大的虚像。十字丝分划板是用于准确瞄准目标和读数目的。在十字丝分划板上刻有两条相互垂直的长线（见图 2－3 中的 8），竖直的一条称为竖丝（也叫纵丝），横的一条称为中丝（也叫横丝），可用于瞄准目标和读数。在中丝的上下还有对称的两根短横丝，用来测定距离，称为视距丝。十字丝大多刻在玻璃片上，玻璃片安装在分划板座上，分划板座由止头螺丝 7 固定。

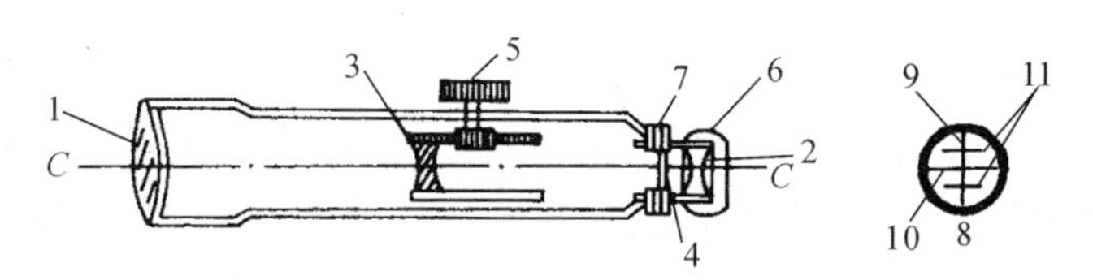

1－物镜；2－目镜；3－对光凹透镜；4－十字丝分划板；5－物镜对光螺旋；6－目镜对光螺旋；
7－分划板座止头螺丝；8－十字丝放大像；9－十字丝竖丝；10－十字丝中丝；11－视距丝

图 2－3　DS3 水准仪望远镜构造

十字丝交点与物镜光心的连线，称为视准轴（见图 2－3 中的 CC）。水准测量是在视准轴水平时，用十字丝的中丝截取水准尺上读数的。

图 2－4 为望远镜成像原理图。目标 AB 经过物镜后形成一个倒立而缩小的实像 ab，移动对光透镜可使不同距离的目标均能成像在十字丝平面上。再通过目镜的作用，便可看到同时放大了的十字丝和目标影像 a_1b_1。

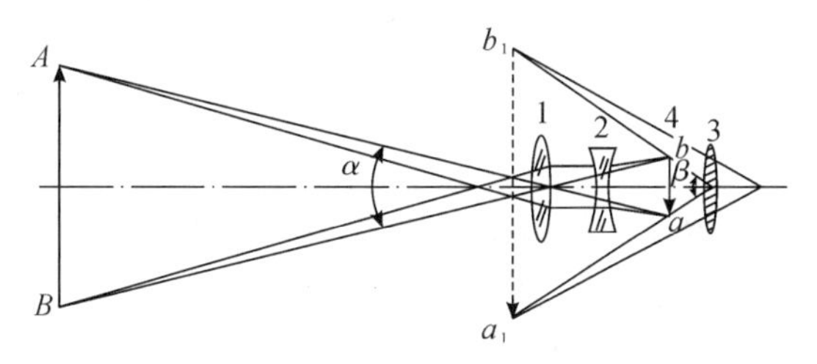

1－物镜；2－对光透镜；3－目镜；4－十字丝平面

图 2－4　望远镜成像原理

从望远镜内所看到的目标影像的视角与肉眼直接观察该目标的视角之比，称为望远镜的放大率。如图 2－4 所示，从望远镜内看到目标的像所对的视角为 β，用肉眼看目标所对的视角可近似地认为是 α，故放大率 $\upsilon=\beta/\alpha$。DS3 水准仪望远镜的放大率一般为 28 倍。

（二）水准器

水准器是用来指示视准轴是否水平或仪器竖轴是否竖直的装置。水准器分为管水准器和圆水准器两种。

1. 管水准器

管水准器又称水准管，它与望远镜连在一起，用于指示望远镜视准轴是否水平。水准管是把纵向内壁磨成圆弧形（圆弧半径一般为 7～20 m）的玻璃管，管内装酒精和乙醚的混合液，加热熔封冷却后留有一个气泡（见图 2－5）。由于气泡轻，故气泡总是处于管内最高位置。

水准管上一般刻有间隔为 2 mm 的分划线,分划线的中点 O 称为水准管零点(见图 2-5)。

通过水准管零点作水准管圆弧的纵切线,称为水准管轴(见图 2-5 中的 LL)。当水准管的气泡中点与水准管零点重合时,称为气泡居中,此时水准管轴 LL 处于水平位置。水准管 2 mm 圆弧所对的圆心角 τ 称为水准管分划值,用公式表示为:

$$\tau=\frac{2}{R}\cdot\rho \tag{2-4}$$

式中,$\rho=206\ 265''$;R 为水准管圆弧半径,mm。

微倾式水准仪是在水准管上方安装一组符合棱镜[见图 2-6(a)]。通过符合棱镜的折光作用,使气泡两端的像反映在望远镜旁的符合气泡观察窗中。若气泡两个半像吻合,则表示气泡居中[见图 2-6(b)];若气泡的两个半像错开,则表示气泡不居中[见图 2-6(c)],这时应转动目镜下方的微倾螺旋,使气泡的像吻合,从而达到精确整平仪器的目的。

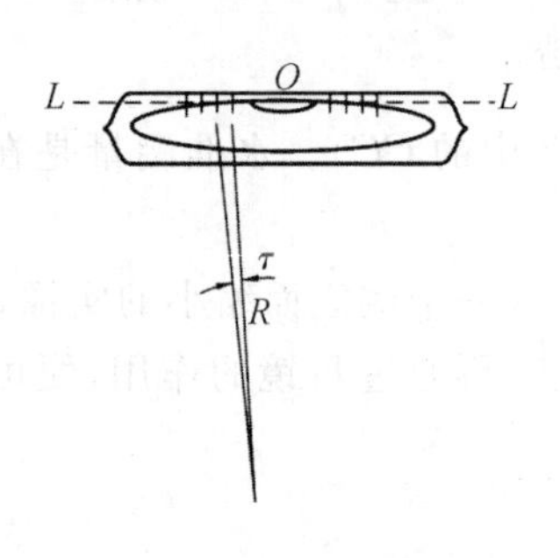

图 2-5　管水准器

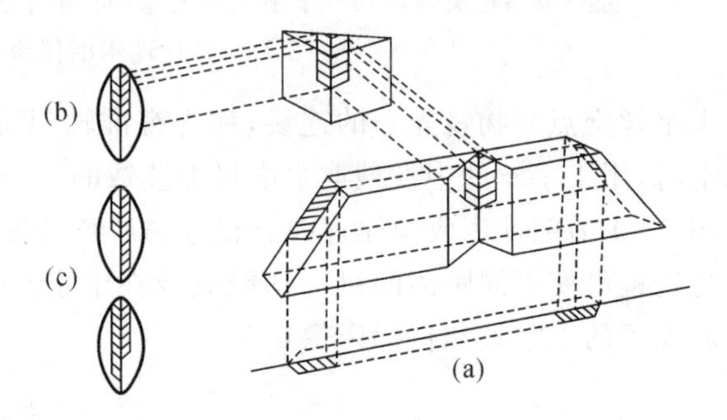

图 2-6　符合棱镜成像

2. 圆水准器

如图 2-7 所示,圆水准器顶面的内壁是球面,其中有圆分划圈,圆圈的中心为水准器的零点,通过零点的球面法线为圆水准器轴。当圆水准器气泡居中时,设轴线处于竖直位置。当气泡不居中时,气泡中心偏移零点 2 mm,轴线所倾斜的角值称为圆水准器分划值,一般为 8′～10′。圆水准器只用作仪器的粗略整平。

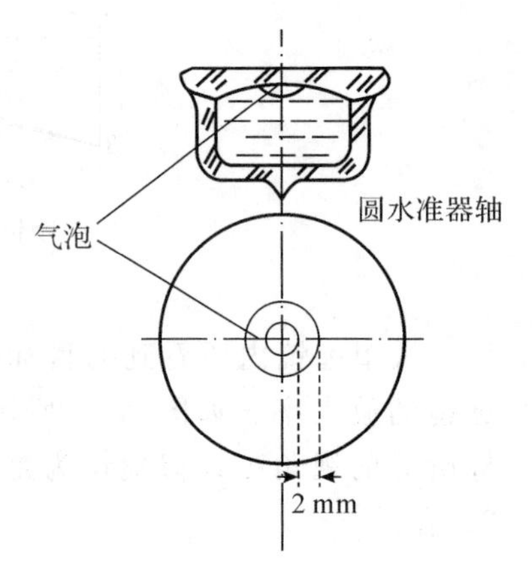

图 2-7　圆水准器

(三)基座

基座的作用是支撑仪器和上部,并通过连接螺旋使仪器与三脚架连接。基座主要由轴座、脚螺旋、底板和三角压板构成(见图 2-2)。调节脚螺旋可使圆水准器气泡居中。

二、自动安平水准仪

在用微倾式水准仪进行水准测量时,每次读数都要用微倾螺旋将水准管气泡调至居中位置,这不仅影响观测速度,而且由于延长了测站观测时间,会增加外界因素的影响,使观测成果的质量降低。为此,在 20 世纪 40 年代一种自动安平水准仪被研制出来。这种水准仪即使视准轴有微小的倾斜，也可以得到来自水平方向的读数。目前，自动安平水准仪已得到了广泛的应用并成为水准仪的发展方向。图 2-8 和图 2-9 分别是国产天津欧波 DSZ3 和南方 NL2 自动安平水准仪。

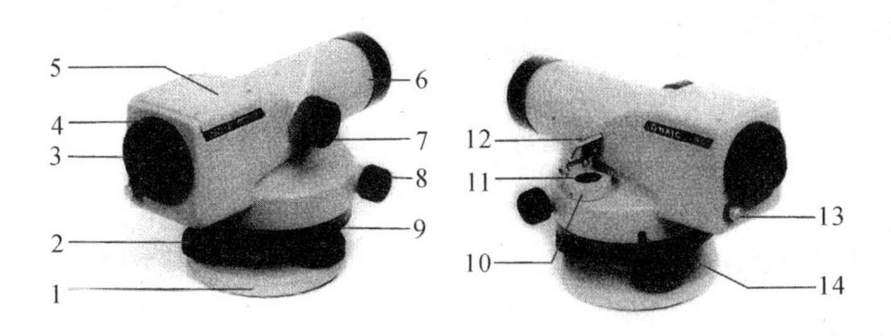

1—基座；2—度盘；3—目镜；4—目镜罩；5—瞄准器；6—物镜；7—调焦手轮；
8—水平微动手轮；9—脚螺旋；10—圆水准器调整螺丝；11—圆水准器；
12—圆水准器观察器；13—报警装置；14—度盘指示

图 2-8　DSZ3 自动安平水准仪

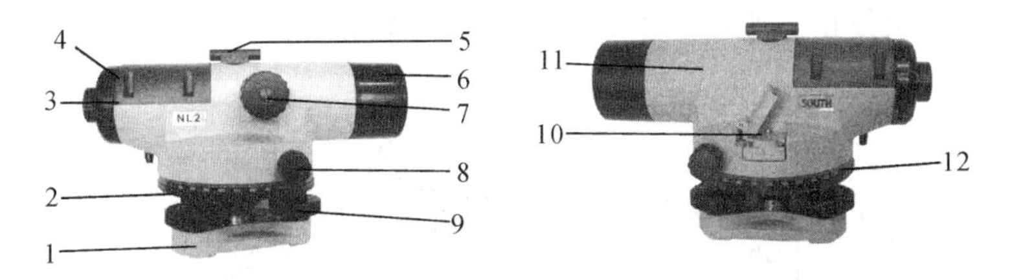

1—基座；2—度盘；3—目镜；4—防尘罩；5—粗瞄准器；6—物镜罩筒；
7—调焦手轮；8—水平微动手轮；9—脚螺旋手轮；10—圆水准器；
11—圆水准器观察器；12—度盘刻度线

图 2-9　NL2 自动安平水准仪

(一)自动安平水准仪的原理

如图 2-10(a)所示，当视线水平时，水准尺上读数 a_0 随着水平视线进入望远镜，到达十字丝交点 A；当望远镜视准轴倾斜了一个小角 α 时，十字丝的交点由 A 移到 Z，而水平光线仍通过 A 点。显然：

$$L=f\cdot\alpha \tag{2-5}$$

式中，f 为物镜的等效焦距；α 为视准轴倾斜的小角度。

在图 2-10(a)中，若在距十字丝分划板 S 处，安装一个补偿器 K，使水平光线偏转 β 角，并恰好通过十字丝中心 Z，则：

$$L=S\cdot\beta \tag{2-6}$$

$$f\cdot\alpha=S\cdot\beta \tag{2-7}$$

由此可知，式(2-5)的条件若能满足，即使视准轴有微小倾斜，十字丝中心 Z 仍能读出视线水平时的读数 a_0，从而达到自动补偿的目的。

还有另一种补偿器，如图 2-10(b)所示，它是借助补偿器 K 将 Z 移至 A 处，这时视准轴所截取尺上的读数仍为 a_0。这种补偿器是将十字丝分划板悬吊起来，借助重力，在仪器有一微小倾斜的情况下,十字丝分划板仍能回到原来的位置,安平的条件仍为式(2-5)。

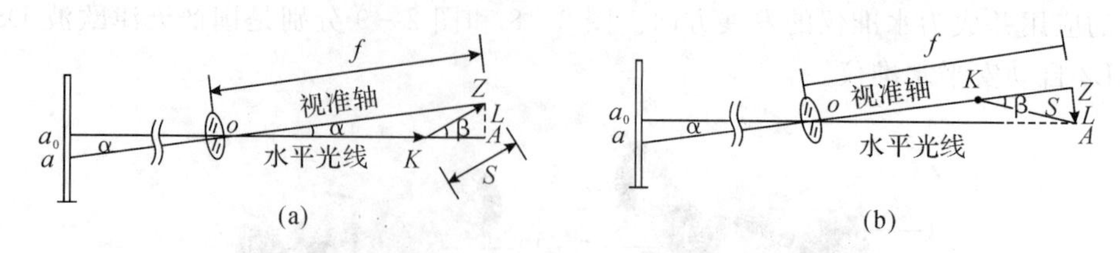

图 2-10　自动安平水准仪原理

(二)自动安平补偿器

自动安平补偿器的种类很多,但一般都是采用吊挂补偿装置,借助重力进行自动补偿,达到视线自动安平的目的。

图 2-11 是 DSZ3 自动安平水准仪的内部光路结构示意图。该水准仪是在对光透镜和十字丝分划板之间安设补偿器,该补偿器是把屋脊棱镜固定在望远镜筒内,在屋脊棱镜的下方用交叉的金属片吊挂着两个直角棱镜,在质量为 g 的物体作用下与望远镜做相对的偏转。为使吊挂的棱镜尽快停止摆动处于静止状态,还设有阻尼器。

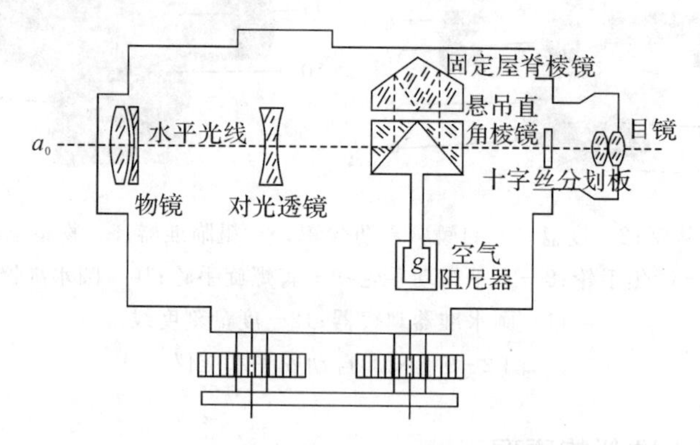

图 2-11　DSZ3 自动安平水准仪的内部光路结构

如图 2-12 所示,当该仪器处于水平状态,视准轴水平时,尺上的读数 a_0 随着水平光线进入望远镜后,通过补偿器到达十字丝的中心 Z,从而读得视线水平时的读数 a_0。当望远镜倾斜微小的 α 角时,如果两个直角棱镜随着望远镜一起倾斜了一个 α 角(如图 2-12 中虚线所示),则原来的水平光线经两个直角棱镜(虚线表示)反射后,并不经过十字丝中心 Z,而是通过 A 点,所以无法读得视线水平时的读数 a_0。此时,十字丝中心 Z 通过虚线棱镜的反射在尺上的读数为 a,它并不是视线水平时的读数。

实际上,吊挂的两个直角棱镜在重力作用下并不随望远镜倾斜,而是相对于望远镜的倾斜方向做反向偏转,如图 2-12 所示,实线直角棱镜相对于虚线直角棱镜偏转了 α 角。这时,原水平光线(粗线表示)通过偏转后的直角棱镜(即起补偿作用的棱镜)的反射,到达十字丝中心 Z,故仍能读得视线水平时的读数 a_0,从而达到补偿的目的。

由图 2-12 可知,当望远镜倾斜 α 角时,通过补偿的水平光线(粗线)与未经补偿的水平光线(虚线)之间的夹角为 β。由于吊挂的直角棱镜相对于倾斜的视准轴偏转了 α 角,反射后的光线便偏转 2α 角,则通过两个直角棱镜的反射后,$\beta=4\alpha$。

如图 2－13 所示是移动十字丝的“补偿”装置，其望远镜视准轴成竖直状态，十字丝分划板用四根吊丝挂着，当望远镜倾斜时，十字丝分划板由于受到重力作用而摆动。令 l 为四根吊丝的有效摆动半径长度，设计时使之与物镜焦距 $f_{物}$ 相等。如果恰当地选择吊丝的悬挂位置，将能使通过十字丝交点的铅垂线始终通过物镜的光心，即视准轴始终是铅垂位置。如果两个反光镜构成 45°角，则视准轴经两次反射后射出望远镜的光线必是水平光线。因此，在十字丝交点上始终得到水平光线的读数。自动安平水准仪的主要技术参数见表 2－1。

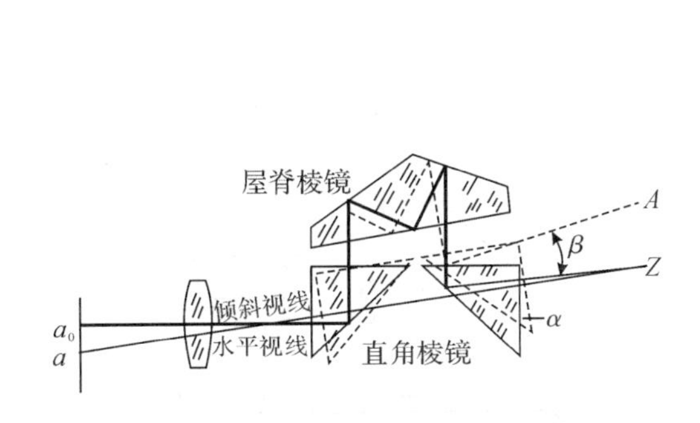

图 2－12　自动安平水准仪的棱镜

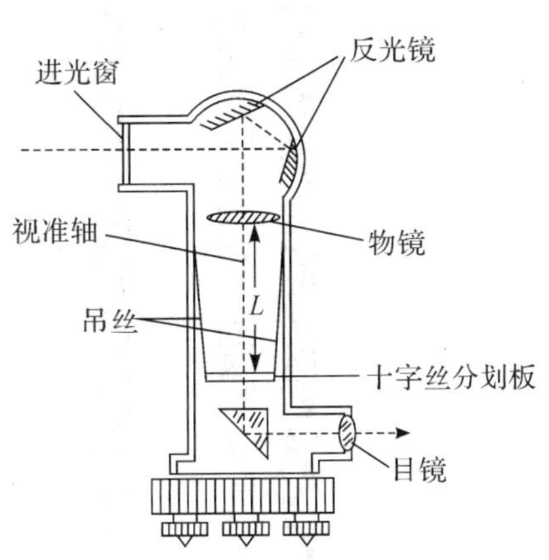

图 2－13　十字丝补偿装置

表 2－1　自动安平水准仪的主要技术参数

技术参数	NL2	DSZ3
每千米往返测量标准偏差/mm	±1.0	±2.5
放大倍率	32	24
最短视距/m	0.4	0.7
补偿工作范围/′	±15	±14
补偿安平精度/″	±0.3	±0.5
仪器质量/kg	1.85	2

三、水准尺和尺垫

水准尺是水准测量时使用的标尺。水准尺一般是用干燥木料或玻璃钢等制成，长度为 3～5 m，尺上每隔 1 cm 或 0.5 cm 涂有黑白或红白相间的分格，每分米注一数字。

2-1　塔尺和双面尺

水准尺按尺形分为塔尺和直尺两种，如图 2－14 所示。直尺一般为双面尺，成对使用，多用于三、四等水准测量。双面尺的两根水准尺，其刻划一面是黑白相间（称为黑面尺），另一面是红白相间（称为红面尺）。一对尺子的黑面尺，其起始数字都是从零开始的，而红面尺的起始数字分别为 4 687 mm 及 4 787 mm。使用双面尺的优点在于可以避免观测中因印象而产生的读数错误,并可检查计算中的粗差。

尺垫是用生铁铸成的,一般为三角形,中央有一个凸起的半球体,下部有三个尖脚,如图 2-15 所示,使用时将尖脚踩入地下踏实,将水准尺立于半球顶部。尺垫仅在转点处竖立水准尺时使用,其作用是作为转点标志并防止点位移动和水准尺下沉。

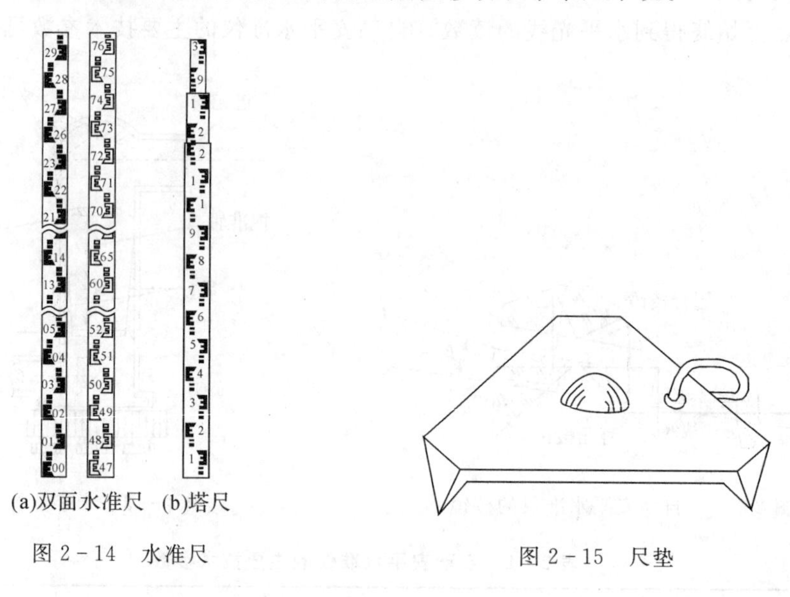

(a)双面水准尺 (b)塔尺

图 2-14 水准尺

图 2-15 尺垫

第三节 水准仪的使用

以自动安平水准仪为例,水准仪的使用包括水准仪的安置、整平、瞄准水准尺和读数。

一、水准仪安置

打开三脚架并使高度适中,用目估的方法使架头大致水平,稳固地架设在地面上;打开仪器箱取出仪器,用连接螺旋将水准仪固连在三脚架头上。

2-2 自动安平水准仪的认识和使用

二、水准仪整平

自动安平水准仪使圆水准器的气泡居中即可整平,其他非自动安平水准仪的整平,除了使圆水准器气泡居中外,尚应使管水准器的气泡居中,这样才能达到精确整平。

如图 2-16(a)所示,气泡没有居中而位于 a 处,先选择一对脚螺旋①和②同时对向旋转,使气泡移到 b 的位置,如图 2-16(b)所示,再转动脚螺旋③,使气泡居中。整平时气泡移动的方向与左手大拇指转动的方向一致。

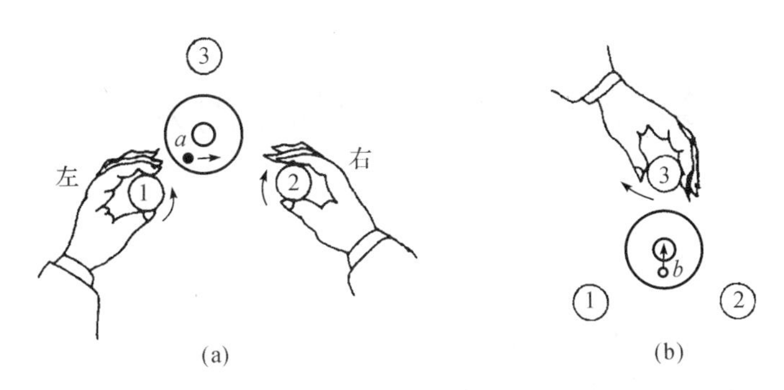

图 2-16　水准仪整平

三、瞄准水准尺和读数

瞄准前，先将望远镜对向明亮的背景，转动目镜调焦螺旋，使十字丝清晰。用望远镜筒上的缺口和准星瞄准水准尺，拧紧制动螺旋(有阻尼的水准仪则无制动螺旋)；然后从望远镜中观察水准尺，转动物镜调焦螺旋，使其成像清晰；转动水平微动螺旋，使十字丝竖丝与水准尺边缘重合。

当眼睛在目镜端上下微微移动时，若发现十字丝与目标影像有相对运动[见图 2-17(a)]，说明存在视差现象。产生视差的原因是目标成像的平面与十字丝平面不重合。由于视差的存在会影响正确读数，故应加以消除。消除的方法是交替调节目镜和物镜的对光螺旋，仔细调焦，直到眼睛上下移动时读数不变为止[见图 2-17(b)]。用十字丝的中丝在尺上读数，读数时应自小向大进行，先估读出毫米数，然后读出全部读数。如图 2-18 所示，读数为 0.861 m。

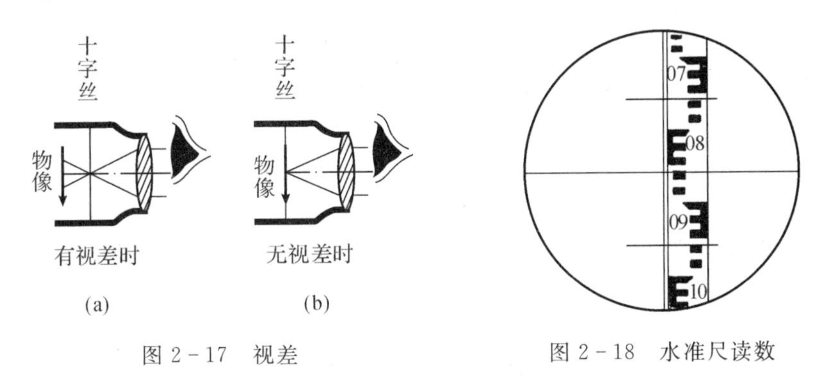

图 2-17　视差　　　图 2-18　水准尺读数

若使用 DS3 水准仪，读数前还需进行精确整平再读数。精确整平通过目镜左方符合气泡观察窗观察气泡影像，右手旋转微倾螺旋，使气泡两端的像吻合。

2-3　水准尺读数

自动安平水准仪由于震动、碰撞等外力作用，补偿器可能失灵，甚至损坏。因此，在使用自动安平水准仪前，应对补偿器进行检验，确认补偿器能正常工作。由于补偿器相当于一个重力摆，无论采用何种阻尼装置，重力摆静止都需要几秒钟时间，故照准后过几秒钟读数为好。若补偿装置失灵，则需要维修仪器。自动安平水准仪装置中的金属吊丝很脆弱，使用时应特别注意保护，防止剧烈震动。

第四节 水准测量的施测方法

一、水准点

2-4 水准点

国家测绘部门为了统一全国的高程系统和满足各种测量需要,在全国各地埋设固定点,并且通过水准测量的方法测定了其高程,这些固定点称为水准点(bench mark,BM)。水准点有永久性和临时性两种。国家等级水准点(见图 2-19),一般用整块的坚硬石料或混凝土制成,深埋到地面冻结线以下,标石顶面设有用不锈钢或其他不易锈蚀的材料制成的半球状标志。有些水准点也可设置在稳定的墙脚上,称为墙上水准点(见图 2-20)。

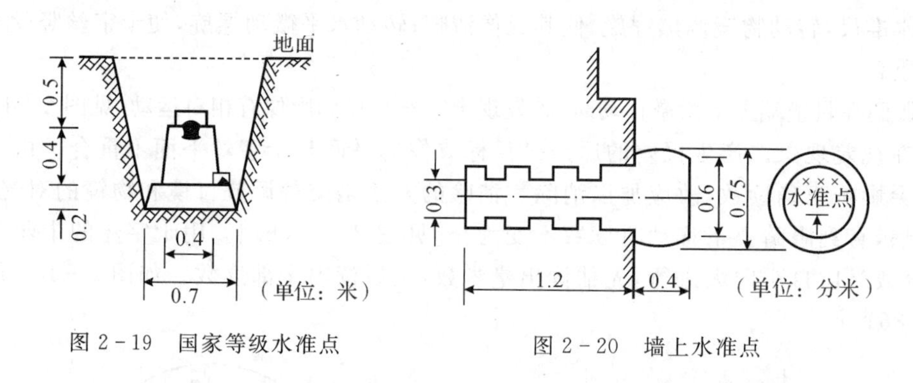

图 2-19 国家等级水准点　　图 2-20 墙上水准点

建筑工地上的永久性水准点一般用混凝土或钢筋混凝土制成,其式样如图 2-21(a)所示。临时性的水准点可用地面上突出的坚硬岩石或用大木桩打入地下,桩顶钉入半球形铁钉,如图 2-21(b)所示。

无论是永久性水准点,还是临时性水准点,均应埋设在便于引测和寻找的地方。埋设水准点后,应绘出水准点附近的草图,在图上还要写明水准点的编号和高程,称为点之记,以便于日后寻找和使用。

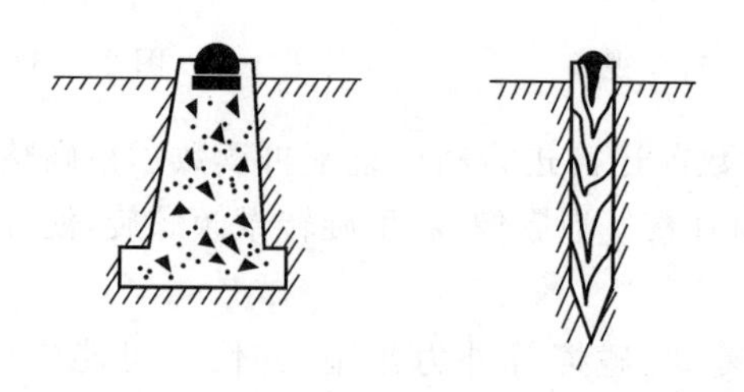

图 2-21 建筑工地常用水准点

二、水准路线的布设形式

在水准测量中，通常沿某一水准路线进行施测。进行水准测量的路线称为水准路线。根据测区实际情况和需要，可布置成单一水准路线或水准网。

（一）单一水准路线

单一水准路线又分为附合水准路线、闭合水准路线和支水准路线。

1. 附合水准路线

如图 2－22 所示，从已知高程的水准点 BM1 出发，沿各个待定高程点 1、2、3 进行水准测量，最后附合到另一已知水准点 BM2 上，称为附合水准路线。

2. 闭合水准路线

如图 2－23 所示，由已知高程的水准点 BM1 出发，沿环线经过待定高程点 1、2、3 进行水准测量，最后回到原水准点 BM1 上，称为闭合水准路线。

3. 支水准路线

如图 2－24 所示，支水准路线是从一已知高程的水准点 BM5 出发，既不附合到其他水准点上，也不自行闭合。

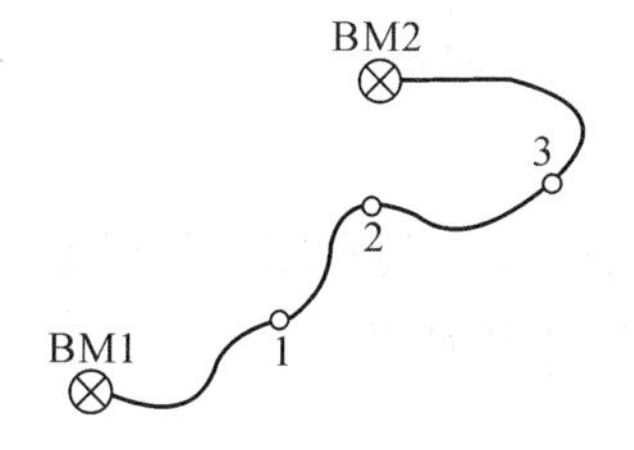

图 2－22　附合水准路线

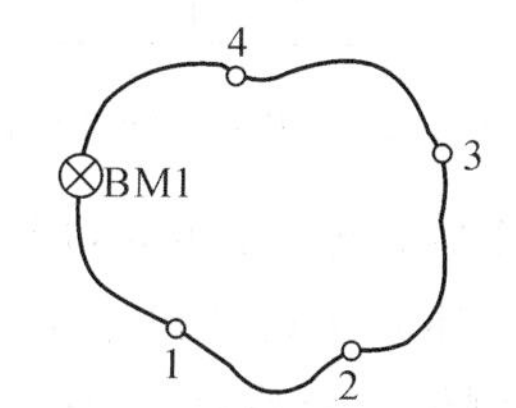

图 2－23　闭合水准路线

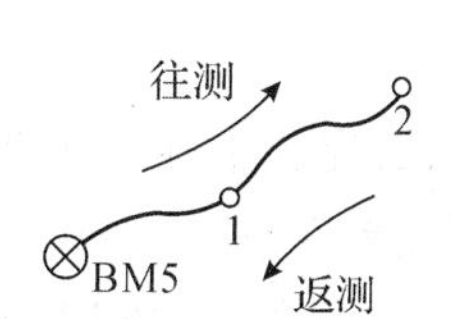

图 2－24　支水准路线

（二）水准网

若干条单一水准路线相互连接构成如图 2－25 所示的形状，称为水准网。

水准网中单一水准路线相互连接的点称为结点。如图 2－25(a)中的点 4，图 2－25(b)中的点 1、点 2、点 3，以及图 2－25(c)中的点 1、点 2、点 3 和点 4。

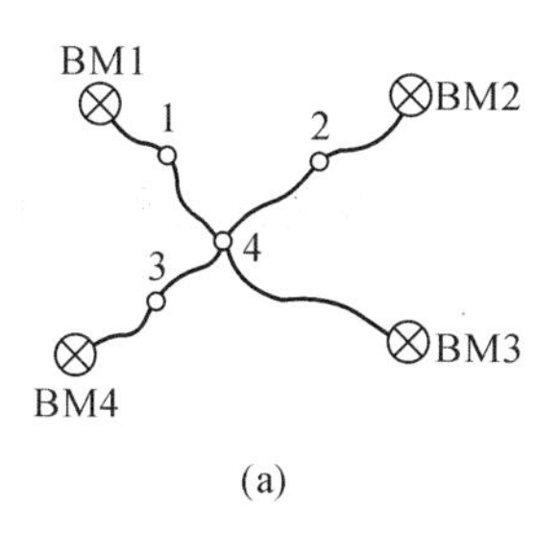

(a)

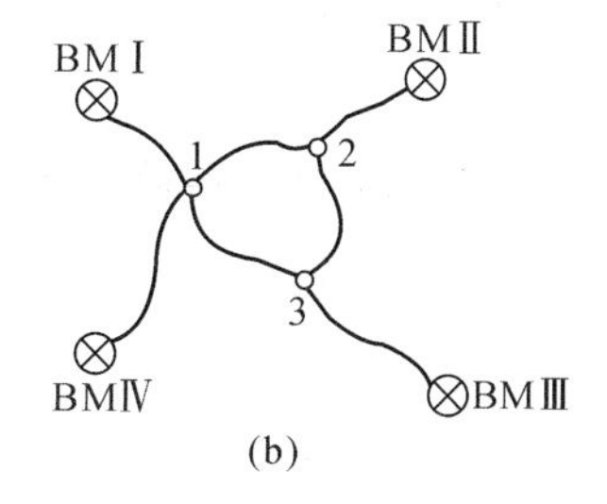

(b)

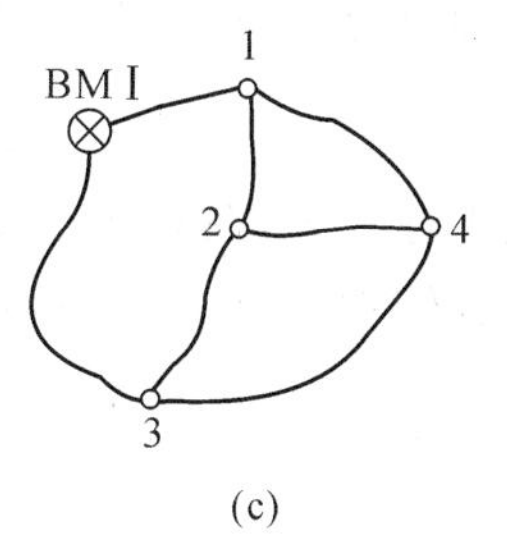

(c)

图 2－25　水准网

三、水准测量的施测

当待定高程点距水准点较远或高差很大时,则需要连续多次安置仪器测出两点间的高差,进而计算出待定高程点的高程。如图 2-26 所示,水准点 A 的高程为 7.654 m,欲求出 B 点的高程,其观测步骤如下:

(1)在离 A 点 100~200 m 处选定转点 1,在 A、1 两点上分别竖立水准尺。在距点 A 和点 1 大致等距离处安置水准仪(以自动安平水准仪为例)。用圆水准器将仪器整平后,后视 A 点上的水准尺,得读数 1.481,记入表 2-2 观测点 A 的后视读数栏内。旋转望远镜,照准前视点 1 上的水准尺,得读数为 1.347,记入点 1 的前视读数栏内。后视读数减前视读数得高差为+0.134,记入高差栏内。

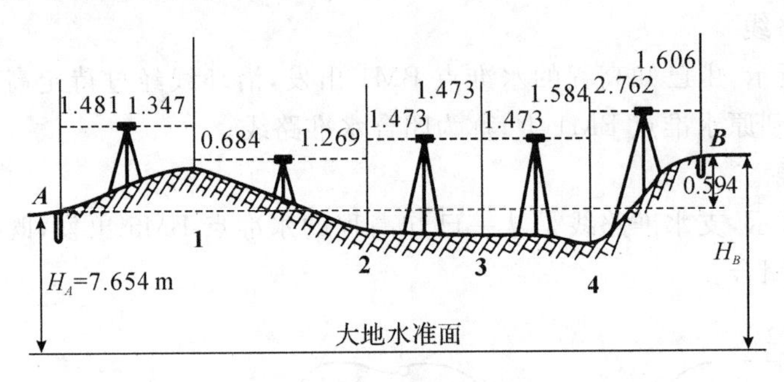

图 2-26　水准路线的施测

(2)完成上述一个测站上的工作后,点 1 上的水准尺不动,把点 A 上的水准尺移到点 2,仪器安置在点 1 和点 2 之间,按照上述方法观测和计算,逐站施测直至 B 点。

(3) 显然,每安置一次仪器,便测得一个高差 h,即:

$$h_1 = a_1 - b_1$$
$$h_2 = a_2 - b_2$$
$$\vdots$$
$$h_5 = a_5 - b_5$$

(4) 将上述各等式相加,得高差:

$$\sum h = \sum a - \sum b$$

此即 A、B 之间的高差,则 B 点的高程为:

$$H_B = H_A + \sum h \tag{2-8}$$

由上述可知,在观测过程中点 1、2、3、4 是一些临时的立尺点,仅起传递高程的作用,这些点称为转点(turning point,TP)。

表 2－2　水准测量手簿

日期 ________　　仪器 ________　　观测者 ________

天气 ________　　地点 ________　　记录者 ________

测站点	测点	水准尺读数/m		高差/m		高程/m	备注
		后视 a	前视 b	+	−		
Ⅰ	A	1.481	1.347	0.134		7.654	
Ⅱ	1	0.684	1.269		0.585		
Ⅲ	2	1.473	1.473	0			
Ⅳ	3	1.473	1.584		0.111		
Ⅴ	4	2.762	1.606	1.156			
	B					8.248	
计算检核		$\sum a=7.873$	$\sum b=7.279$	1.290	0.696		
	$\sum a-\sum b=+0.594$			$\sum h=1.290-0.696=+0.594$			

四、水准测量的检核

(一)计算检核

由式(2－8)可知,B 点对 A 点的高差等于各转点之间高差的代数和,也等于后视读数之和减去前视读数之和,故此式可作为计算检核。

计算检核只能检查计算是否正确,并不能检核出观测和记录的错误。

(二)测站检核

如上所述,B 点的高程是根据 A 点的已知高程和转点之间的高差计算出来的,若测错或记错任何一段高差,则 B 点高程就不正确。因此,对每一站的高差均须进行检核,这种检核称为测站检核。测站检核常采用变动仪器高法或双面尺法。

1. 变动仪器高法

变动仪器高法是指在同一个测站上变换仪器高度(一般将仪器升高或降低 0.1 m 左右)进行测量,用测得的两次高差进行检核。如果两次测得的高差之差不超过容许值,则取其平均值作为最后结果,否则须重测。

2. 双面尺法

双面尺法是指保持仪器高度不变,而用水准尺的黑、红面两次测量高差进行检核。两次高差之差的容许值和变动仪器高法相同。

(三)成果检核

测站检核只能检核一个测站上是否存在错误或误差超限，对于整条水准路线来讲，还不能保证所求水准点的高程精度符合要求。由于温度、风力、大气折光、尺垫下沉和仪器下沉等外界条件引起的误差，尺子倾斜和估读的误差，以及水准尺本身的误差等，虽然在一个测站上反映不明显，但随着测站数的增多使误差积累，有时也会超过规定的限差。因此，还必须进行整个水准路线的成果检核，以保证测量数据满足精度要求。

1. 附合水准路线的成果检核

由图 2－22 可知，在附合水准路线中，各待定高程点之间高差的代数和应等于两个水准点间的高差。如果不相等，两者之差称为高差闭合差，其值不应超过容许值。附合水准路线的高差闭合差用公式表示为：

$$f_h = \sum h_{测} - (H_{终} - H_{始}) \tag{2-9}$$

式中，f_h 为高差闭合差，不应超过容许值；$H_{终}$ 为终点水准点 BM2 的高程；$H_{始}$ 为起始水准点 BM1 的高程。

2. 闭合水准路线的成果检核

在如图 2－23 所示的闭合水准路线中，各待定高程点之间高差的代数和应等于零：

$$\sum h_{理} = 0 \tag{2-10}$$

由于测量误差的影响，实测高差总和 $\sum h_{测}$ 不等于零，它与理论高差总和的差值即为高差闭合差。用公式表示为：

$$f_h = \sum h_{测} - \sum h_{理} = \sum h_{测} \tag{2-11}$$

其高差闭合差亦不应超过容许值。

3. 支水准路线的成果检核

在如图 2－24 所示的支水准路线中，支水准路线中的支点不能多于 3 个，且需进行往返观测。理论上往测与返测高差的绝对值应相等，符号相反。但两实测值之间存在差值，即产生往返高差较差 f_h：

$$f_h = \sum h_{往} + \sum h_{返} \tag{2-12}$$

高差闭合差是各种因素综合影响而产生的测量误差，闭合差的大小应该在容许值范围内，即当 $|f_h| \leqslant |f_{h_{容}}|$ 时，则成果合格，否则应检查原因，返工重测。我国《工程测量规范》(GB 50026—2007)中对高差闭合差的规定如表 2－3 所示。

表 2－3　水准测量高差闭合差允许值

水准测量等级	二等	三等	四等	五等	图根
平地往返较差、闭合差/mm	$\pm 4\sqrt{L}$	$\pm 12\sqrt{L}$	$\pm 20\sqrt{L}$	$\pm 30\sqrt{L}$	$\pm 40\sqrt{L}$
山地往返较差、闭合差/mm	—	$\pm 4\sqrt{n}$	$\pm 6\sqrt{n}$	—	$\pm 12\sqrt{n}$

注：L 为往返测段、附合或闭合的水准路线长度(km)；n 为测站数。

第五节　水准测量的内业

水准测量外业结束之后即可进行内业计算。计算之前应首先重新复查外业手簿中各项观测数据是否符合要求、高差计算是否正确。水准测量内业计算的目的是调整整条水准路线的高差闭合差及计算各待定点的高程。

一、附合水准路线成果计算

图 2－27 为一附合水准路线等外水准测量示意图，其中，点 A、B 为已知高程的水准点；点 1、2、3 为待定高程的水准点；h_1、h_2、h_3 和 h_4 为各测段观测高差；n_1、n_2、n_3 和 n_4 为各测段测站数；L_1、L_2、L_3 和 L_4 为各测段长度。现已知 $H_A=65.376$ m，$H_B=68.623$ m，各测段站数、长度及高差均注于图 2-27 中。

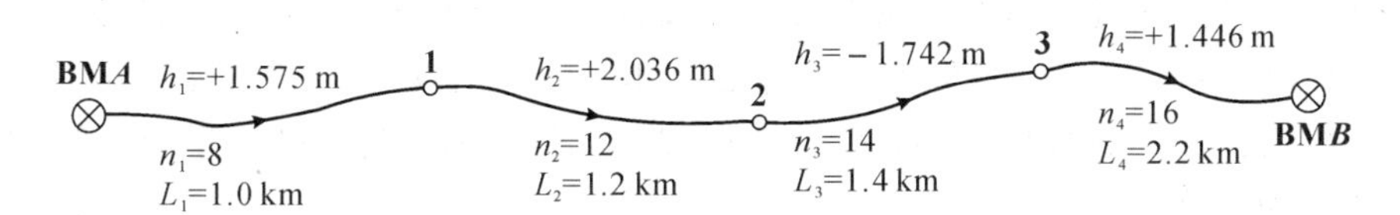

图 2－27　附合水准路线

内业计算的方法和步骤如下：

(1)将观测数据和已知数据填入计算表格(见表 2－4)中。将图 2－27 中的点号、测站数、观测高差，以及水准点 A、B 的已知高程填入有关栏目内，计算距离(测站数)、高差等的加和值。

(2)高差闭合差计算。根据式(2－9)计算得附合水准路线的高差闭合差：

$$f_h = \sum h_{测} - (H_{终} - H_{始}) = 3.315 - (68.623 - 65.376)$$
$$= +0.068\ \text{m} = +68\ \text{mm}$$

该水准路线的高差闭合差容许值可按下式计算(本例公里数和测站数均有提供，现以按公里数计算为例)：

$$f_{h_{容}} = \pm 40\sqrt{L} = \pm 96\ \text{mm}$$

若 $|f_h| < |f_{h_{容}}|$，则观测成果合格；若 $|f_h| > |f_{h_{容}}|$，则说明观测成果超限，计算结束后须重新进行外业测量。

将该过程记录到表 2－4 下方的辅助计算中。

(3)高差闭合差的调整。在整条水准路线上由于各测站的观测条件基本相同，所以，可认为各站产生误差的机会也是相等的，故闭合差的调整按与距离(或测站数)成正比例反符号分配的原则进行：

$$v_i = -\frac{f_h}{L}L_i \quad 或 \quad v_i = -\frac{f_h}{n}n_i \tag{2-13}$$

式中，v_i 为第 i 测段的高差改正数；L 为水准路线的总长度；L_i 为第 i 测段的路线长度；n 为水准路线的总测站数；n_i 为第 i 测段测站数。

高差改正数的计算检核为:

$$\sum v_i = -f_h \tag{2-14}$$

本例以按公里数改正为例,公里数 $L=5.8$ km,则第 1 测段至第 4 测段高差改正数分别为:

$$v_1 = -\frac{68}{5.8}\times 1.0 = -12(\text{mm})$$

$$v_2 = -\frac{68}{5.8}\times 1.2 = -14(\text{mm})$$

$$v_3 = -\frac{68}{5.8}\times 1.4 = -16(\text{mm})$$

$$v_4 = -\frac{68}{5.8}\times 2.2 = -26(\text{mm})$$

把改正数填入改正数栏目中,改正数总和应与闭合差大小相等、符号相反,并以此作为计算检核。实际工程中,当单位是 mm 时,各测站的改正数往往也会有余数,计算时要注意改正数必须计算到 mm 位,不能出现小数,并保证高差闭合差全部分配给各测段。

(4)计算改正后的高差。各段实测高差加上相应的改正数,便得改正后的高差。将改正后的高差填入表 2-4 的"改正后高差"栏内。改正后高差的代数和应等于已知的($H_{终}-H_{始}$),以此作为计算检核。

(5)计算待定点的高程。由点 A 的已知高程开始,根据改正后的高差,逐点推算点 1、2、3 的高程。算出点 3 的高程后,应再推算出点 B 的高程,其值应与点 B 已知高程相等。如果不相等,则说明推算有误。

表 2-4 附合水准路线成果计算

点号	距离/km	实测高差/m	改正数/mm	改正后高差/m	高程/m	点号	备注
BMA					65.376	BMA	
	1.0	+1.575	−12	+1.563			
1					66.939	1	
	1.2	+2.036	−14	+2.022			
2					68.961	2	
	1.4	−1.742	−16	−1.758			
3					67.203	3	
	2.2	+1.446	−26	+1.420			
BMB					68.623	BMB	
$\sum$	5.8	+3.315	−68	+3.247			
辅助计算	$f_h=\sum h_{测}-(H_{终}-H_{始})=3.315-(68.623-65.376)=+0.068\ \text{m}=+68\ \text{mm}$ $f_{h_容}=\pm 40\sqrt{L}=\pm 40\sqrt{5.8}=\pm 96\ \text{mm}$ $\lvert f_h\rvert<\lvert f_{h_容}\rvert$,成果合格						

二、闭合水准路线成果计算

如图 2－28 所示，水准点 A 和待定高程点 1、2、3 组成一闭合水准路线，各测段高差及测站数如图所示。将点号、测段长度、测站数、观测高差及已知水准点 A 的高程填入表 2－5 中有关栏目内，便可进行闭合水准路线的成果计算。

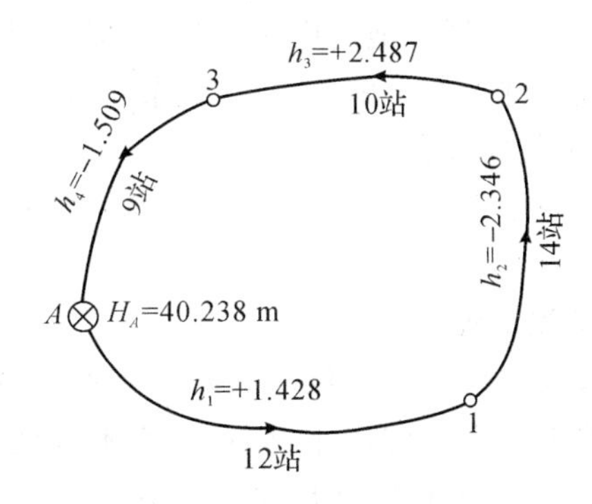

图 2－28　闭合水准路线

表 2－5　闭合水准路线成果计算

点号	测段中测站数	实测高差/m	改正数/mm	改正后高差/m	高程/m	点号
A					40.238	A
	12	＋1.428	－16	＋1.412		
1					41.650	1
	14	－2.346	－19	－2.365		
2					39.285	2
	10	＋2.487	－13	＋2.474		
3					41.759	3
	9	－1.509	－12	－1.521		
A					40.238	A
$\sum$	45	$f_h=+0.060$	－60	0.000		
辅助计算	$f_{h_{容}}=\pm 12\sqrt{n}=\pm 12\sqrt{45}=\pm 80$ mm $\lvert f_h\rvert < \lvert f_{h_{容}}\rvert$，成果合格					

闭合水准路线高差闭合差的调整办法、容许值的计算均与附合水准路线相同。

第六节　水准仪的检验与校正

水准仪在使用之前，应先进行检验与校正，以保证水准仪各轴系之间满足应有的几何关系。下面简单介绍微倾式水准仪和自动安平水准仪的检验与校正方法。

一、微倾式水准仪的检验与校正

(一)水准仪应满足的几何条件

1. 圆水准器轴 $L'L'$ 应平行于仪器竖轴 VV

满足此条件的目的是当圆水准器气泡居中时,仪器竖轴即处于竖直位置。这样,仪器转动到任何方向,管水准器的气泡都不至于偏差太大,调节水准管气泡居中就很方便。

2. 十字丝的横丝应垂直于仪器竖轴

当此条件满足时,可不必用十字丝的交点而用交点附近的横丝进行读数,故可提高观测速度。

3. 水准管轴 LL 应平行于视准轴 CC

根据水准测量原理,要求水准仪能够提供一条水平视线。仪器视线是否水平是依据望远镜的管水准器来判断的,即水准管气泡居中,则认为水准仪的视准轴水平。因此,应使水准管轴平行于视准轴。此条件是水准仪应满足的主要条件。

(二)微倾式水准仪的检校

1. 圆水准器轴 $L'L'$ 平行于仪器竖轴 VV 的检校

(1)检验。用脚螺旋使圆水准器气泡居中[见图 2-29(a)],此时圆水准轴 $L'L'$ 处于竖直位置。假设竖轴 VV 与 $L'L'$ 不平行,且交角为 α,则此时竖轴 VV 与竖直位置偏离 α 角。将望远镜绕竖轴旋转 180°,如图 2-29(b)所示,圆水准器转到竖轴的另一侧,这时 $L'L'$ 不但不竖直,而且与竖直线 ll 的交角为 2α。显然气泡不再居中,气泡偏移的弧度所对的圆心角等于 2α。气泡偏移的距离为仪器旋转轴与圆水准器轴交角的 2 倍。

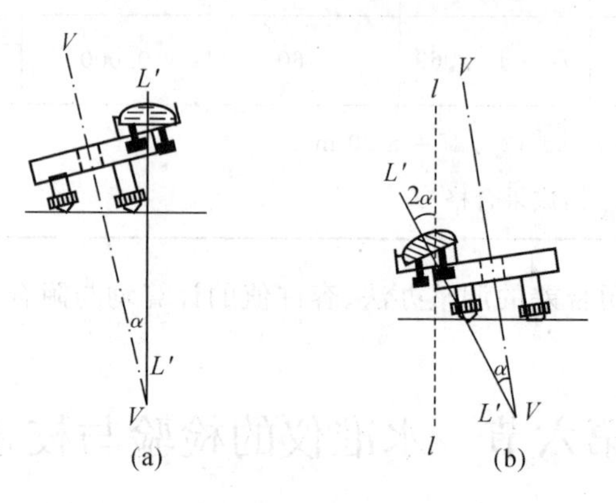

图 2-29　圆水准器轴不平行于仪器竖轴

(2)校正。校正时可用校正针分别拨动圆水准器下方的 3 个校正螺丝(见图 2-30),使气泡向居中位置移动偏离量的一半,如图 2-31(a)所示。这时,圆水准器轴 $L'L'$ 与 VV 平行。然后,再用脚螺旋使气泡完全居中,竖轴 VV 则处于竖直状态,如图 2-31(b)所示。这项检验校正工作需要反复进行数次,直到仪器旋到任何位置圆水准器气泡都居中为止,最后再旋紧固定螺丝。

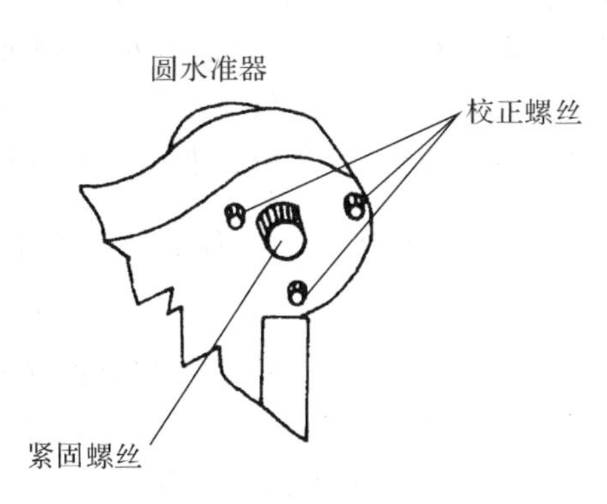

图 2-30　圆水准器校正螺丝

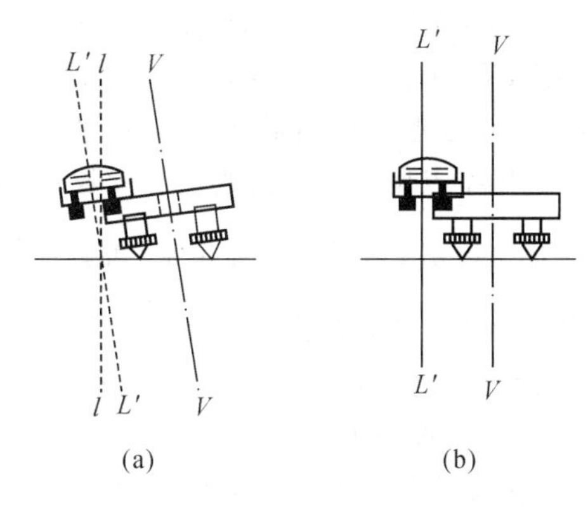

图 2-31　圆水准器的校正

2. 十字丝横丝垂直于仪器竖轴的检校

(1)检验。选择一目标 M,如图 2-32(a)所示,然后固定制动螺旋,转动微动螺旋,如标志点 M 始终在横丝上移动,则说明条件满足;否则,如图 2-32(b)所示,则需校正。

(2)校正。松开十字丝分划板的固定螺丝(见图 2-33),转动十字丝分划板座,使其满足条件。此项校正也需反复进行。

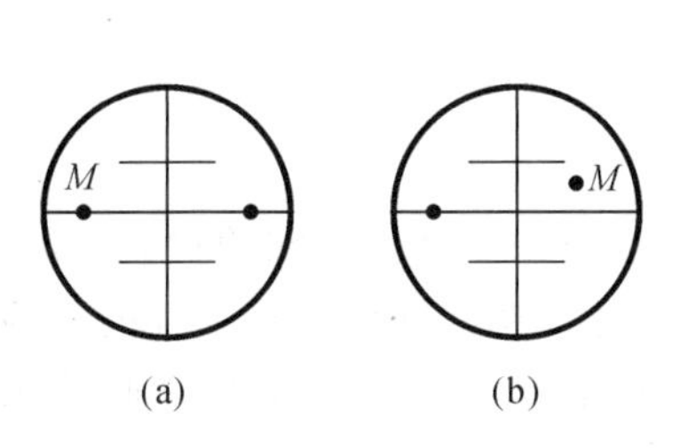

图 2-32　十字丝横丝垂直仪器竖轴原理

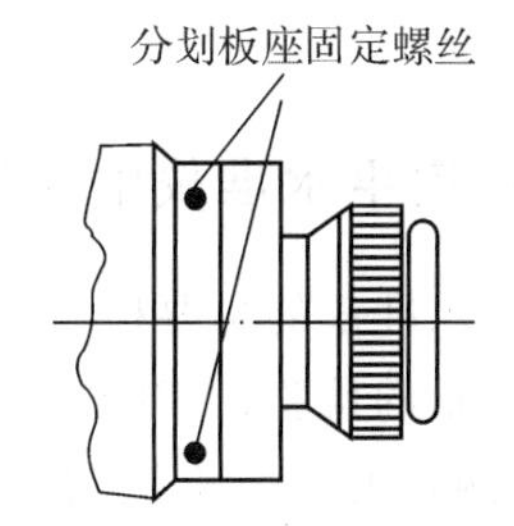

图 2-33　十字丝分划板座固定螺丝

3. 水准管轴 LL 平行于视准轴 CC 的检校

(1)检验。如图 2-34 所示,假设视准轴不与水准管轴平行,它们之间的夹角为 i,则当水准管气泡居中时,视线倾斜 i 角。图 2-34 中设视线上倾,由于 i 角对标尺读数的影响与距离成正比,所以当前后视距相等时,i 角的影响可以得到抵偿,则正确高差为 $h_{AB}=a_1-b_1$。

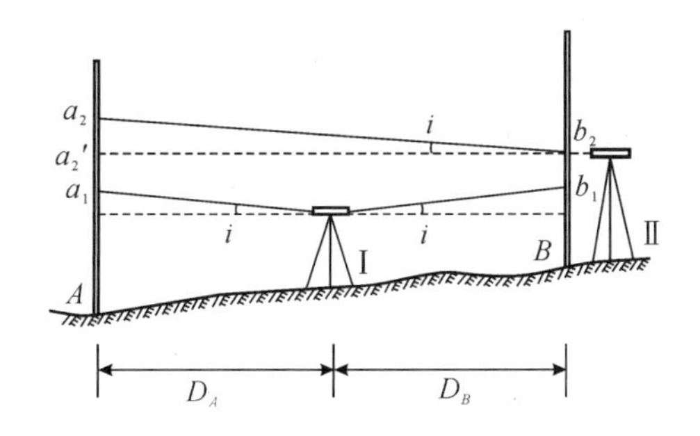

图 2-34　水准管轴平行于视准轴的检验

检验时,先将仪器置于两水准尺中间等距处,测得两立尺点正确高差。然后将仪器安置于 A 点或 B 点附近(约 3 m),如将仪器搬至 B 点附近,则读得 B 点尺上读数为 b_2,因为此时仪器离 B 点很近,i 角的影响很小,可忽略不计,故认为 b_2 为正确的读数。用公式 $a'_2=b_2+h_{AB}$ 计算出 A 点尺上应读得的正确读数 a'_2(即视线水平时的读数)。然后瞄准 A 点尺读得读数 a_2,若 $a_2=a'_2$,则说明条件满足;否则,存在 i 角,其值为 $i''=\frac{a_2-a'_2}{D_{AB}}\rho$。对于 DS3 水准仪,$i$ 值应小于 20″,如果超限,则需校正。

(2)校正。转动微倾螺旋,使中丝读数对准 a'_2,此时视准轴处于水平位置,但水准气泡却偏离了中心。拨动水准管上、下两个校正螺丝(见图 2-35),使它们一松一紧,直至气泡居中(符合水准器两端气泡影像重合)为止。此项检校需反复进行,直至达到要求为止。

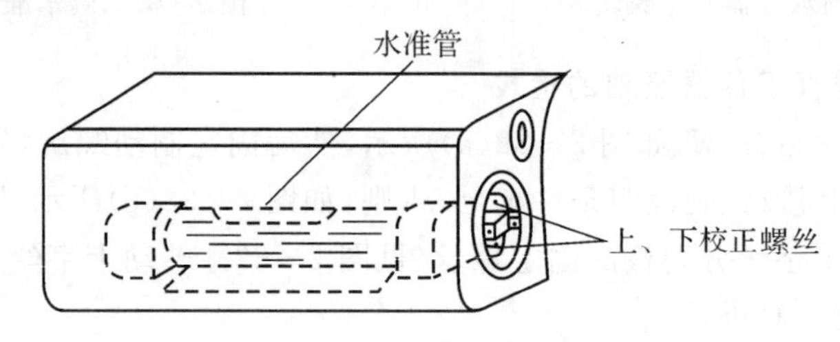

图 2-35　水准管校正螺丝

二、自动安平水准仪的检验与校正

自动安平水准仪的主要检验项目有:①水准器轴平行于仪器竖轴的检验;②十字丝横丝垂直于仪器竖轴的检验;③补偿器误差的检验;④望远镜视准轴位置正确性的检验。

其中,前两项的检验方法与微倾式水准仪相同,第四项检验方法与微倾式水准仪的水准管轴平行于视准轴的检验(i 角检验)方法也是一样的,故这里只介绍第三项的检验方法。由于一般自动安平水准仪的校正需送修理部门由专业人员进行校正,故这里只介绍其检验方法。

所谓补偿器性能,是指当仪器竖轴有微量的倾斜时,补偿器是否能在规定的范围内进行补偿。如图 2-36 所示,在 AB 直线中点处架设仪器,并使仪器的两个脚螺旋的连线与 AB 垂直。整平仪器后,读取 A 点水准尺上的读数为 a,然后转动位于 AB 方向的第三个脚螺旋,使仪器竖轴向 A 点水准尺倾斜 $\pm\alpha$ 角(DZS3 型仪器为 $\pm8'$)。如 A 点尺上读数 $a_{\pm\alpha}$ 与整平时读数 a 相同,则补偿器工作正常;若 $a_{\pm\alpha}>a$,则称为“过补偿”;对于普通水准测量,$a_{\pm\alpha}<a$,称为“欠补偿”;若 $a_{\pm\alpha}\neq a$,则其差应小于 3 mm,否则应进行校正。校正可根据说明书调整有关重心调节器或送修理部门检修。

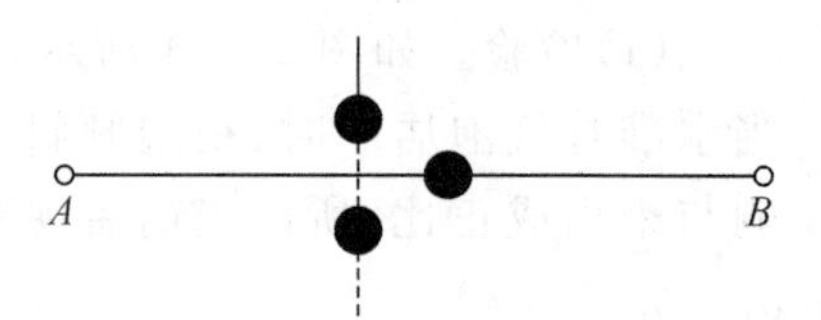

图 2-36　自动安平水准仪补偿器的检验

第七节　水准测量的误差分析

水准测量的误差主要来自仪器误差、观测误差和外界条件的影响三个方面。

一、仪器误差

(一)仪器校正后的 i 角残余误差

水准管轴与视准轴不平行，虽经校正，但仍存在 i 角的残余误差。这种误差与仪器至水准尺的视距成正比，属于系统性误差。若观测时使前、后视距相等，便可消除或减弱此项误差的影响。

(二)水准尺误差

水准尺由于刻划不准确、尺长变化、弯曲等原因，会造成水准测量误差。因此，水准尺在使用之前应进行检验。

二、观测误差

(一)水准管气泡居中误差

在水准测量中，视线的水平是根据水准管气泡居中来实现的。由于气泡居中存在误差，则会使得视线不水平。这种误差随着视距的增大而增大，所以观测时应使气泡严格居中。

(二)估读水准尺的误差

人眼的极限分辨能力为 $1'$。设望远镜的放大倍率为 v，视距为 D，则在水准尺上估读毫米数的误差为：

$$m_v = \pm \frac{60''}{v} \cdot \frac{D}{\rho} \tag{2-15}$$

(三)视差

在水准测量中，视差的影响会给观测结果带来较大的误差。因此，观测前必须反复调节目镜和物镜的对光螺旋，使水准尺的影像与十字丝平面重合。

(四)水准尺倾斜误差

水准尺倾斜将使尺上读数增大，而且视线离地面越高，误差越大。为减弱这项误差，水准尺必须立直。通常在精密水准尺上安装圆水准器，以指示水准尺是否竖直，而且读数时应取水准尺上的最小读数。

三、外界条件的影响

(一)仪器下沉

观测过程中若仪器下沉,将会使视线降低,从而使观测高差产生误差。此种误差可通过采用“后—前—前—后”等适当的观测程序来减弱。

(二)尺垫下沉

如果在转点发生尺垫下沉,将使下一站的后视读数增加,也将引起高差误差。为减少这种误差的影响,除在设置转点时尽量选择土质坚硬的地点安置尺垫并踩实之外,还可采用往返观测取中数的方法减弱其影响。

(三)地球曲率和大气垂直折光的影响

如图 2-37 所示,由于大地水准面是一个曲面,所以只有当视线与大地水准面平行时,才能测出 B 点相对于 A 点的高差 h_{AB}。水准仪提供的是一条水平视线,它在尺上的读数为 b'',若用水平面代替水准面,在水准尺上读数产生的差值为 c,此即为地球曲率对高差的影响:

$$c=\frac{D^2}{2R} \tag{2-16}$$

式中,D 为 A、B 两点间的距离;R 为地球平均半径。

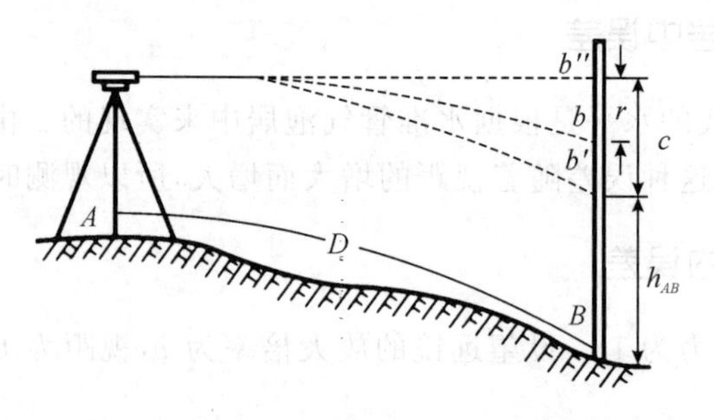

图 2-37 地球曲率和大气折光的影响

实际上,由于受大气垂直折光的影响,视线并不是水平直线,而是一条曲线。当读数为 b 时,与水平视线读数差一个 r 值。若将这段曲线看作一段圆弧,由实验得知,其半径大致为地球半径的 6~7 倍,这里取 7 倍,则其折光量的大小对水准尺读数产生的影响为:

$$r=\frac{D^2}{2\times 7R}=\frac{D^2}{14R} \tag{2-17}$$

综合地球曲率和大气垂直折光的影响,并用 f 表示为:

$$f=c-r=\frac{D^2}{2R}-\frac{D^2}{14R}\approx 0.43\frac{D^2}{R} \tag{2-18}$$

如果使前后视距 D 相等,则由式(2-18)可知,地球曲率和大气垂直折光的影响将得到消除或大大减弱。

2-5 精密电子水准仪

(四)温度的影响

当太阳照射到水准管上时，会使水准管本身和管内液体温度升高，气泡会向着温度高的方向移动，从而影响仪器水平，产生气泡居中误差。因此，水准观测时要用伞遮住仪器，避免阳光直射。

思考题与习题

1. 设 A 为后视点，B 为前视点，A 点的高程是 15.928 m，则当后视读数为 1.263 m，前视读数为 1.935 m 时，A、B 两点高差是多少？B 点的高程是多少？并绘图表示其原理。

2. 水准仪主要由哪几部分组成？水准仪的主要功能是什么？

3. 什么是视准轴？什么是视差？产生视差的原因是什么？如何消除视差？

4. 由下表列出的水准测量观测成果，计算出高差，并进行检核计算。

习题 4 表 水准测量手簿

测站点	测点	水准尺读数/m		高差/m		高程/m	备注
		后视 a	前视 b	+	−		
Ⅰ	A	0.478	1.524			56.730	
Ⅱ	1	0.764	1.285				
Ⅲ	2	1.473	1.969				
Ⅳ	3	1.527	1.527				
Ⅴ	4	2.749	1.387				
	B						
计算检核		$\sum a=$	$\sum b=$				
	$\sum a-\sum b=$		$\sum h=$				

5. 调整如下图所示的闭合水准路线的观测成果，并列表求出各点的高程。

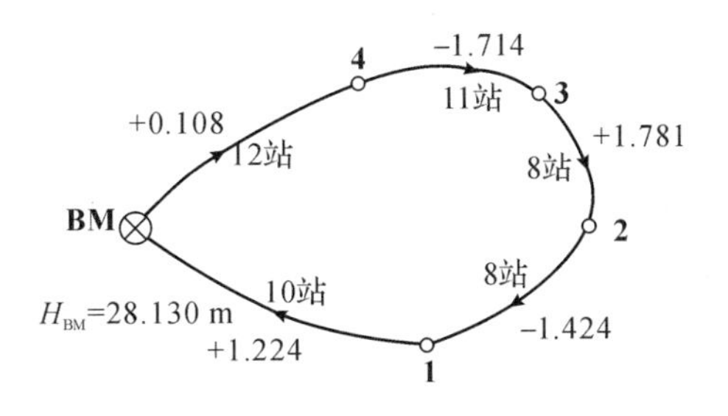

习题 5 图 闭合水准路线

6. 水准仪有哪几条主要轴线？它们应满足什么几何条件？

7. 水准测量中有哪几项检核？各项检核的目的是什么？

8. 水准测量中主要有哪些误差来源？各采取什么措施加以消除或减弱？

9. 在相距 80 m 的 A、B 两点的中央安置水准仪，A 点尺上的读数 $a_1=1.337$ m，B 点尺上的读数 $b_1=1.114$ m。当仪器搬到 B 点近旁时，测得 B 点读数 $b_2=1.501$ m，A 点读数 $a_2=1.782$ m，试问此水准仪是否存在 i 角？如有 i 角，应如何校正？

10. 简述电子水准仪的电子读数原理。

第三章

角度测量

角度测量是测量的基本工作之一，包括水平角测量和竖直角测量。水平角测量用于求算点的平面位置，竖直角测量用于计算高差和水平距离。角度测量最常用的仪器有经纬仪和全站仪。

第一节　角度测量原理

一、水平角测量原理

水平角是指相交的两条直线的夹角在同一水平面上的投影，或指分别过两条直线的铅垂面所夹的二面角。如图 3-1 所示，A、B、C 为地面上的任意三点，将三点沿铅垂线方向投影到同一水平面上得到 A_1、B_1、C_1 三点，则直线 B_1A_1 与直线 B_1C_1 的夹角 β，即为 BA 与 BC 两方向线间的水平角。

为了获得水平角 β 的大小，设想有一个能水平放置的带刻度的圆盘，且圆盘中心处在过 B 点铅垂线上的任意位置 O；另有一个瞄准设备，能分别瞄准 A 点和 C 点的目标，并能在带刻度的圆盘上获得相应的读数 a 和 c，则 BA 与 BC 两方向线间的水平角为：

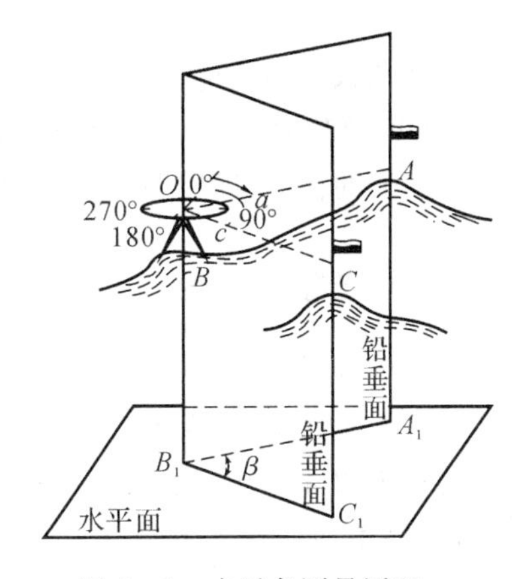

图 3-1　水平角测量原理

$$\beta = c - a \tag{3-1}$$

水平角取值范围为 0°～360°。

二、竖直角测量原理

竖直角是指在同一竖直面内，倾斜视线与水平线之间的夹角，又称为竖角。

竖直角有仰角和俯角之分。视线在水平线以上，称为仰角，取正号，角值为 0°～+90°，如图 3-2(a)中的 α_A；视线在水平线以下，称为俯角，取负号，角值为 -90°～0°，如图 3-2(b)中的 α_C(图中俯角 α_C 为负值)。

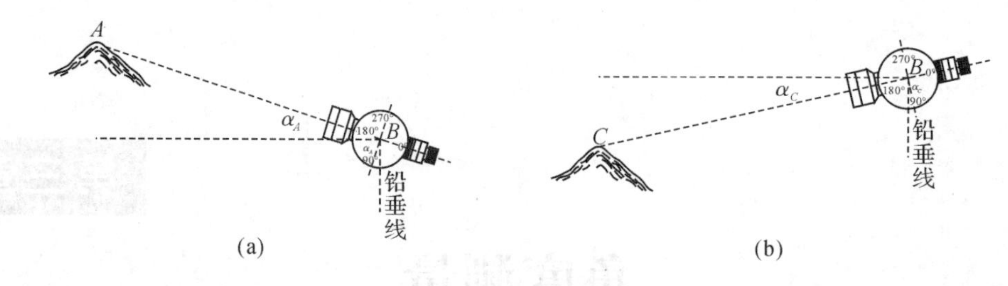

图 3-2　竖直角测量原理

欲确定 α_A 和 α_C 的大小,设想有一个带有刻度的竖直圆盘,并能处在过目标点的竖直面内,通过瞄准设备和读数装置可分别获得瞄准目标时的读数和视线水平时的读数,则竖直角可用两者差值计算出来。但须注意,在过 B 点的铅垂线上不同的位置设置带刻度的竖直圆盘时,每个位置观测所得的竖直角是不同的。

根据上述水平角和竖直角测量原理,用于测角的仪器必须具备带刻度的水平圆盘(称为水平度盘)和竖直圆盘(称为竖直度盘);应有照准目标的瞄准设备,它不但能上下转动而形成一竖直面,还可绕一竖轴在水平方向内转动,以瞄准不同的目标。目前能满足上述功能用于测角的常用仪器有经纬仪和全站仪。

第二节　测角仪器

测角仪器按性能分为光学经纬仪、电子经纬仪和全站仪等。按精度等级分为 DJ07、DJ1、DJ2、DJ6 等型号,其中“D”“J”分别为“大地测量”“经纬仪”的汉语拼音第一个字母;07,1,…,6 表示仪器的精度等级,即“一测回水平方向的观测中误差”,单位为“″”。“DJ”常简写为“J”。

一、光学经纬仪

光学经纬仪是利用几何光学放大、反射、折射等原理在光学度盘上进行测微读数的一种测角仪器,工程建设中常用的有 DJ2 和 DJ6 两种。目前光学经纬仪正逐步退出市场,其测角功能被电子经纬仪、全站仪等取代。

(一)光学经纬仪的基本构造

不同型号的光学经纬仪,其外形和各螺旋的形状、位置不尽相同,但基本结构相同,一般都包括照准部、水平度盘和基座三大部分,如图 3-3 所示。

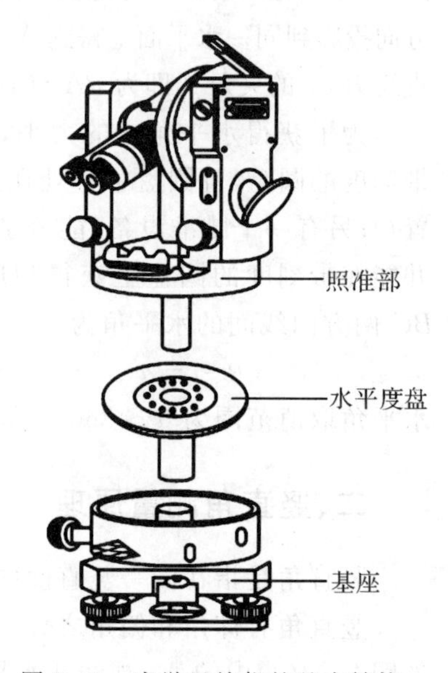

图 3-3　光学经纬仪的基本结构

1. 照准部

照准部主要由望远镜、支架、旋转轴(竖轴)、望远镜制动螺旋、望远镜微动螺旋、照准部制动螺旋、照准部微动螺旋、竖直度盘、读数设备、水准管和光学对中器等组成。

望远镜用于瞄准目标，其构造与水准仪相同。望远镜与横轴固连在一起，可绕仪器横轴做360°转动，仪器安置好以后，视准轴所扫出的面为一竖直面。

竖直度盘固定在望远镜横轴的一端，随望远镜一起转动，用于观测竖直角。

光学经纬仪的读数设备包括读数显微镜以及光路中的一系列光学棱镜和透镜。

仪器的竖轴处在管状轴套内，可使整个照准部绕仪器竖轴做水平转动。

照准部水平制、微动螺旋用于控制照准部水平方向转动；望远镜制、微动螺旋用于控制望远镜的纵向转动。

管水准器用于精确整平仪器，而用来粗略整平仪器的圆水准器多数是装在基座上的。

光学对中器用于调节仪器，使水平度盘中心与地面点位于同一铅垂线上。

2. 水平度盘

水平度盘是用来指示经纬仪在水平方向转动角度大小的重要部件，不随照准部转动。在水平角观测过程中，可以对某方向读数预置(度盘配置)。

对于光学方向经纬仪，在水平角测量中，可利用度盘变换手轮将度盘转至所需要的位置而进行度盘的配置，度盘配置后应及时盖好护盖，以免在作业中碰动。

对于装有复测器的复测经纬仪，水平度盘与照准部之间的连接由复测器控制。将复测器扳手往下扳时，照准部转动时带动水平度盘一起转动；将复测器扳手往上扳时，水平度盘就不随照准部旋转。

3. 基座

经纬仪基座与水准仪基座的构成和作用基本相同，有轴座、脚螺旋、底板、三角压板和圆水准器。但经纬仪基座上还有一个轴座固定螺旋，用于将照准部和基座固连在一起。通常情况下，轴座固定螺旋必须拧紧固定。图 3 - 4 为 DJ6 光学经纬仪的构造。

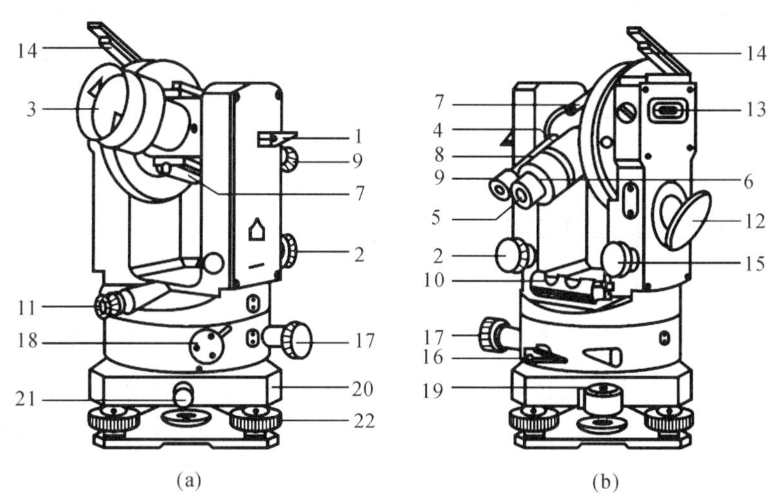

1—望远镜制动螺旋；2—望远镜微动螺旋；3—物镜；4—物镜调焦螺旋；5—目镜；6—目镜调焦螺旋；7—瞄准器；8—度盘读数显微镜；9—度盘读数显微镜调焦螺旋；10—照准部水准管；11—光学对中器；12—度盘照明反光镜；13—竖盘指标水准管；14—竖盘指标水准管观察反射镜；15—竖盘指标水准管微动螺旋；16—水平制动螺旋；17—水平微动螺旋；18—水平度盘变换手轮；19—基座圆水准器；20—基座；21—轴座固定螺旋；22—脚螺旋

图 3 - 4　DJ6 光学经纬仪

(二)光学经纬仪的读数

以 DJ6 光学经纬仪的读数为例。DJ6 光学经纬仪的水平度盘和竖直度盘分划线通过一系列的棱镜和透镜，成像于望远镜旁的读数显微镜内，观测者通过读数显微镜读取度盘上的读数。图 3-5 为 DJ6 光学经纬仪读数系统光路图。

对 DJ6 光学经纬仪，常用的读数装置是分微尺测微器读数。如图 3-6 所示，注有"▭"(或"H""水平")的为水平度盘读数，注有"⊥"(或"V""竖直")的为竖直度盘读数。经放大后，分微尺长度与水平度盘或竖直度盘分划值 1°的成像宽度相等。分微尺长度为 1°，分 60 小格，每一小格为 1′，则可估读最小分划的 1/10，即 0.1′相当于 6″。读数时，度数由落在分微尺上的度盘分划线注记数读出；分数则用该度盘分划线在分微尺上直接读出；秒为估读数，是 6 的倍数。图 3-6 中水平盘读数为 115°03′48″，竖盘读数为 72°51′18″。

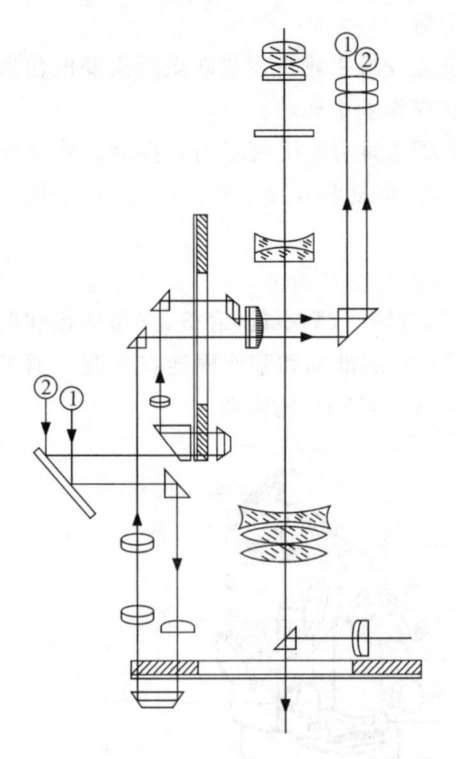

图 3-5　DJ6 光学经纬仪光路

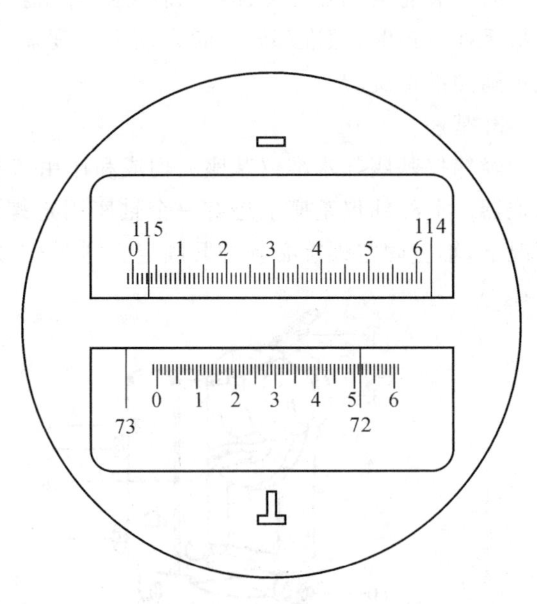

图 3-6　分微尺测微器读数

需要说明的是，在读取竖盘读数前，应先调节竖盘指标水准管微动螺旋使竖盘指标水准管气泡居中，否则，读取的竖盘读数是不正确的。对于装有竖盘指标自动归零装置的经纬仪，读取竖盘读数前，只需转动自动归零螺旋，使自动归零装置处于工作状态，并检查是否正常工作，确认无误后，即可读取竖盘读数，读数方法与水平度盘完全相同。

3-1　DJ2 光学经纬仪读数

二、电子经纬仪

电子经纬仪是用光电测角系统代替光学测角系统的测角仪器，最早出现于 20 世纪 80

年代初期，是光电技术和计算机技术发展的产物。电子经纬仪具有光学经纬仪类似的结构特征，测角方法、步骤与光学经纬仪基本相似，最主要的区别在于读数系统——光电测角。电子经纬仪利用光电转换原理和微处理器自动测量度盘读数，将测量结果显示在仪器显示窗上，并自动储存测量结果。

（一）电子经纬仪的基本构造

电子经纬仪也可以说由照准部、水平度盘和基座三部分组成，只是其读数、测微系统由电子系统来完成，可以显示读数、记录、处理和存储结果。图 3－7 为南方 ET-05 电子经纬仪的基本结构。

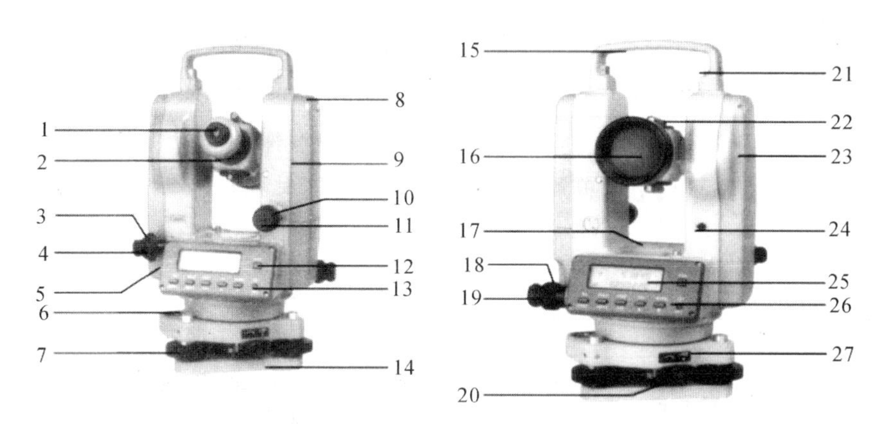

1—望远镜目镜；2—望远镜调焦手轮；3—对中器调焦螺旋；4—对中器目镜；
5—电子手簿接口；6—圆水准器；7—基底脚螺旋；8—电池盒按钮；9—机载电池盒；
10—望远镜制动螺旋；11—望远镜微动螺旋；12—电源开关；13—照明开关；14—基座底板；
15—提把；16—望远镜物镜；17—管水准器；18—水平制动螺旋；19—水平微动螺旋；
20—基座锁定钮；21—提把固定螺丝；22—粗瞄准器；23—竖直度盘中心标志；
24—测距仪数据接口；25—显示器；26—操作键盘；27—基座

图 3－7　ET-05 电子经纬仪

1. 键盘符号与功能

该仪器键盘具有一键双重功能。一般情况下，仪器执行按键上方所标示的是第一（测角）功能，而当按下 MODE 键后再按其余各键，则执行按键下方所示的是第二（测距）功能，如图 3－8 所示。键盘的各符号与其相应功能见表 3－1。

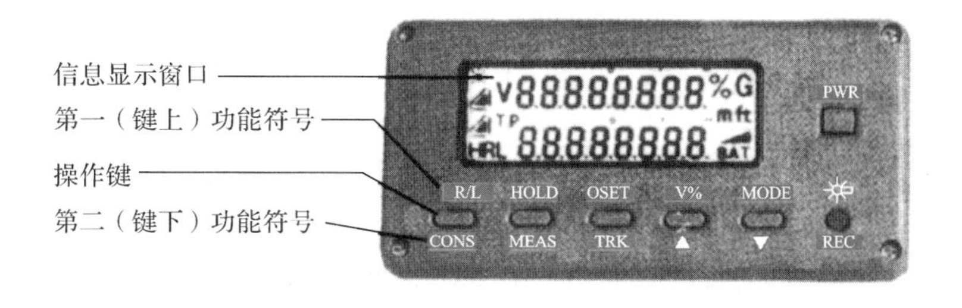

图 3－8　ET-05 电子经纬仪键盘

表 3-1　ET-05 电子经纬仪键盘符号与功能

键名	符号	功能
R/L 键 CONS	R/L	显示右旋/左旋水平角选择键。连续按此键,两种角值交替显示
	CONS	专项特种功能模式键
HOLD 键 MEAS (◀)	HOLD	水平角锁定键。按此键两次,水平角锁定;再按一次,则解除
	MEAS	测距键。按此键连续精确测距
	(◀)	在特种功能模式中按此键,显示屏中的光标左移
OSET 键 TRK (▶)	OSET	水平度盘读数置零键。按此键两次,水平度盘读数置零
	TRK	跟踪测距键。按此键每 1 s 跟踪测距一次,精度至 0.01 m
	(▶)	在特种功能模式中按此键,显示屏中的光标右移
V% 键 ▲	V%	竖直角和斜率百分比显示转换键。连续按键,则交替显示 在测距模式状态时,连续按此键则交替显示斜距(◢)、平距(◢)、高差(◢)
	▲	增量键。在特种功能模式中按此键,显示屏中的光标可上下移动或数字向上增加
MODE 键 ▼	MODE	测角、测距模式转换键。连续按此键,仪器交替进入一种模式,分别执行键上或键下标示的功能
	▼	减量键。在特种功能模式中按此键,显示屏中的光标可下上移动或数字向下减少
☼ 键 ● REC	☼	望远镜十字丝和显示屏照明键。按键一次,开灯照明;再按,则关闭(若不按键,10 s 后自动熄灭)
	REC	记录键。令电子手簿执行记录
PWR ■ 键	PWR	电源开关键。按键开机;按键时间大于 2 s,则关机

2. 信息显示符号

液晶显示屏采用线条式液晶,常用符号全部显示,如图 3-9 所示。

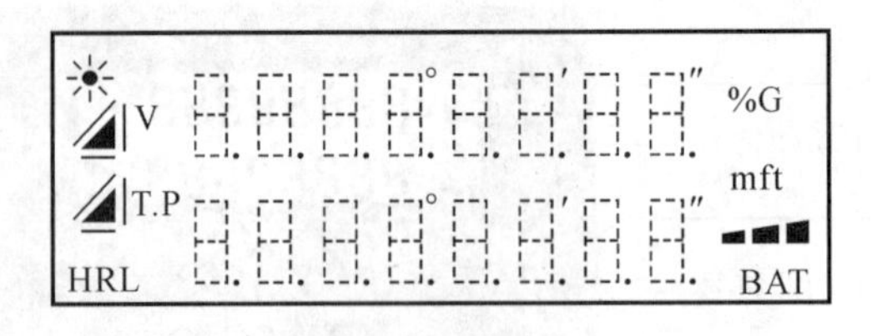

图 3-9　ET-05 电子经纬仪液晶显示屏

在图 3-9 中,中间两行各 8 个数位显示角度或距离等观测结果数据或提示字符串,左右两侧所显示的符号或字母表示数据的内容或采用的单位名称,具体见表 3-2。

表 3-2　ET-05 电子经纬仪仪器显示符号及意义

符号	意义	符号	意义
V	竖直度盘读数	%	斜率百分比
H	水平度盘读数	G	角度单位
HR	水平度盘读数右旋(顺时针)增大	m	距离单位:米
HL	水平度盘读数左旋(逆时针)增大	ft	距离单位:英尺
	斜距	BAT	电池电量
	平距		高差

3. 打开或关闭电源

打开或关闭电源的操作及显示如表 3-3 所示。

表 3-3　ET-05 电子经纬仪打开或关闭电源操作及显示

操作	显示
按住 PWR 键至显示屏显示全部符号,电源打开 2 s 后显示出水平角值,即可开始测量水平角 按 PWR 键时间大于 2 s 至显示屏显示“OFF”符号后松开,显示内容消失,电源关闭	V T.P %G mft HRL BAT V 0SEr HR 65°41′20″ BAT

4. 指示竖盘指标归零(V OSET)

指示竖盘指标归零的操作及显示如表 3-4 所示。

表 3-4　ET-05 电子经纬仪指示竖盘指标归零的操作及显示

操作	显示
开启电源后如果显示“b”,提示仪器的竖轴不垂直,将仪器精确置平后“b”消失 仪器精确置平后开启电源,显示“V OSET”提示应指示竖盘指标归零 将望远镜在盘左竖直方向上下转动 1~2 次,当望远镜通过水平视线时将指示竖盘指标归零,显示出竖盘角值,仪器可以进行水平角及竖直角测量	V b HR 65°41′20″ BAT V 0SEr HR 65°41′20″ BAT V 90°13′15″ HR 65°41′20″ BAT

5. 水平度盘读数置零(OSET)

将望远镜十字丝中心照准目标 A 后,按 OSET 键两次,使水平角读数为“0°00′00″”,如

图 3-10 所示。

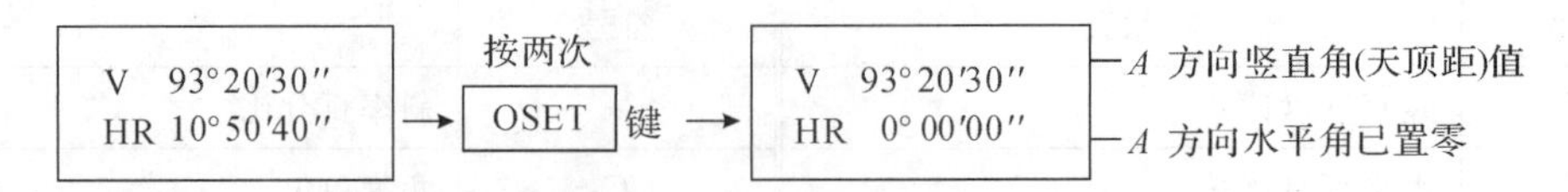

图 3-10 水平度盘读数置零

电子经纬仪的使用方法与光学经纬仪基本相同。仪器对中、整平后，打开电源开关；仪器自检后返回测角模式；精确瞄准目标后，显示屏上自动显示相应的水平盘读数和竖盘读数。由于该仪器无须人工判读，所以能有效提高读数效率。

(二)电子经纬仪测角原理

电子经纬仪是利用光电技术测角，带有角度数字显示和进行数据自动归算及存储装置的经纬仪。常用的电子经纬仪的测角原理可分为如下四种。

1. 编码度盘测角系统

编码度盘为绝对式光电扫描度盘。在度盘上每个位置的数值都能直接读出，故编码度盘测角又称为绝对式测角。为了对度盘进行二进制编码，如图 3-11 所示，将整个玻璃度盘沿径向划分为 16 条由圆心向外辐射的等角区，称为码区；由里到外分成 4 个同心圆环，称为码道。每条码区被码道分成 4 段黑白光区，黑色部分为不透光区，二进制编码为 1；白色部分为透光区，二进制编码为 0。从而由不同码区即可组成不同的 4 位数编码，其中里圈代表高位数，外圈代表低位数，由 0000 开始按顺时针分别读得各码区的读数为 0001,0010,…,1111，对应的十进制数为 0～15。表 3-5 为图 3-10 中各码区对应的编码。根据两个目标方向所在的不同码区便可获得两方向间的夹角。编码度盘的分辨率，即码区角值的大小取决于码道数 n。码区数 $s=2^n$，每码区角值为 $360°/s$。显然码道数愈多，分辨率愈高。但由于制造工艺的限制，码道数不可能太多，因此，编码度盘只能用于角度粗测，要想进行角度精测还需利用电子测微技术。

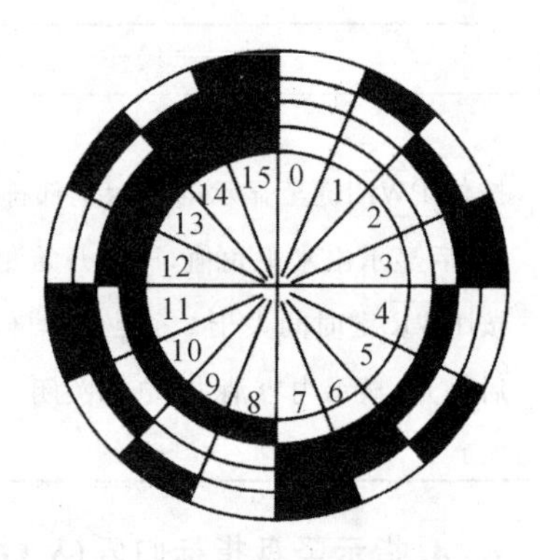

图 3-11 编码度盘测角原理

表 3-5 码区对应编码

区间	编码	区间	编码	区间	编码	区间	编码
0	0000	4	0100	8	1000	12	1100
1	0001	5	0101	9	1001	13	1101
2	0010	6	0110	10	1010	14	1110
3	0011	7	0111	11	1011	15	1111

2. 光栅度盘测角系统

如图 3－12(a)所示，在玻璃圆盘上均匀地刻划着密集的等角距径向光栅，当光线透过时会呈现出明暗条纹，这种度盘称为光栅度盘。通常光栅的刻线不透光，缝隙透光，两者的宽度相等，两宽度之和 d 称为栅距。栅距所对的圆心角，即为光栅度盘的分划值。

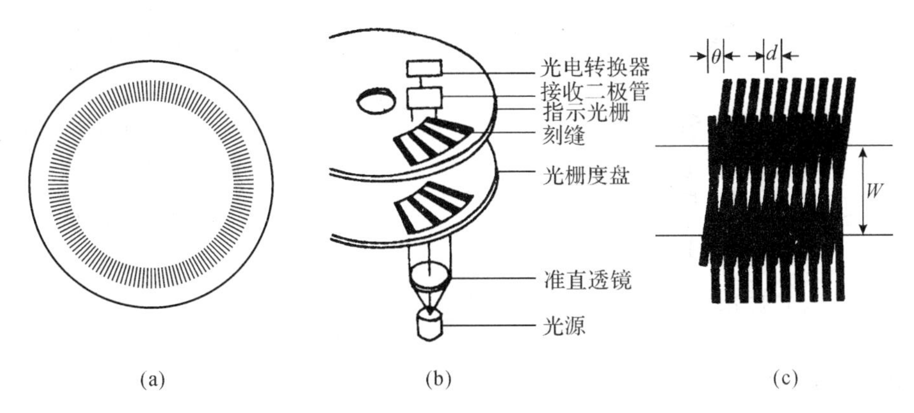

图 3－12　光栅度盘测角原理

为了提高度盘的分辨率，在度盘上、下方的对称位置，分别安装发光器和光信号接收器。在接收器与度盘之间，设置一块与度盘刻线密度相同的光栅，称为指示光栅，如图 3－12(b)所示。指示光栅与光栅度盘相叠，并使它们的刻线相互倾斜一个微小角 θ。指示光栅、发光器和接收器三者位置固定，唯有光栅度盘随照准部旋转。当发光器发出红外光穿透光栅时，在指示光栅上就会呈现出放大的明暗条纹，纹距宽为 W，这种条纹称为莫尔条纹，如图 3－12(c)所示。莫尔条纹的特点是：两光栅的倾角 θ 越小，纹距 W 就越大，它们的关系为：

$$W=\frac{d}{\theta}\rho=kd \tag{3-2}$$

式中，k 为莫尔条纹放大倍数。当 $\theta=20'$ 时，$W=172d$，即纹距比栅距放大了 172 倍。因此，可通过进一步细分纹距 d 来达到提高测角精度的目的。

测角时，望远镜瞄准起始方向，使接收电路中计数器处于“0”状态。当光栅度盘随照准部一起转动时，即形成莫尔条纹。当仪器转至另一目标方向时，计数器在判向电路的控制下，对莫尔条纹亮度变化的周期数进行累积计数，通过译码器换算为度、分、秒，并在显示窗显示出来。这种累计栅距测角的方法称为增量式测角。

3. 正弦刻缝测角

在度盘圆周刻上如图 3－13 所示图形的细缝，由于细缝的宽度不同，所以通过细缝的光亮度亦将产生变化。将光亮度的变化设计成正弦周期性变化，称为正弦刻缝。若全圆有 360 个周期，则每一周期将代表角值 1°。每一周期再内插 60 个脉冲，则每个脉冲代表角值 1′。可见，用此正弦刻缝可测出一个周期内的较小的角值。

4. 编码、光栅与正弦刻缝结合测角

这种度盘的构造示意如图 3－14 所示。整个度盘分作三部分：外面部分为光栅刻划，中间部分为编码码道，里面部分为正弦刻缝。其中间部分采用八码道，角分辨率为 1.4°，因此可取得角度的度值和分值。其里面部分有 128 个正弦周期刻缝，每一周期内插 1 000 个脉冲，相当于全圆有 128 000 个间隔，即每一脉冲约为 10″，一个正弦周期为 2.8°，因此可以决定角度的分值和秒值。其最外的光栅为 4 096 条,每条光栅内插 1 000 个脉冲,每个脉冲相应为 0.32″,因而能够更精确地确定角度的秒值。

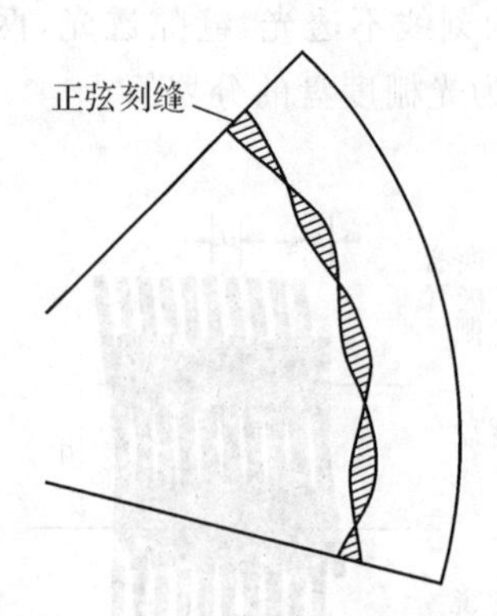

图 3－13　正弦刻缝测角原理

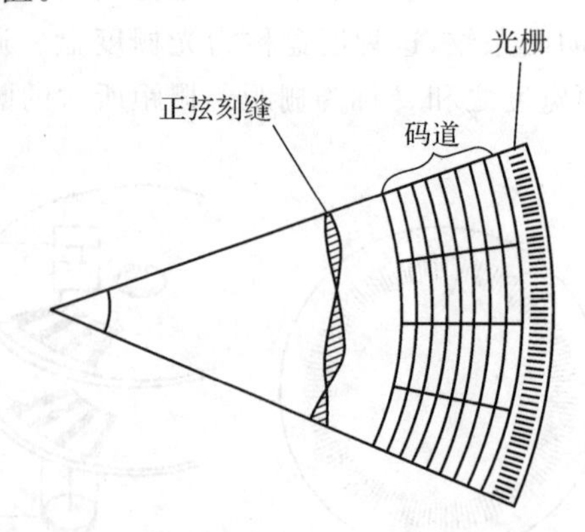

图 3－14　编码、光栅与正弦刻缝结合测角原理

三、全站仪

全站仪是全站型电子速测仪的简称,是一种集水平角、垂直角、距离(斜距、平距)、高差测量功能于一体的测绘仪器系统。因其一次安置仪器就可完成该测站上的全部测量工作,故称之为全站仪。

全站仪包含测量的四大光电系统,即水平角测量系统、竖直角测量系统、水平补偿系统和测距系统。通过键盘可以输入操作指令、数据和设置参数。以上各系统通过 I/O 接口接入总线与微处理机联系起来。与普通仪器相比,全站仪具有如下功能:

(1)具有普通仪器(如经纬仪)的全部功能。

(2)能在数秒内测定距离、坐标值,测量方式分为精测、粗测、跟踪三种,可任选其中一种。

(3)角度、距离、坐标的测量结果在液晶屏幕上自动显示,不需人工读数、计算,测量速度快、效率高。

(4)测距时仪器可进行气象改正。

(5)系统参数可视需要进行设置、更改。

(6)菜单式操作,可进行人机对话。提示语言通常有中文、英文等。

(7)内存大,一般可储存几千个点的测量数据,能充分满足野外测量需要。

(8)数据可录入电子手簿,并输入计算机进行处理。

(9)仪器内置多种测量应用程序,可视实际测量工作需要,随时调用。

按仪器结构的不同,全站仪可分为组合式和整体式两种类型,分别如图 3－15 和图 3－16 所示。早期的全站仪大多是组合式结构,即电子速测仪、电子经纬仪、电子记录器各是一个整体,可以分离使用,也可以通过电缆或接口把它们组合起来,形成完整的全站仪。随着电子测距仪进一步的轻巧化,现代的全站仪大多把测距、测角和记录单元在光学、机械等方面设计成一个不可分割的整体,其中测距仪的发射轴、接收轴和望远镜的视准轴为同轴结构。这对保证较大垂直角条件下的距离测量精度非常有利。

图 3-15　组合式全站仪

图 3-16　整体式全站仪

不同厂家、不同型号的全站仪，在外观上基本相似，但其操作面板和显示屏会略有差异。现以南方 NTS-332R5 免棱镜全站仪为例，介绍其构造及各项功能。

(一)南方 NTS-332R5 免棱镜全站仪的基本构造

南方 NTS-332R5 免棱镜全站仪的结构如图 3-17 所示。其望远镜成像为正像，放大倍率为 30，角度测量精度为 2″级。其操作面板和显示屏如图 3-18 所示，各键盘符号及功能见表 3-6，显示屏显示符号见表 3-7。

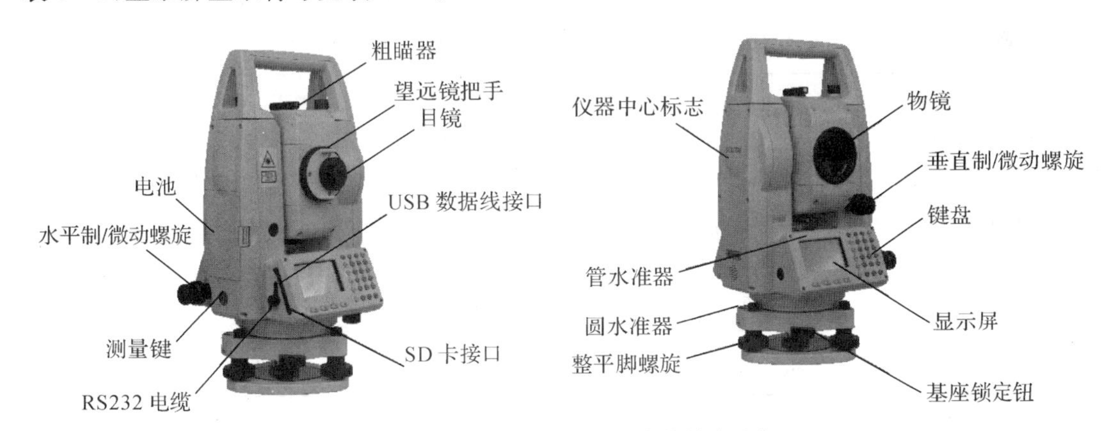

图 3-17　南方 NTS-332R5 免棱镜全站仪

图 3-18　南方 NTS-332R5 免棱镜全站操作面板和显示屏

表 3-6 各键盘符号及功能

按键	名称	功能
ANG	角度测量键	进入角度测量模式
◢	距离测量键	进入距离测量模式
⊿	坐标测量键	进入坐标测量模式(▲上移键)
S.O	坐标放样键	进入坐标放样模式(▼下移键)
K1	快捷键 1	用户自定义快捷键 1(◀左移键)
K2	快捷键 2	用户自定义快捷键 2(▶右移键)
ESC	退出键	返回上一级状态或返回测量模式
ENT	回车键	对所做操作进行确认
M	菜单键	进入菜单模式
T	转换键	测距模式转换
★	星键	进入星键模式或直接开启背景光
⏻	电源开关键	电源开关
F1~F4	软键(功能键)	对应于显示的软键信息
0~9	数字字母键盘	输入数字和字母
—	负号键	输入负号,开启电子气泡功能
.	点号键	开启或关闭激光指向功能、输入小数点

表 3-7 显示屏显示符号

显示符号	内容
V	垂直角
V%	垂直角(坡度显示)
HR	水平角(右角)
HL	水平角(左角)
HD	水平距离
VD	高差
SD	斜距

续表

显示符号	内容
N	北向坐标
E	东向坐标
Z	高程
*	EDM(电子测距)正在进行
m/ft	米与英尺之间的转换
m	以米为单位
S/A	气象改正与棱镜常数设置
PSM	棱镜常数(以 mm 为单位)
(A)PPM	大气改正值(A 为开启温度气压自动补偿功能,仅适用于具有温度气压补偿功能系列)

(二)南方 NTS-332R5 免棱镜全站仪初始设置

在使用全站仪前,通常需要先进行温度、气压等初始设置,在进行具体测量过程中,也通常要进行棱镜常数设置。温度、气压的初始设置方式,如表 3-8 所示。设置前需预先测得测站周围的温度和气压。例如,温度+27.0℃,气压 1 013.0 hPa。

3-2　仪器参数设置

表 3-8　温度、气压设置

步骤	操作	操作过程	显示
第 1 步	按[◢]键	进入距离测量模式	PSM −30　PPM 4.6 V :　95° 10′ 25″ HR:　125° 10′ 20″ HD:　235.641　m VD:　0.029　m 测量　模式　S/A　P1↓
第 2 步	按[F3](S/A)键	进入气象改正设置 按[F3](温度)键执行温度设置,输入温度,按[ENT]键确认 按照同样方法对气压进行设置。按回车后仪器会自动计算大气改正值(PPM)	气象改正设置 PSM　0 PPM　6.4 温度　27.0　℃ 气压　1013.0　hPa 棱镜　PPM　温度　气压

用南方 NTS-332R5 免棱镜全站仪进行各项测量时,由于场地情况和精度要求不同,故可以选择有棱镜模式、无棱镜模式和反射片模式,其设置方式如表 3-9 所示。

3-3　棱镜和反射片

表 3-9　棱镜常数设置

步骤	操作	操作过程	显示
第 1 步	按★键	进入星键模式	PSM -30 PPM 4.6 对比度： 34 模式 倾斜 S/A 对点
第 2 步	按[F1](模式)键	有三种测量模式可选： 按[F1]选择合作目标是棱镜； 按[F2]选择合作目标是反射片； 按[F3]选择无合作目标 选择一种模式后按[ESC]键即回到上一界面	合作目标 F1: ［棱镜］ F2: 反射片 F3: 无合作

(三)南方 NTS-332R5 免棱镜全站仪角度测量模式

南方 NTS-332R5 免棱镜全站仪角度测量模式(三个界面菜单)，如图 3-19 和表 3-10 所示。

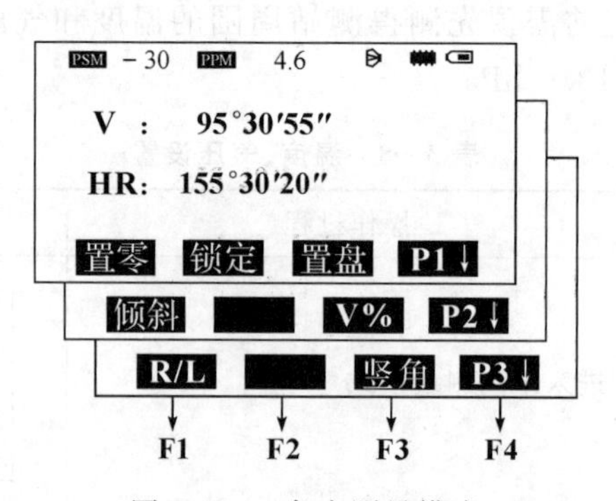

图 3-19　角度测量模式

表 3-10　角度测量模式的键盘符号及功能

页数	软键	显示符号	功能
第 1 页 (P1)	[F1]	置零	水平角置为 0°00′00″
	[F2]	锁定	水平角读数锁定
	[F3]	置盘	通过键盘输入设置水平角
	[F4]	P1↓	显示第 2 页软键功能

续表

页数	软键	显示符号	功能
第 2 页 (P2)	F1	倾斜	设置倾斜改正开或关，若选择开则显示倾斜改正
	F2	—	—
	F3	V%	垂直角显示格式（绝对值/坡度）的切换
	F4	P2↓	显示第 3 页软键功能
第 3 页 (P3)	F1	R/L	水平角（右角/左角）模式之间的转换
	F2	—	—
	F3	竖角	高度角/天顶距的切换
	F4	P3↓	显示第 1 页软键功能

四、经纬仪及全站仪的主要轴线及应满足的几何条件

经纬仪及全站仪的主要轴线有：照准部水准管轴 LL、仪器旋转轴（竖轴）VV、望远镜视准轴 CC、望远镜旋转轴（横轴）HH（见图 3-20）。各轴线间应满足的几何条件有：

(1)照准部水准管轴应垂直于仪器竖轴，即 $LL \perp VV$；

(2)望远镜视准轴应垂直于横轴，即 $CC \perp HH$；

(3)横轴应垂直于竖轴，即 $HH \perp VV$；

(4)十字丝竖丝应垂直于横轴。

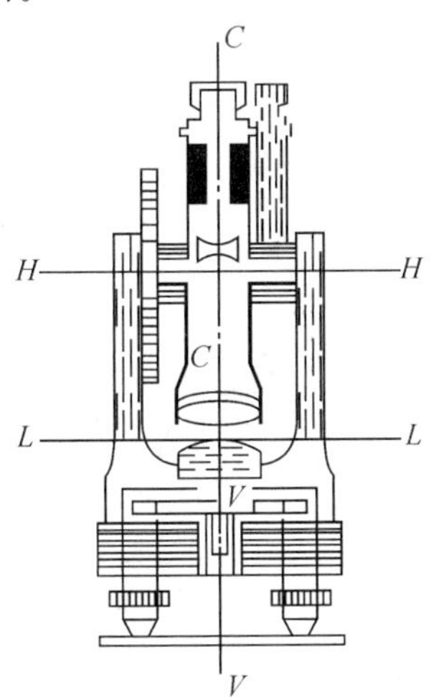

图 3-20　测角仪器的主要轴线

第三节　测角仪器的使用

一、测角仪器的安置

3-4　电子经纬仪的安置

无论是经纬仪还是全站仪,进行角度测量时,都应将仪器安置在测站点的铅垂线上,包括对中和整平两项工作。

对中的目的是使仪器中心与测站点中心位于同一铅垂线上。整平的目的是使仪器的竖轴竖直,从而使水平度盘和横轴处于水平位置。整平分粗略整平和精确整平。

由于对中和整平两项工作相互影响,所以在安置仪器时,应同时满足既对中又整平这两个条件。

打开三脚架,使其高度适中,分开大致成等边三角形,将脚架放置在测站点上,使架头大致水平。将仪器放置在脚架架头上,旋紧中心连接螺旋,调节三个脚螺旋至适中部位。

(1)粗略对中。调节光学对中器的目镜调焦螺旋,使对中器中的刻划线清晰;调节光学对中器的物镜调焦螺旋,使地面清晰。目视光学对中器,双手分别握住三脚架的一条架腿,略抬离地面,以第三个架腿为支点做前后推拉旋转,使光学对中器中心与地面标致点中心重合。

(2)粗略整平。升降三脚架三条腿的高度,使圆水准器气泡居中,达到粗略整平的目的。

(3)精确整平。如图 3-21 所示,转动照准部使水准管平行任意一对脚螺旋连线,对向旋转这两只脚螺旋使水准管气泡居中,左手大拇指移动的方向为气泡移动的方向;然后将照准部转动 90°,旋转第三只脚螺旋,使水准管气泡居中,反复调节,直到照准部转到任何方向,水准管气泡均居中为止。

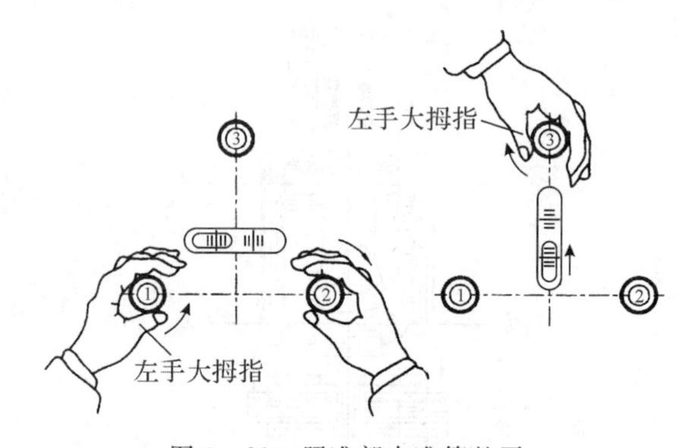

图 3-21　照准部水准管整平

(4)精确对中。精确整平后重新检查对中,如有少许偏离,可稍松开中心连接螺旋,在架头上平移仪器,使其精确对中后,及时拧紧中心连接螺旋。

由于对中和整平相互影响,需要反复操作,最后满足既对中又整平。

光学对中不受风力影响,且精度较高,对中误差一般为 1 mm。

二、瞄准目标

测角时的照准标志,一般是竖立于测点的标杆、测钎、垂球线或觇牌等,如图 3-22 所示。测量水平角时，以望远镜的十字丝竖丝瞄准照准标志，并尽量瞄准标志底部；而测量竖直角时，一般以望远镜的十字丝中丝切标志的顶部。

瞄准时，先松开望远镜制动螺旋和照准部制动螺旋，将望远镜对向明亮的天空，调节目镜调焦螺旋使十字丝清晰，然后利用望远镜上的瞄准器使目标位于望远镜视场内；固定望远镜和照准部制动螺旋，调节物镜调焦螺旋使目标影像清晰；转动望远镜和照准部微动螺旋，使十字丝竖丝单丝平分目标或双丝夹准目标，如图 3-23(a)和(b)所示。

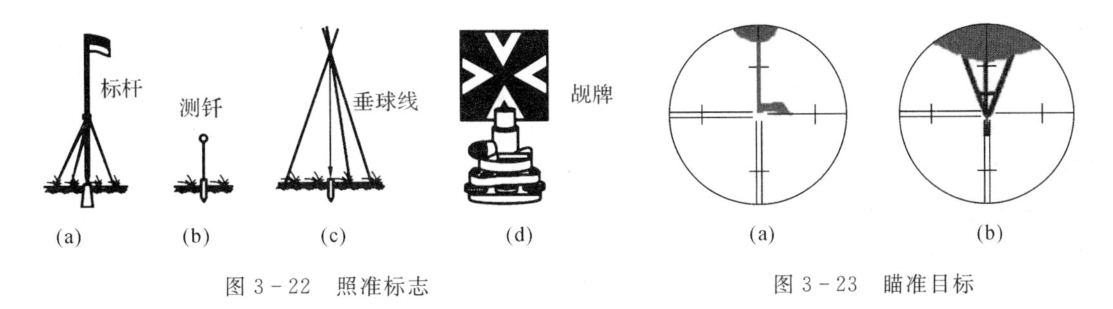

图 3-22　照准标志

图 3-23　瞄准目标

三、读数

对于光学经纬仪，读数时先打开度盘照明反光镜，调整反光镜的开度和方向，使读数窗亮度适中，然后旋转读数显微镜的目镜使刻划线清晰，再读数。

对于电子经纬仪和全站仪，仪器瞄准目标后可直接读取显示屏上的水平度盘读数和竖直度盘读数。

第四节　水平角观测

水平角的观测方法一般根据目标的多少而定，常用的方法有测回法和全圆方向法两种。

一、测回法

测回法适用于观测两个目标所构成的单角。如图 3-24 所示，A、O、B 分别为地面上的三点，欲测定 OA 与 OB 之间的水平角，可采用测回法观测。

测回法的操作步骤如下：

3-5　测回法观测水平角

(1)将经纬仪(或全站仪)安置在测站点 O，对中、整平。

(2)盘左位置(观测者在目镜端时，竖盘在望远镜的左边，又称为正镜)，瞄准目标 A，将水平度盘配置在 $0°00'$ 或稍大于 $0°$ 的位置，读取读数 $a_{左}$ 并记入手簿；顺时针旋转照准部，瞄准目标 B，读数并记录 $b_{左}$，则上半测回角值为：

$$\beta_{左}=b_{左}-a_{左} \tag{3-3}$$

(3)倒转望远镜成盘右位置(观测者在目镜端时，竖盘在望远镜的右边，又称为倒镜)，瞄准目标 B，读得 $b_{右}$ 并记入手簿；逆时针旋转照准部，瞄准目标 A，读数并记录 $a_{右}$，则下半测回角值为：

$$\beta_{右}=b_{右}-a_{右} \tag{3-4}$$

上、下半测回构成一个测回。表 3－11 为测回法观测记录格式。对于 DJ6 级仪器，若上、下半测回角度之差 $\Delta\beta=\beta_{左}-\beta_{右}\leqslant\pm 40''$，则取 $\beta_{左}$、$\beta_{右}$ 的平均值作为该测回的角值：

$$\beta=\frac{\beta_{左}+\beta_{右}}{2} \tag{3-5}$$

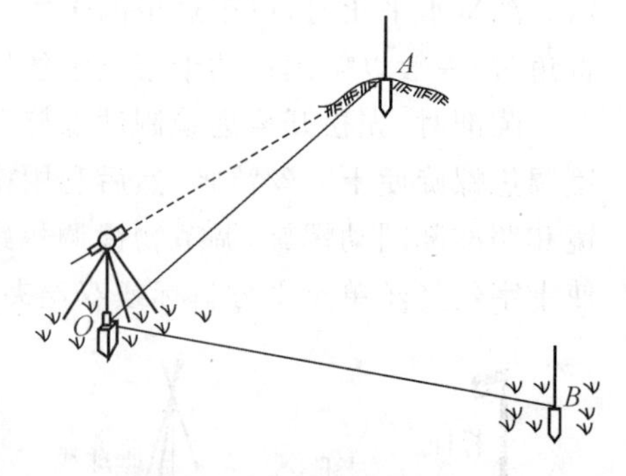

图 3－24　测回法测水平角

在水平角测量中，为了方便角度的计算或减少度盘分划误差的影响，通常需要将起始方向的水平度盘读数配置为 0°00′00″或某一预定值位置，此项工作称为配置度盘。在测回法测角中，仅测一个测回可以不配置度盘起始位置，但为了计算的方便，可将起始目标读数配置在 0°或稍大于 0°处。当测角精度要求较高时，需要观测多个测回，对于光学经纬仪、编码式和增量式度盘电子经纬仪(或全站仪)，为了减少水平度盘分划误差的影响，各测回间应按 180°/n 的差值变换度盘起始位置，其中 n 为测回数。对于动态测角系统的电子经纬仪(或全站仪)，在多测回观测中不需要进行度盘配置。如表 3－11 所示，对于两个测回的观测，第一个测回盘左位置起始目标读数配置在 0°左右，第二个测回盘左位置起始目标读数配置在 90°左右。两个测回观测完成后，还应计算各测回平均值，记录到观测手簿中。

表 3－11　测回法观测手簿(示例)

作业日期________　　仪器型号________　　观测者________

天　　气________　　成　　像________　　记录者________

测回数	测站	竖盘位置	目标	水平度盘读数	半测回角值	一测回角值	各测回平均值
				°　′　″	°　′　″	°　′　″	°　′　″
1	O	左	A	00　00　01	84　10　21	84　10　22	84　10　23
			B	84　10　22			
	O	右	A	180　00　03	84　10　22		
			B	264　10　25			
2	O	左	A	90　00　06	84　10　25	84　10　24	
			B	174　10　31			
	O	右	A	270　00　04	84　10　24		
			B	354　10　28			

二、全圆方向法

当在一个测站上需要观测的方向为三个或三个以上时，常采用全圆方向法。如图 3－25 所示，O 为测站点，A、B、C、D 为四个目标点，欲测定测站点 O 到 A、B、C、D 各方向之间的水平角。

(一)观测步骤

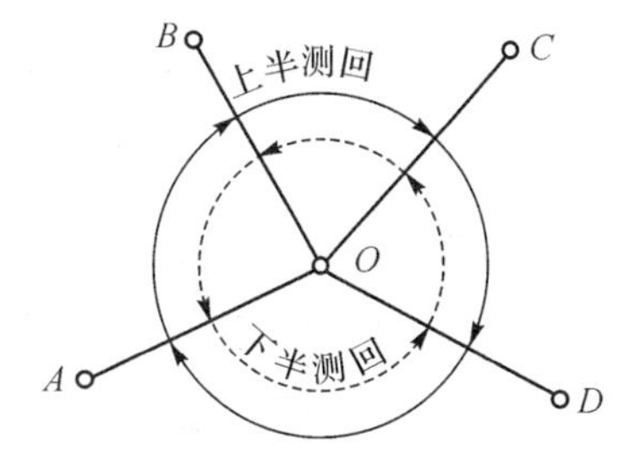

图 3-25　全圆方向法测水平角

(1)将经纬仪安置于测站点 O,对中、整平。

(2)盘左位置,选定一距离较远、目标明显的点(如 A 点)作为起始方向,将水平度盘读数配置在稍大于 0°处,读取此时的读数;松开水平制动螺旋,顺时针方向依次照准 B、C、D 三目标点并读数;最后再次瞄准起始点 A 并读数,称为归零。每观测一个方向,均要将度盘读数计入如表 3-12 所示的全圆方向法观测手簿中,以上称为上半测回。两次瞄准 A 点的读数之差称为"归零差",其值应满足表 3-13 中的限差要求,否则应重测。

(3)倒转望远镜成盘右位置,先瞄准起始目标 A,并读数;然后按逆时针方向依次照准 D、C、B、A 各目标,并读数。以上称为下半测回,其归零差仍应满足规定要求。

上、下半测回构成一个测回。

采用全圆方向观测法测水平角时,如方向数为 3 个,则可以不归零;若需要观测多个测回,各测回间应根据测回数 n,按 180°/n 的间隔变换度盘起始位置。

表 3-12　全圆方向法观测手簿

作业日期________　　仪器型号________　　观测者________

天　　气________　　成　　像________　　记录者________

测站	测回数	目标	水平度盘读数 盘左 ° ′ ″	水平度盘读数 盘右 ° ′ ″	2c ″	平均读数 ° ′ ″	一测回归零方向值 ° ′ ″	各测回平均方向值 ° ′ ″	角值 ° ′ ″
O	1	A	0 00 48	180 00 24	+24	(0 00 33) 0 00 36	0 00 0	0 00 0	89 29 46
		B	89 30 24	269 30 06	+18	89 30 15	89 29 42	89 29 46	73 00 46
		C	162 31 18	342 31 00	+18	162 31 09	162 30 36	162 30 32	75 55 28
		D	238 26 54	58 26 30	+24	238 26 42	238 26 09	238 26 00	121 34 00
		A	0 00 42	180 00 18	+24	0 00 30			
		Δ	−6	−6					
O	2	A	90 01 06	270 00 42	+24	(90 00 51) 90 00 54	0 00 0		
		B	179 30 48	359 30 36	+12	179 30 42	89 29 51		
		C	252 31 30	72 31 06	+24	252 31 18	162 30 27		
		D	328 26 48	148 26 36	+12	328 26 42	238 25 51		
		A	90 01 00	270 00 36	+24	90 00 48			
		Δ	−6	−6					

表 3-13　全圆方向法技术要求

测量等级	仪器等级	半测回归零差 /″	一测回内 $2c$ 互差 /″	同一方向各测回数较差 /″
四等及以上	1″级仪器	6	9	6
	2″级仪器	8	13	9
一级及以下	2″级仪器	12	18	12
	6″级仪器	18	—	24

(二)记录、计算

表 3-12 为全圆方向法观测手簿，盘左各目标的读数按从上往下的顺序记录，盘右各目标读数按从下往上的顺序记录。

1. 两倍照准误差 $2c$

按式(3-6)依次计算表 3-12 中各目标的两倍照准误差 $2c$ 的值：

$$2c=\text{盘左读数}-(\text{盘右读数}\pm 180^\circ) \tag{3-6}$$

对于同一台仪器，在同一测回内，各方向的 $2c$ 值互差不应超过表 3-13 中规定的范围。

2. 各方向平均读数

按式(3-7)依次计算各方向平均读数，即以盘左读数为准，将盘右读数加或减 180°后，再与盘左读数取平均：

$$\text{平均读数}=\frac{\text{盘左读数}+(\text{盘右读数}\pm 180^\circ)}{2} \tag{3-7}$$

起始方向有两个平均读数值，应再次取平均作为起始方向的平均读数，填入起始方向上方括号内。

3. 一测回归零方向值

在同一测回内，分别将各方向的平均读数减起始目标的平均读数，得一测回归零后的方向值。起始方向的归零方向值为 0°00′00″。

4. 各测回平均方向值

取各测回同一方向归零后的方向值的平均值作为该方向的最后结果，填入观测手簿中。同时，应注意各测回之间的方向值之差是否超限，若超限则应重测。

5. 角值

相邻两个方向值相减即为各角值。

第五节　竖直角观测

一、竖盘构造及竖直角计算公式

光学经纬仪竖直度盘部分主要由竖盘、竖盘读数指标、竖盘指标水准管和竖盘指标水准管微动螺旋组成。竖盘垂直地固定在望远镜横轴的一端，随望远镜的上下转动而转动。竖盘读数指标与竖盘指标水准管一起安置在微动架上，不随望远镜转动，只能通过调节指标水准管微动螺旋，使读数指标和指标水准管一起做微小转动。当竖盘指标水准管气泡居中时，指标线处于正确位置，如图 3－26 所示。电子经纬仪和全站仪均采用光学补偿器代替指标水准管及其微动系统，在竖直度盘读数系统的像方光路中设置光学补偿器，使得仪器在微小倾斜的情况下，将竖直度盘读数补偿到指标正确位置时的读数。竖盘的注记形式分顺时针和逆时针两种。如图 3－26 所示的竖盘为顺时针注记。

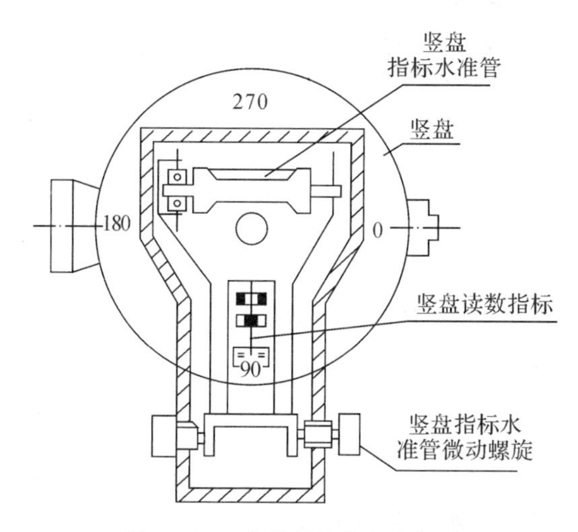

图 3－26　光学经纬仪竖盘构造

由于竖直度盘注记形式不同，竖直角的计算公式也不一样。对任何注记形式的竖盘，当视线水平时，不论是盘左还是盘右，其读数在正常状态下应该是 90°的整倍数。对于顺时针注记的竖盘(见图 3－26)，当望远镜视线水平，竖直指标水准管气泡居中时，读数指标处于正确位置，盘左时竖盘读数为常数 90°，盘右时竖盘读数为常数 270°。所以测定竖直角时，只需对视线指向的目标进行读数，竖角即为瞄准目标的视线方向与视线水平时的常数之差。

以仰角为例，观察望远镜逐渐上倾时读数是增加还是减少，就可得出竖直角的计算公式。

(1)当望远镜视线慢慢上倾，竖盘读数逐渐增加时，竖直角为：

α＝瞄准目标时的读数－视线水平时的常数

(2)当望远镜视线慢慢上倾，竖盘读数逐渐减少时，竖直角为：

α＝视线水平时的常数－瞄准目标时的读数

图 3－27(a)为盘左位置，视线水平时竖盘读数为 90°，当望远镜往上仰时，读数指标指向读数 L，读数减小，倾斜视线与水平视线所构成的竖直角为仰角 α_L，则盘左竖直角为：

$$\alpha_L = 90° - L \tag{3-8}$$

图 3－27(b)为盘右位置，视线水平时竖盘读数为 270°，当望远镜往上仰时，倾斜视线与水平视线所构成的竖直角为仰角 α_R，读数指标指向读数 R，读数增大，则盘右竖直角为：

$$\alpha_R = R - 270° \tag{3-9}$$

对于同一目标，由于观测中存在误差，盘左、盘右所获得的竖直角并不完全相等，因此，应取盘左、盘右竖直角的平均值作为最后结果：

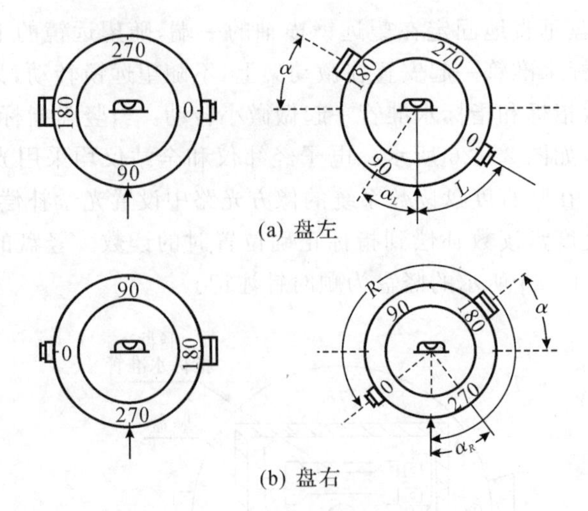

图 3-27　竖直角公式判断

$$\alpha=\frac{1}{2}(\alpha_L+\alpha_R)=\frac{1}{2}[(R-L)-180^\circ] \tag{3-10}$$

对于上述刻划形式的竖直度盘,式(3-8)～式(3-10)同样适用于俯角的情况。

二、竖盘指标差

当视线水平,竖盘指标水准管气泡居中时,若读数指标偏离正确位置,使读数大了或小了一个角值 x,则称这个偏离角值 x 为竖盘指标差。当指标偏离方向与竖盘注记方向一致时,读数中增大了一个 x 值,则 x 为正;当指标偏离方向与竖盘注记方向相反时,读数中减少了一个 x 值,则 x 为负。图 3-28 中的指标差 x 为正。

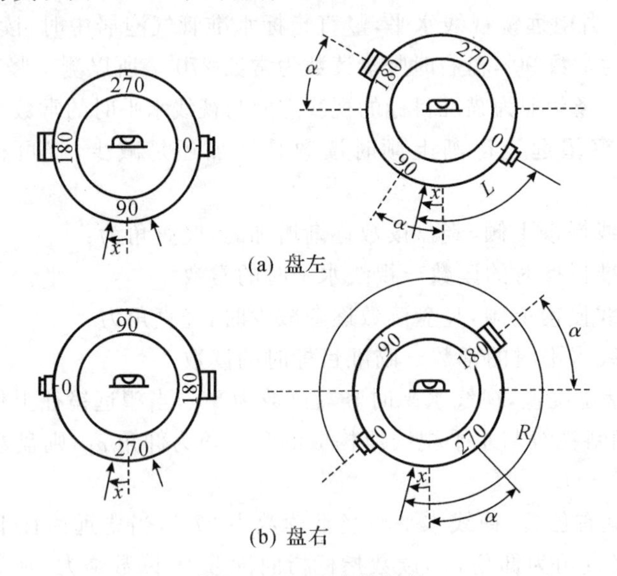

图 3-28　竖盘指标差

在图 3-28(a)的盘左位置中,视线倾斜时的竖盘读数 L 大了一个 x 值,则正确的竖直角为:

$$\alpha_{左}=90°-(L-x)=90°-L+x \tag{3-11}$$

在图 3－28(b)的盘右位置中，视线倾斜时的竖盘读数 R 也大了一个 x 值，则正确的竖直角为：

$$\alpha_{右}=(R-x)-270°=R-270°-x \tag{3-12}$$

由式(3－11)和式(3－12)可得：

$$\alpha=\frac{1}{2}(\alpha_{左}+\alpha_{右})=\frac{1}{2}[(R-L)-180°] \tag{3-13}$$

式(3－13)与无竖盘指标差时的竖直角计算公式(3－10)完全相同，说明仪器即使存在指标差，通过盘左、盘右竖直角取平均也可以消除指标差对其的影响，获得正确的竖直角。

由 $\alpha_{左}=\alpha_{右}$，可得：

$$x=\frac{1}{2}[(L+R)-360°] \tag{3-14}$$

三、竖直角观测

(一)观测步骤

(1)在测站点上安置仪器，量取仪器高，判断竖盘注记形式，确定竖直角的计算公式。

(2)盘左位置瞄准目标，读取竖盘读数 L。

(3)盘右位置瞄准目标同一位置，读取竖盘读数 R。

(二)记录、计算

将各观测数据及时记入竖直角观测手簿(见表 3-14)中，按式(3－8)和式(3－9)分别计算半测回竖直角，再按式(3－10)计算一测回竖直角，指标差按式(3－14)求得。

表 3－14　竖直角观测手簿

作业日期________　　仪器型号________　　观测者________

天　　气________　　成　　像________　　记录者________

测站	目标	测回数	竖盘位置	竖盘读数 ° ′ ″	半测回竖直角 ° ′ ″	指标差 ′ ″	一测回竖直角 ° ′ ″	各测回竖直角 ° ′ ″	备注
B	A	1	左	78 45 42	+11 14 18	−0 09	+11 14 09	+11 14 14	竖盘为顺时针注记形式
			右	281 14 00	+11 14 00				
	A	2	左	78 45 36	+11 14 24	−0 06	+11 14 18		
			右	281 14 12	+11 14 12				
	C	1	左	97 25 54	−7 25 54	+0 03	−7 25 51	−7 25 56	
			右	262 34 12	−7 25 48				
	C	2	左	97 26 06	−7 26 06	+0 06	−7 26 00		
			右	262 34 06	−7 25 54				

对于同一台仪器,竖盘指标差在同一时间段内的变化应该很少,相关规范规定了指标差变化的容许范围,如果超限,则应重测。表 3-15 为《城市测量规范》(CJJ/T 8—2011)中的竖直角观测技术要求。

表 3-15　竖直角观测技术要求

控制等级	一、二、三级导线		图根控制
	DJ2	DJ6	DJ6
测回数	1	2	1
竖直角测回差/″	15	25	25
指标差较差/″			

3-6　经纬仪竖盘指标自动补偿装置

第六节　测角仪器的检验与校正

前已述及,经纬仪或全站仪各轴线间应满足的几何条件有:

(1)照准部水准管轴应垂直于仪器竖轴,即 $LL \perp VV$;

(2)望远镜视准轴应垂直于横轴,即 $CC \perp HH$;

(3)横轴应垂直于竖轴,即 $HH \perp VV$;

(4)十字丝竖丝应垂直于横轴。

此外,竖盘指标差应为零,光学对中器的光学垂线应与仪器竖轴重合。

仪器在出厂时虽经检验合格,但由于在搬运过程和长期使用中的震动、碰撞等原因,各项条件往往会发生变化。因此,在使用测角仪器之前应进行检验和校正。下文仅介绍与测角相关的主要检校项目与方法。

一、照准部水准管轴垂直于仪器竖轴的检验与校正

当经纬仪的照准部水准管轴与仪器竖轴不垂直时,会出现水准管气泡居中,但仪器竖轴不竖直、水平度盘不水平的结果。

(1)检验方法。将仪器大致整平,使照准部水准管平行于一对脚螺旋,转动这一对脚螺旋使气泡居中;再将照准部旋转 180°,若气泡仍居中,则说明水准管轴与竖轴相垂直,否则说明不垂直,需要校正。

设照准部水准管轴不垂直于竖轴而偏离了一个 α 角,如图 3-29(a)所示。当水准管气泡居中时,水准管轴水平,而竖轴偏离了铅垂方向 α 角;当仪器绕竖轴转动 180°后,则如图 3-29(b)所示,竖轴位置不变,仍偏离铅垂线 α 角,而水准管的两端由于随照准部的转动而左右交换了位置,使得水准管轴与水平面之间成 2α 角,气泡不再居中。气泡偏离的格数所反映的即为 2α。

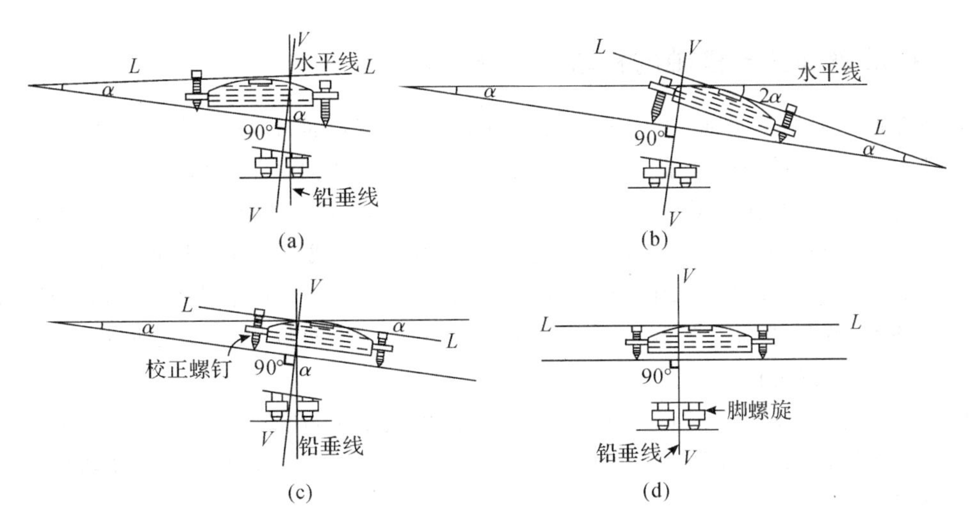

图 3－29　照准部水准管轴检校

(2)校正方法。用校正针拨动水准管一端的校正螺丝，使气泡向对称位置退回偏离格数的一半，即成如图 3－29(c)所示的情形。这时水准管轴已垂直于竖轴，再用脚螺旋使气泡居中时，竖轴应位于铅垂位置，如图 3－29(d)所示。

此项检校必须反复进行几次，直至仪器在任何位置气泡都居中，或偏离不大于半格为止。

二、十字丝竖丝垂直于横轴的检验与校正

若此项条件不满足，当用竖丝不同的部位瞄准目标时，所获得水平度盘读数不同。

(1)检验方法。将仪器整平后，用十字丝交点精确瞄准远处一明显的目标点 A，固定水平制动螺旋和望远镜制动螺旋，转动望远镜微动螺旋使望远镜上仰或下俯，如果目标点始终在竖丝上移动，说明条件满足，如图 3－30(a)所示；否则，需要进行校正，如图 3－30(b)所示。

(2)校正方法。与水准仪中横丝垂直于竖轴的校正方法相同，但此时应使竖丝竖直。取下十字丝环的保护盖，微微旋松十字丝环的四个固定螺丝，转动十字丝环，如图 3－30(c)所示，直至望远镜上下俯仰时竖丝与点状目标始终重合为止。最后，拧紧各固定螺丝，并旋上保护盖。

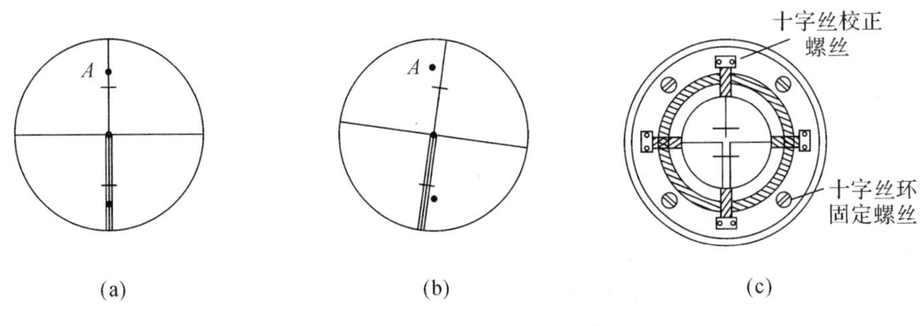

图 3－30　十字丝竖丝检校

三、视准轴垂直于横轴的检验与校正

若视准轴不垂直于横轴，当望远镜绕横轴旋转时，视准面不是一个平面，而是圆锥面。当视准轴不垂直于横轴时，其偏离垂直位置的角度称为视准轴误差，用 c 表示。

(1)检验方法。选择一平坦场地，如图 3-31(a)所示，A、B 两点相距 60～100 m，置仪器于中点 O，在 A 点设置瞄准标志，在 B 点横置一根有毫米分划的直尺，并使标志和尺子与仪器同高。盘左位置瞄准 A 点，固定照准部，纵转望远镜在 B 点直尺上读数 B_1；盘右位置瞄准 A，固定照准部，纵转望远镜在 B 点尺上读数 B_2。若 B_1、B_2 两数相等，就说明视准轴垂直于横轴；否则需要进行校正。

(2)校正方法。如图 3-31(b)所示，在尺上定出一点 B_3，使 $B_2B_3=B_1B_2/4$，OB_3 便与横轴垂直。用拨针拨动左右两个十字丝校正螺钉，一松一紧，左右移动十字丝分划板，直至十字丝交点与 B_3 重合。

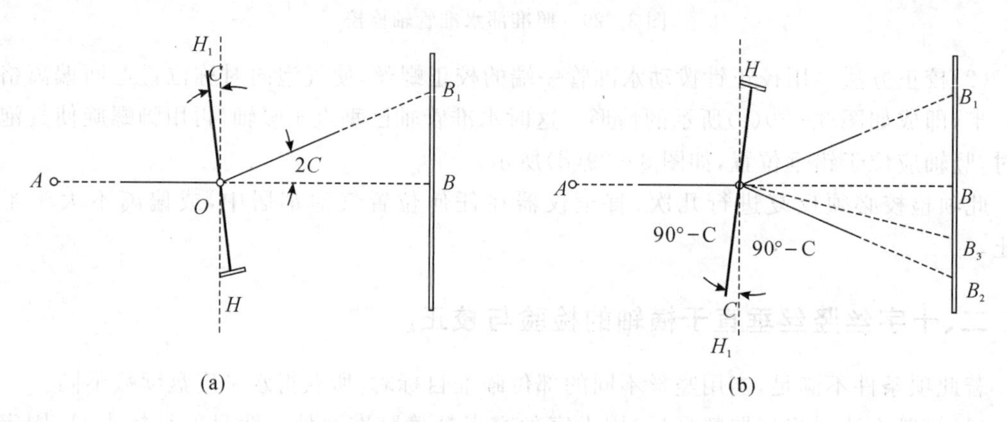

图 3-31 视准轴误差检校

四、横轴垂直于竖轴的检验与校正

当这一条件不满足时，望远镜绕横轴转动的轨迹为一倾斜面，而不是铅垂面。产生这一误差的原因是横轴两端的支架不等高。

(1)检验方法。整平仪器，在近处墙壁较高处选择一点 A(仰角大于 30°)，如图 3-32 所示。正镜瞄准 A 点，拧紧水平制动螺旋，然后将望远镜绕横轴转到大致水平，在墙上定出十字丝交点 B_1 点。用同样的方法倒镜瞄准 A 点后放平望远镜，定出十字丝交点 B_2 点。如果 B_1、B_2 两点重合，则说明横轴与竖轴相垂直；否则，就必须进行校正。

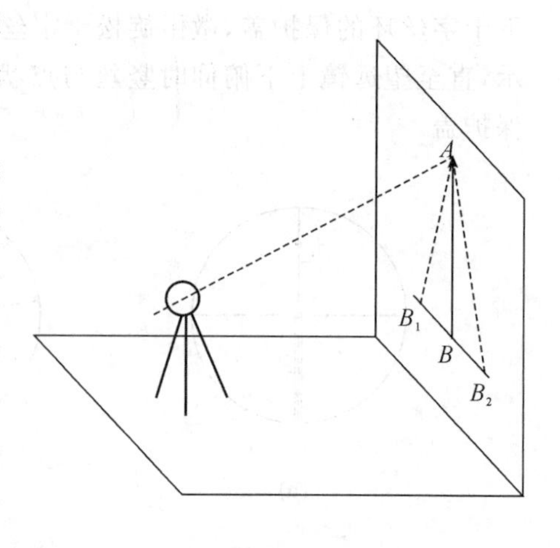

图 3-32 横轴误差检校

(2)校正方法。取 B_1B_2 的中点 B，将望远镜瞄准 B 点然后向上转动，此时十字丝交点将偏离 A 点。抬高或降低横轴支架的一端，使十字丝交点对准 A 点，则完成校正。

以上四项检验应按顺序进行。

第七节　角度观测的误差来源

在角度观测中，存在各种各样的误差，由于误差的来源不同，它们对角度的影响程度也不一样。角度观测的误差来源主要有仪器误差、观测误差和外界条件的影响。

一、仪器误差

仪器误差包括由于仪器制造加工不完善和仪器校正不完全所产生的残余误差。前者如水平度盘偏心误差、度盘刻划不均匀的误差；后者如视准轴不垂直于横轴、横轴不垂直于竖轴以及竖轴不竖直等的残余误差。

(一)水平度盘偏心误差

水平度盘偏心误差是指水平度盘刻划的中心与照准部的旋转轴不重合所造成的误差。对于单指标读数的经纬仪，若采用盘左和盘右两个位置进行观测，则同一方向的水平度盘读数恰好相差 180°，取其平均值就可消除度盘偏心的影响。采用对径分划读数的经纬仪(如 DJ2)，其在读数中也消除了这项误差的影响。

(二)度盘刻划不均匀的误差

在测角时若观测的测回数多于一个，那么通过测回间变换度盘位置使所测角均匀分布于度盘上不同的位置上，然后取平均值的办法，可基本消除由度盘刻划不均匀导致的误差。

(三)视准轴不垂直于横轴的残余误差

视准轴不垂直于横轴的残余误差，对水平度盘读数的影响是盘左、盘右大小相等、符号相反的，通过盘左、盘右观测取平均值可以消除该项误差的影响。

(四)横轴不垂直于竖轴的残余误差

横轴不垂直于竖轴的残余误差对水平度盘读数的影响与视准轴误差类似，因此，同样可以通过盘左、盘右观测取平均值消除此项误差的影响。

(五)竖轴不竖直的残余误差

至于水准管轴不垂直于仪器竖轴所引起的竖轴不竖直的误差对水平方向读数的影响，由于盘左和盘右竖轴的倾斜方向一致，因此，该项误差不能用盘左、盘右观测取平均值的方法来消除。视线的竖角越大，该误差的影响越大。为此，在观测过程中，应保持照准部水准管气泡居中。当照准部水准管气泡偏离中心超过一格时，应重新对中、整平仪器，尤其是在竖直角较大的山区测量水平角时，应特别注意仪器的整平。

二、观测误差

观测误差包括仪器对中误差、目标偏心误差、照准误差和读数误差等。

(一)仪器对中误差

如图 3-33 所示,设 O 点为地面标志中心,由于对中的误差,仪器中心位于 O' 点,偏离 O 点的偏离值为 e,则实测角度 β' 与正确角度 β 相比,包含了误差角 δ_1 和 δ_2,由图可知:

$$\beta=\beta'-(\delta_1+\delta_2)$$

而由 $\triangle AOO'$ 和 $\triangle BOO'$ 得:

$$\delta_1=\frac{e\cdot\sin\theta}{O'A}\cdot\rho;\quad \delta_2=\frac{e\cdot\sin(\beta'+\theta)}{O'B}\cdot\rho$$

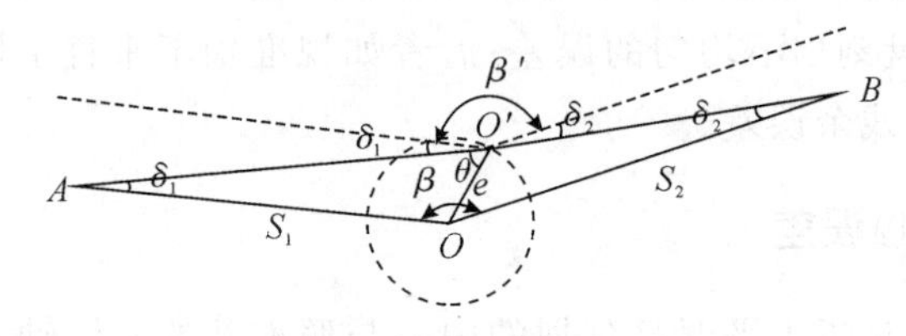

图 3-33　对中误差

由于偏心值 e 比边长要小得多,故以 S_1 和 S_2 分别代替上式中的 $O'A$ 和 $O'B$,则有:

$$\delta_1=\frac{e\cdot\sin\theta}{S_1}\cdot\rho;\quad \delta_2=\frac{e\cdot\sin(\beta'+\theta)}{S_2}\cdot\rho$$

于是,角度误差为:

$$\delta_1+\delta_2=e\cdot\rho\cdot\left[\frac{\sin\theta}{S_1}+\frac{\sin(\beta'+\theta)}{S_2}\right] \tag{3-15}$$

由式(3-15)可知,仪器对中误差给水平角观测带来的影响与下列因素有关:

(1)与边长成反比,边长愈短,误差影响愈大;

(2)与偏心值 e(即对中误差值)成正比。

因此,为了减小对中误差的影响,尤其当边长较短时,要特别注意将仪器对中。

(二)目标偏心误差

目标偏心误差主要是由目标点上的标志倾斜引起的。例如以花杆作为照准目标,照准时瞄准的是杆顶,由于花杆没有立直,因此花杆顶部不与标志上的花杆底部 A 在一条铅垂线上(见图 3-34),其投影位置为 A_1,这样就相当于目标偏离了标志中心。设目标偏心的距离为 e_1,则由此引起的方向误差为:

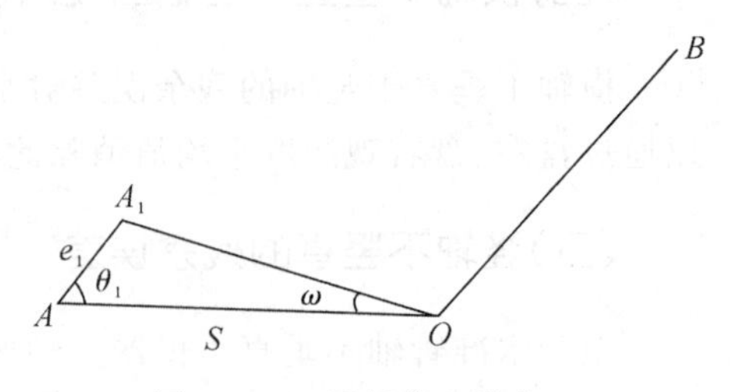

图 3-34　目标偏心误差

$$\omega=\frac{e_1\cdot\sin\theta_1}{OA_1}\cdot\rho$$

以 S 近似替代 OA_1,则:

$$\omega=\frac{e_1 \cdot \sin\theta_1}{S} \cdot \rho \tag{3-16}$$

可见，边长愈短，目标偏心愈大，偏心方向愈接近于与边长相垂直（即 θ_1 接近 90°或 270°），则对所测水平角影响愈大。

当偏心距 $e_1=1$ cm，$S=50$ m，$\theta_1=90°$时，则目标偏心影响为 $\omega=41''$。

所以，在照准目标时，要尽量将目标立直，且要尽量照标杆的下部。

当两个方向都有偏心误差时，按式（3-16）分别计算偏心误差，然后取代数和作为联合误差。

（三）照准误差

影响照准精度的因素主要有望远镜放大率、人眼的分辨能力、目标的形状、颜色、亮度及背景，以及空气的透明度、气温等。

其中望远镜放大率及人眼的分辨能力是产生照准误差的主要因素。一般采用下式来估算望远镜的照准误差：

$$m_v=\pm\frac{60''}{v} \tag{3-17}$$

式中，v 为望远镜放大倍率。

（四）读数误差

电子经纬仪和全站仪不存在此项误差。对于光学经纬仪，读数误差主要取决于仪器的读数设备、照明情况和观测者的判断能力。

三、外界条件的影响

外界条件对测角误差的影响因素很多，也很复杂，难以定量地进行分析。其影响因素主要有：空气对流、透明度、旁折光、温度变化等。例如，大风会影响仪器的稳定，地面热辐射会使大气不稳，大气透明度差会使照准的精度降低，地面的坚实与否会影响仪器的稳定等。要完全避免这些影响是不可能的。但是，如果选择有利的观测时间以及避开不利的条件，则可使外界的影响减小到一定的程度。例如，观测视线应避免从建（构）筑物旁、冒烟的烟囱上面以及近水面的空间通过，因为这些地方都会因局部气温的变化而产生旁折光。另外，应尽量避免在炎热的中午前后观测水平角，因为中午前后空气颤动厉害，照准误差较大，很难测出理想成果。

思考题与习题

1. 什么是水平角？什么是竖直角？试分别绘图说明用经纬仪测量水平角和竖直角的原理。

2. 经纬仪由哪几部分组成？经纬仪的制动螺旋和微动螺旋各有何作用？

3. 光学经纬仪、电子经纬仪、全站仪有什么相同和不同之处？

4. 观测水平角时，对中和整平的目的是什么？

5. 经纬仪上圆水准器和管水准器各起什么作用?

6. 简述用光学对中器安置经纬仪的方法。

7. 使用电子经纬仪观测水平角时,要使某一起始方向的水平度盘读数配置为 0°00′00″,应如何操作?若要使某一方向的水平度盘读数配置为 60°00′00″,又该如何操作?

8. 分别说明测回法与全圆方向观测法测量水平角的操作步骤。

9. 观测水平角时,为什么各测回间要变换度盘起始位置?若测回数为 6,各测回的起始读数分别是多少?

10. 观测水平角和竖直角有哪些相同和不同之处?

11. 如何推导竖直角的计算公式?

12. 测角仪器有哪些主要轴线?各轴线之间应满足什么几何条件?

13. 在水平角观测中,采用盘左、盘右观测取平均值的方法可以消除哪些仪器误差的影响?能否消除因竖轴倾斜引起的水平角观测误差?

14. 整理下表中测回法测水平角的成果。

习题 14 表　测回法观测手簿

测站	测回数	竖盘位置	目标	水平度盘读数 ° ′ ″	半测回角值 ° ′ ″	一测回角值 ° ′ ″	各测回平均角值 ° ′ ″
O	1	左	A	0 00 42			
			B	183 33 24			
		右	A	180 01 12			
			B	3 34 00			
O	2	左	A	90 01 48			
			B	273 34 42			
		右	A	270 02 18			
			B	93 35 06			

15. 整理下表中竖直角测量的成果。

习题 15 表　竖直角观测手簿

测站	目标	竖盘位置	竖盘读数 ° ′ ″	半测回竖直角 ° ′ ″	指标差 ′ ″	一测回竖直角 ° ′ ″	备注
Q	M	左	102 03 30				盘左水平方向读数为 90°,视线上倾时读数减小
		右	257 56 00				
	N	左	86 18 06				
		右	273 41 12				

16. 整理下表中全圆方向观测法测水平角的成果。

习题 16 表　方向法观测手簿

测站	测回数	目标	水平盘读数		2c	平均读数	一测回归零方向值	各测回平均方向值	角值
			盘左 ° ′ ″	盘右 ° ′ ″	′ ″	° ′ ″	° ′ ″	° ′ ″	° ′ ″
O	1	A	0 01 24	180 01 36					
		B	85 53 12	265 53 36					
		C	144 42 36	324 43 00					
		D	284 33 12	104 33 42					
		A	0 01 18	180 01 30					
O	2	A	90 02 30	270 02 48					
		B	175 54 06	355 54 30					
		C	234 43 42	54 44 00					
		D	14 34 18	194 34 42					
		A	90 02 30	270 02 54					

第四章

距离测量和直线定向

距离测量是测量的三项基本工作之一，其目的是测量地面点之间的水平距离。距离测量的常用方法有钢尺量距、电磁波测距、视距测量等。钢尺量距是用钢尺沿地面直接丈量距离；电磁波测距是用仪器发射并接收电磁波，通过测量电磁波在待测距离上往返传播的时间解算出距离；视距测量是利用经纬仪或水准仪望远镜中的视距丝及视距标尺按几何光学原理进行测距。

为了确定地面上两点间平面位置的相对关系，除了测定两点间的水平距离外，还必须确定这条直线的方向。确定地面直线与标准方向间的水平夹角称为直线定向。

第一节　钢尺量距

钢尺量距是利用钢尺以及辅助工具直接量测地面上两点间的水平距离，又称为距离丈量，通常在短距离测量中使用。

一、量距工具

钢尺量距的主要工具是钢尺，钢尺又称钢卷尺，一般由宽 10～15 mm、厚 0.2～0.4 mm 的钢带制成，如图 4-1(a)所示的钢尺长度有 20 m、30 m 和 50 m，其基本分划有 cm 和 mm 两种。以 cm 分划的钢尺在起始的 10 cm 内为 mm 分划。

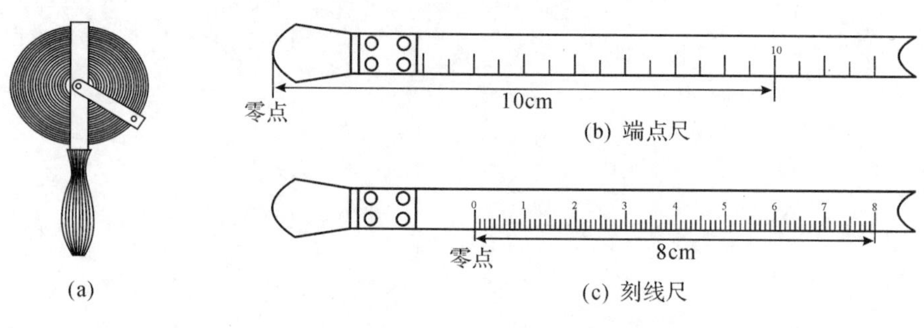

图 4-1　钢尺

根据零点位置的不同,钢尺有端点尺和刻线尺两种。端点尺是以尺的最外端作为尺的零点[见图 4－1(b)],刻线尺是以尺前端的某一刻线作为尺的零点[见图 4－1(c)]。钢尺量距的辅助工具有测钎[见图 4－2(a)]、标杆[见图 4－2(b)]、垂球,精密量距时还需要弹簧秤、温度计等。

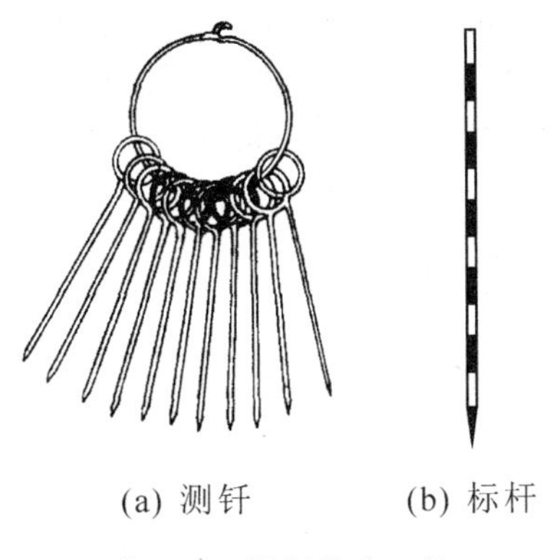

(a) 测钎　　　(b) 标杆

图 4－2　测距辅助工具

二、直线定线

当地面两点之间的距离大于钢尺的一个尺段时,钢尺不能一次丈量完成,这就需要在直线方向上标定若干分段点,以便于用钢尺分段丈量,这项把多根标杆(或测钎)标定在已知直线上的工作称为直线定线。直线定线的方法有目测定线和经纬仪定线两种。

(一)目测定线

如图 4－3 所示,A、B 为地面上待测距离的两个端点,先在 A、B 点上竖标杆,甲测量员在 A 点标杆处指挥,乙测量员左右移动标杆(或测钎),直到 A、1、B 三根标杆在同一直线上。同法依次从后往前在各略小于一个整尺段的位置上插好标杆(或测钎)。

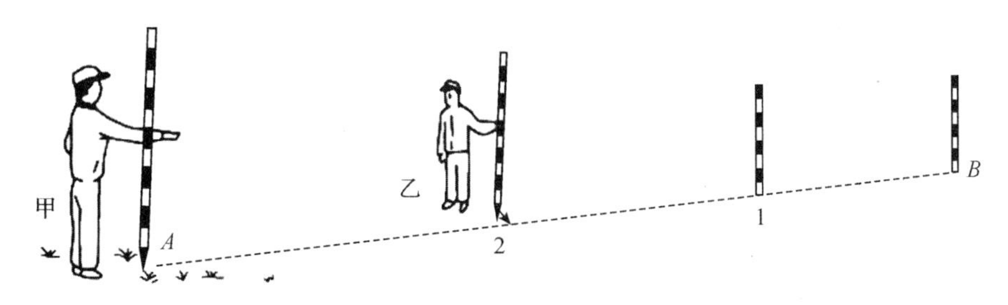

图 4－3　目测定线

(二)经纬仪定线

采用经纬仪定线时,甲测量员将经纬仪安置在 A 点并对中整平,乙测量员将一根标杆先立于 B 点,然后甲操作经纬仪瞄准标杆,指挥乙持标杆(或测钎)前进至点 1 附近并左右移动标杆(或测钎),当标杆(或测钎)与望远镜十字丝重合时定下 1 点的位置,同法可定出线上其他点的位置。

三、钢尺量距的一般方法

(一)平坦地面的丈量方法

如图 4-4 所示,丈量工作一般由两人进行。后尺手甲持钢尺零点站在起点 A 处,前尺手乙持钢尺末端沿直线方向前进,至一尺段长处停下。甲指挥乙将钢尺拉在 AB 直线上,甲把钢尺零点对准起点,甲、乙同时拉紧钢尺,乙将测钎对准钢尺末端刻划垂直插入地面(地面坚硬的地方可划线做标记)。同法依次丈量其余各整尺段,直到最后量出不足一个整尺段的余长 q。则 A、B 两点间的距离 D_{AB} 为:

$$D_{AB}=nl+q \tag{4-1}$$

式中,n 为整尺段数;l 为钢尺整尺长度;q 为不足一尺段的余长。

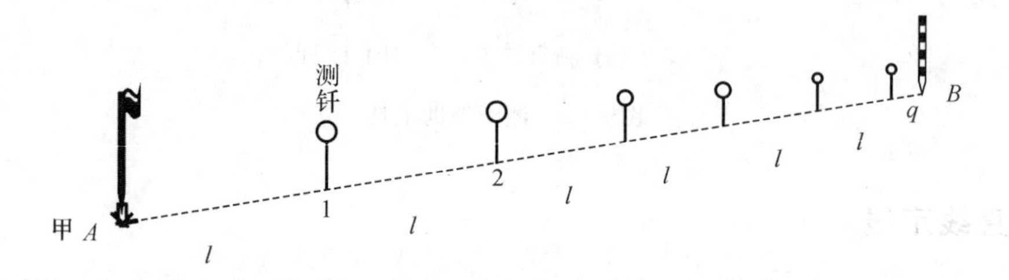

图 4-4　距离丈量

(二)倾斜地面的丈量方法

1. 平量法

当地势起伏不大时,可将钢尺拉平丈量,如图 4-5 所示。丈量由 A 点向 B 点进行,甲立于 A 点,指挥乙将尺拉在 AB 方向线上。甲将尺的零端对准 A 点,乙将钢尺抬高,并且目估使钢尺水平,然后用垂球尖将尺段的末端投影到地面上,插上测钎。当地面倾斜较大,将钢尺抬平有困难时,可将一个尺段分成几个小段来平量。

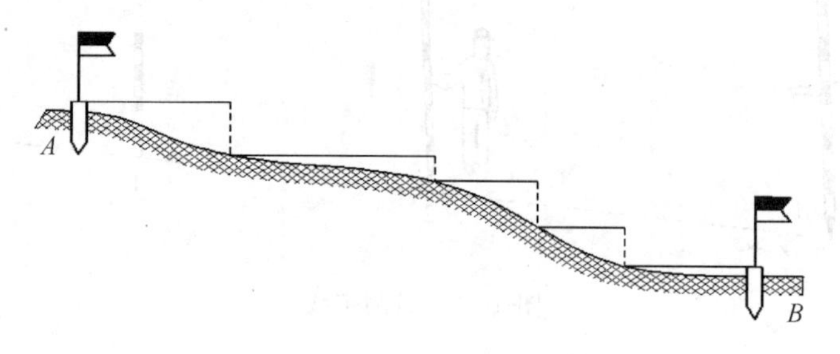

图 4-5　平量法

2. 斜量法

当地面的坡度比较均匀时,可以沿着斜坡丈量出 A、B 点的斜距 L,测出地面倾斜角 α 或两端点的高差 h,然后按下式计算 A、B 点的水平距离 D:

$$D=L\cos\alpha=\sqrt{L^2-h^2} \tag{4-2}$$

为了减少丈量中的错误和提高量距的精度，需要往返丈量，取其平均值作为最后结果。距离丈量的精度以相对误差 K 表示，通常化成分子为 1 的分数形式。

$$K=\frac{|D_{往}-D_{返}|}{D_{平均}}=\frac{1}{\dfrac{D_{平均}}{|D_{往}-D_{返}|}} \tag{4-3}$$

在平坦地区，钢尺量距的相对误差一般不应大于 1/3 000；在量距较困难的地区，也不应大于 1/1 000。

【例 4.1】 AB 的往测距离为 50.530 m，返测距离为 50.540 m，往返平均数为 50.535 m，计算相对误差。

解：

$$K=\frac{|50.530-50.540|}{50.535}=\frac{1}{5\,054}<\frac{1}{2\,000}$$

用一般方法量距，其相对误差只能达到 1/5 000～1/1 000，当要求量距的相对误差更小时，例如，1/40 000～1/10 000，这就要求用精密方法进行丈量。精密方法量距时，钢尺必须经过检定得到尺长方程式。在计算距离过程中，还需考虑尺长改正、倾斜改正和温度改正。

4-1　钢尺量距的精密方法

三、钢尺量距的误差分析及注意事项

影响钢尺量距精度的因素很多，主要有定线误差、尺长误差、温度测定误差、钢尺倾斜误差、拉力不均误差、钢尺对准误差、读数误差等。

钢尺在使用中应注意以下问题：

(1)钢尺易生锈，工作结束后，应用软布擦去尺上的泥和水，涂上机油，以防生锈；

(2)钢尺易折断，如果钢尺出现卷曲，切不可用力硬拉；

(3)在行人和车辆多的地区量距时，中间要有专人保护，严防钢尺被车辆压过而折断；

(4)不准将钢尺沿地面拖拉，以免磨损尺面刻划；

(5)收卷钢尺时，应按顺时针方向转动钢尺摇柄，切不可逆转，以免折断钢尺。

第二节　电磁波测距

较长距离的钢尺量距是一项繁重的任务，劳动强度大，工作效率低，尤其是在山区或沼泽地区，无法准确量出所需的距离。1947 年，世界上诞生了第一台电磁波测距仪，而后，随着电子技术与计算机技术的飞速发展，电磁波测距仪器迅速发展，精度高、速度快，而且进一步向自动化、小型化、综合化、多功能化方向发展。

一、电磁波测距的基本原理

如图 4－6 所示，电磁波测距是以光波(可见光或红外光)作为载波，通过测量光波在待测距离 D 上往返传播一次所需要的时间 t_{2D}，依下式来计算待测距离 D：

$$D=\frac{1}{2}ct_{2D} \tag{4-4}$$

式中,$c=\frac{c_0}{n}$为光在大气中的传播速度,c_0 为光在真空中的传播速度,迄今为止,人类所测得的精确值为 $c_0=(299\ 792\ 458\pm1.2)\mathrm{m/s}$;$n$ 为大气折射率,$n\geqslant1$。

根据光波在待测距离 D 上往返一次传播时间 t_{2D} 的测量方式不同,电磁波测距可分为脉冲式和相位式两种。

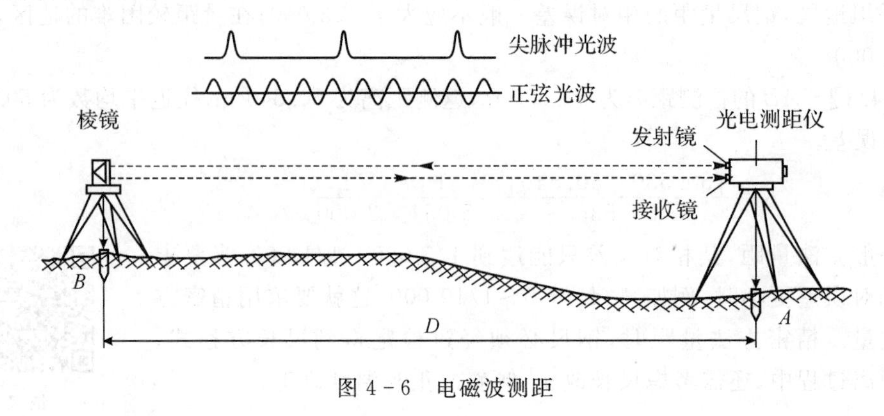

图 4-6　电磁波测距

(一)脉冲式测距

当测距仪发出光脉冲,经被测目标反射后,由测距仪接收系统接收,并被转换为时间间隔为 T 的电脉冲,测定脉冲信号在距离 D 上往返传播的脉冲个数 n,则发射与接收脉冲信号的时间差 $t_{2D}=nT$,于是两点间的距离为:

$$D=\frac{1}{2}c\cdot nT \tag{4-5}$$

式(4-5)为脉冲式测距的基本公式。脉冲式测距仪一般是采用激光作为光源,通过测量激光从发射到返回之间的时间来计算距离。因此时间测量对于脉冲式激光测距仪来说,是非常重要的一个环节。

脉冲式激光测距仪一般可以不用合作目标(如反射棱镜),直接利用被测目标对脉冲激光的漫反射进行测距,所以作业比较方便。但是这类仪器由于受脉冲宽度和电子计数器时间分辨率的限制,故测距精度一般较难提高。

(二)相位式测距

相位式电磁波测距仪是将发射光波的光强调制成正弦波,通过测量正弦波在待测距离上往返传播的相位移来解算距离。图 4-7 是将返程的正弦波以棱镜站 B 点为中心对称展开后的图形。正弦光波振荡一个周期的相位移是 2π,设发射的正弦波经过 $2D$ 距离后的相位移为 φ,则 φ 中可以分解为 N 个 2π 整数周期和不足一个整数周期相位移 $\Delta\varphi$,即有:

$$\varphi=2\pi N+\Delta\varphi \tag{4-6}$$

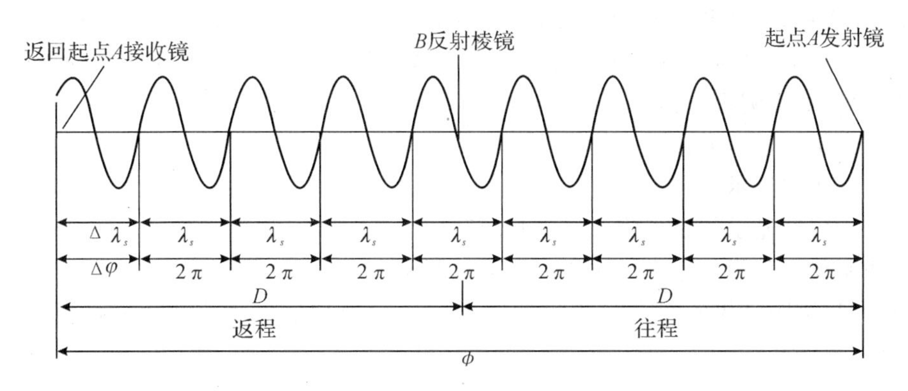

图 4－7　相位式测距

与此同时，设正弦光波的振荡频率为 f，由于频率的定义是一秒钟振荡的次数，振荡一次的相位移为 2π，则正弦光波经过 t_{2D}时间后相位移为：

$$\varphi = 2\pi f t_{2D} \tag{4-7}$$

由式(4－6)和式(4－7)可以解出 t_{2D}为：

$$t_{2D} = \frac{2\pi N + \Delta\varphi}{2\pi f} = \frac{1}{f}\left(N + \frac{\Delta\varphi}{2\pi}\right) = \frac{1}{f}(N + \Delta N) \tag{4-8}$$

式中，$\Delta N = \frac{\Delta\varphi}{2\pi}$，$0 < \Delta N < 1$，将式(4－8)代入式(4－4)，得：

$$D = \frac{c}{2f}(N + \Delta N) = \frac{\lambda}{2}(N + \Delta N) \tag{4-9}$$

式中，$\frac{\lambda}{2}$为正弦波的半波长，又称测距仪的测尺。取 $c \approx 3 \times 10^8$ m/s，则不同的调制频率 f 对应的测尺长列于表 4－1 中。

表 4－1　调制频率 f 与测尺长度的关系

调制频率 f	15 MHz	7.5 MHz	1.5 MHz	150 kHz	75 kHz
测尺长度$\frac{\lambda}{2}$	10 m	20 m	100 m	1 km	2 km

可见，f 与$\frac{\lambda}{2}$的关系是：调制频率越大，测尺长度越短。

如果能够测出正弦波在待测距离上往返传播的整周期相位移数 N 和不足一个周期的小数 ΔN，就可以依式(4－9)解算出待测距离 D。

在相位式电磁波测距仪中，有一个电子部件，称为相位计，它将发射镜中发射的正弦波与接收镜接收到的传播了 $2D$ 距离后的正弦波进行相位比较，可以测出不足一个周期的小数 ΔN，其测相误差一般小于 1/1 000。相位计测不出整周数 N，这就使相位式电磁波测距方程式产生多值解，只有当待测距离小于测尺长度时(此时 $N=0$)，才有确定的距离值。人们通过在相位式电磁波测距仪中设置多个测尺，用各测尺分别测距，然后将测距结果组合起来的方法来解决距离的多值解问题。在仪器的多个测尺中，我们将其中长度最短的测尺称为精测尺，其余称为粗测尺。

例如,在 1 km 的短程红外测距仪上一般采用 10 m 和 1 000 m 两把测尺相互配合进行测量。以 10 m 测尺作为精测尺测定米位以下距离,以 1 000 m 测尺作为粗测尺测定十米位和百米位距离,如实测距离为 543.756 m,则:

精测显示为: 3.756

粗测显示为: 54

仪器显示的距离为: 543.756 m

长距离的测距仪可采用三把光尺相互配合进行测距。

精、粗测尺测距结果的组合过程由测距仪内的微处理器自动完成,并输送到显示窗显示,无须用户干涉。

为保证测距的精度,测尺的长度必须十分精确。影响测距精度的因素有调制光的频率和光速。仪器制造时可以保证调制光的频率的稳定性,光在真空中的速度是已知的,但光线在大气中传播时,通过不同密度的大气层其传播速度是不同的。因此,测得的距离还需加气象改正。

二、全站仪测距

全站仪的键盘基本功能、初始设置和安置方法等在第二章中已经介绍,这里着重介绍南方 NTS-332R5 免棱镜全站仪的测距功能。

南方 NTS-332R5 免棱镜全站仪的距离测量模式(两个界面菜单)如图 4-8 和表 4-2 所示。

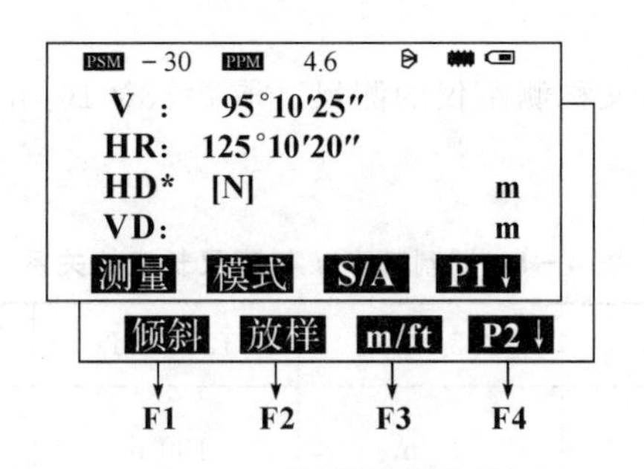

图 4-8 距离测量模式

表 4-2 距离测量模式的键盘符号及功能

页数	软键	显示符号	功能
第 1 页 (P1)	F1	测量	启动测量
	F2	模式	设置测距模式为单次精测、连续精测、连续跟踪
	F3	S/A	温度、气压、棱镜常数等设置
	F4	P1↓	显示第 2 页软键功能

续表

页数	软键	显示符号	功能
第 2 页 （P2）	F1	偏心	进入偏心测量模式
	F2	放样	进入距离放样模式
	F3	m/ft	单位米与英尺转换
	F4	P2↓	显示第 1 页软键功能

在进行距离测量前，通常先需要确认大气改正（PPM）的设置和棱镜常数的设置，再进行距离测量。大气改正值是根据测定温度和气压，然后从大气改正图上或根据改正公式求得的，仪器一旦设置了大气改正值即可自动对测距结果实施大气改正。棱镜常数为－30，如使用其他常数的棱镜，则在使用之前应先设置一个相应的常数，仪器一旦设置完成棱镜常数，即使电源关闭，所设置的值也仍被保存在仪器中。南方 NTS-332R5 免棱镜全站仪测距时有三种合作模式可选，即棱镜（此模式测距和非免棱镜系列全站仪相同）、反射片（此模式测距时对准反射片）和无合作模式（此模式测距时只需对准被测物体），测距时可根据实际情况选取（操作方法见第三章表 3－9）。

在测角模式下，距离测量操作过程和显示结果如表 4－3 所示。

表 4－3　距离测量操作过程

步骤	操作	操作过程	显示
第 1 步	照准棱镜	照准棱镜中心	
第 2 步	按◢键	距离测量开始，显示屏中“SD”处显示测量的距离 再次按◢键，显示变为水平距（HD）和高差（VD） 按F2（模式）键，在连续精测、单次精测、连续跟踪测量三个模式之间进行转换，屏幕上依次显示［N］、［1］、［T］	PSM －30　PPM 4.6 V ：　95° 30′ 55″ HR：　155° 30′ 20″ SD：　[N]　　m 测量　模式　S/A　P1↓

注：合作目标选择“棱镜”模式时，显示图标；合作目标选择“反射片”模式时，显示图标；选择“无合作”模式时，显示图标。

第三节　视距测量

一、视距测量

视距测量是一种根据几何光学原理间接测距的方法，即利用十字丝分划板上的视距丝和刻有厘米分划的视距尺（可用普通水准尺代替），根据几何光学原理，测定两点间的水平距离,该方法也能同时测得两点之间的高差。

由于十字丝分划板上、下视距丝的位置固定,因此通过视距丝的视线所形成的夹角(视角)也是不变的,所以这种方法又称为定角视距测量。

视距测量测程较短,测距精度较低,在比较好的外界条件下测距相对精度仅有1/200~1/300,低于钢尺量距;测定高差的精度低于水准测量和三角高程测量。但视距测量测距操作简单,作业方便,观测速度快,一般不受地形条件的限制。因而普通视距测量广泛用于地形测量的碎部测量中。

(一)视距测量的原理

1.视准轴水平时的视距计算公式

如图4-9所示,AB为待测距离,在A点安置仪器,B点竖立视距尺,使望远镜视线水平,瞄准B点的视距尺,此时视线与视距尺垂直。

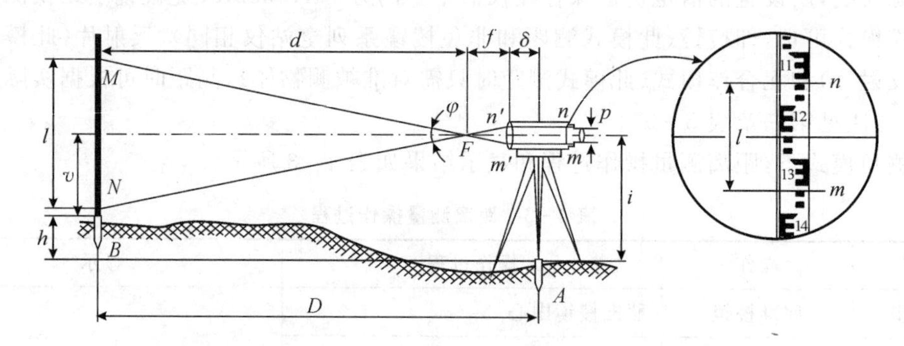

图4-9 视准轴水平时视距测量

在图4-9中,f为望远镜物镜焦距,δ为物镜中心到仪器中心的距离。$p=\overline{mn}$为望远镜上、下视距丝的间距,其为固定值,因此从这两根丝引出去的视线在竖直面内的夹角φ也是固定的角度(约为$34'23''$)。设由上、下视距丝n、m引出去的视线在标尺上的交点分别为N、M,则令$l=\overline{NM}$(即上、下丝的读数差),称为视距间隔(也叫尺间隔)。

图4-9中:l=下丝读数-上丝读数=1.385-1.188=0.197(m)。

由于$\triangle n'm'F$相似于$\triangle NMF$,所以有$\frac{d}{f}=\frac{l}{p}$,则:

$$d=\frac{f}{p}l \tag{4-10}$$

由图4-9并顾及式(4-10)得:

$$D=d+f+\delta=\frac{f}{p}l+f+\delta \tag{4-11}$$

令$K=\frac{f}{p}$,$C=f+\delta$,则有:

$$D=Kl+C \tag{4-12}$$

式中,K、C分别为视距乘常数和视距加常数。设计制造仪器时,通常使$K=100$,而C相对于D非常小,可以忽略不计。因此,视准轴水平时的视距计算公式为:

$$D=Kl=100l \tag{4-13}$$

则图 4－9 中对应的视距为：

$$D=100\times0.197=19.7(\text{m})。$$

如果再在望远镜中读出中丝读数 v（或者取上、下丝读数的平均值），用小钢尺量出仪器高 i，则 A、B 两点的高差为：

$$h=i-v \tag{4-14}$$

2. 视准轴倾斜时的视距计算公式

如图 4－10 所示，当视准轴倾斜时，由于视线不垂直于视距尺，所以不能直接应用式（4－13）计算视距。设想将标尺绕 O 点旋转 α 角，则视线方向与旋转后的标尺垂直。设仪器的上、下丝在旋转后的标尺上的读数分别为 N'、M'，其差值为 l'，则有：

4-2 视准轴倾斜时的视距计算公式

$$L=Kl'$$

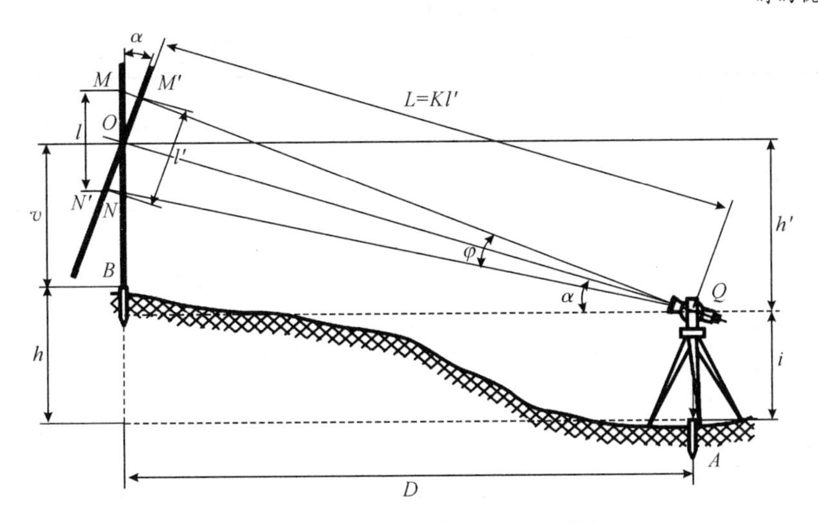

图 4－10 视准轴倾斜时的视距测量

由于 φ 角很小，所以$\angle M'MO\approx90°$，则：

$$l'=l\cos\alpha \tag{4-15}$$

因而：

$$L=Kl'=Kl\cos\alpha \tag{4-16}$$

由此求得 A、B 两点间的水平距离为：

$$D=L\cos\alpha=Kl\cos^2\alpha \tag{4-17}$$

设 A、B 两点的高差为 h，由图 4－10 可列出方程：

$$h+v=h'+i \tag{4-18}$$

式中，$h'=L\sin\alpha=Kl\cos\alpha\sin\alpha=\frac{1}{2}Kl\sin2\alpha$，或者 $h'=D\tan\alpha$，h' 称为初算高差。将其代入式（4－18），得高差计算公式为：

$$\begin{aligned}h&=h'+i-v\\&=\frac{1}{2}Kl\sin2\alpha+i-v\\&=D\tan\alpha+i-v\end{aligned} \tag{4-19}$$

(二)视距测量的观测和计算

以 A 为测站点，观测其到其他地形点间的距离为例，记录和计算见表 4-4。

(1)在 A 上安置经纬仪，量取仪器高 i(取至 cm)，并抄录测站点的高程 H_A(也取至 cm)。

(2)立标尺于欲测定其位置的地形点上，尽量使尺子竖直，尺面对准仪器。

(3)视距测量一般用经纬仪盘左位置进行观测，望远镜瞄准标尺后，消除视差读取下丝读数 m 及上丝读数 n(估读至 mm)，计算视距间隔 $l=m-n$；读取中丝读数 v、竖直度盘读数 L。

(4)计算竖直角 α，再计算水平距离 D 和高差 h，进而计算出未知点高程 H。

以上完成对一个点的观测，然后重复步骤(2)、(3)、(4)测定另一个点。

表 4-4 视距测量记录和计算

测站：A　　测站高程：41.40 m　　仪器高：1.42 m

照准点号	下丝读数/m 上丝读数/m 视距间隔/m	中丝读数 v /m	竖盘读数 L	竖直角 α	水平距离 D /m	高差 h /m	高程 H /m
B	1.768 0.934 0.834	1.35	92°45′	+2°45′	83.21	+4.07	45.47
C	2.182 0.660 1.522	1.42	95°27′	+5°27′	150.83	+14.39	55.79
D	2.440 1.862 0.578	2.15	88°25′	−1°35′	57.76	−2.33	39.07

注：竖盘公式为 $\alpha=L-90°$。

【例 4.2】 在 M 点安置经纬仪，N 点竖立标尺，M 点高程 $H_M=65.32$ m。量得仪器高 $i=1.39$ m，测得上、下丝读数分别为 1.264 m、2.336 m，盘左观测的竖盘读数为 $L=82°26'00''$，仪器的竖盘指标差为 $x=+1'$，求 M、N 两点间的水平距离和高差及 N 点高程。

解：视距间隔：$l=$上丝读数$-$下丝读数$=2.336-1.264=1.072$(m)

竖直角：$\alpha=90°-L+x=90°-82°26'00''+1'=7°35'$

由式(4-17)可得水平距离：$D=Kl\cos^2\alpha=100\times1.072\times\cos^2 7°35'=105.33$(m)

中丝读数：$v=\frac{1}{2}$(上丝读数+下丝读数)$=\frac{1}{2}(2.336+1.264)=1.800$(m)

由式(4-19)可得高差：

$$h_{MN}=D\tan\alpha+i-v=105.33\times\tan7°35'+1.39-1.800=13.61\text{(m)}$$

N 点的高程：$H_N=H_M+h_{MN}=65.32+13.61=78.93$(m)

(三)视距测量的误差分析

视距测量的主要误差来源有视距丝在标尺上的读数误差、标尺不竖直误差、垂直角观测误差及外界气象条件的影响等。

1. 读数误差

视距间隔 l 由上、下视距丝在标尺上读数相减而得，由于视距常数 $K=100$，因此视距丝的读数误差将扩大 100 倍地影响所测距离。即读数误差如为 1 mm，则影响距离为 0.1 m。因此，在标尺上读数前，必须消除视差，读数时应十分仔细。

2. 标尺不竖直误差

当标尺不竖直且偏离铅垂线方向 $\mathrm{d}\alpha$ 角时，其对水平距离影响的微分关系为：

$$\mathrm{d}D=-Kl\sin 2\alpha\frac{\mathrm{d}\alpha}{\rho} \tag{4-20}$$

用目估使标尺竖直大约有 l°的误差，即 $\mathrm{d}\alpha=1^{\circ}$，设 $Kl=100$ m，根据式(4－20)，当 $\alpha=5^{\circ}$时，$\mathrm{d}D=0.3$ m。由此可见，标尺倾斜对测定水平距离的影响随视准轴垂直角的增大而增大。在山区测量时，要特别注意将标尺竖直。视距标尺上一般装有水准器，立尺者在观测者读数时应参照尺上的水准器来保持标尺竖直及稳定。

3. 垂直角观测误差

垂直角观测误差在垂直角不大时对水平距离的影响较小，其主要是影响高差，影响公式可对 h 微分得：

$$\mathrm{d}h=Kl\cos 2\alpha\frac{\mathrm{d}\alpha}{\rho} \tag{4-21}$$

设 $Kl=100$ m，$\mathrm{d}\alpha=1'$，当 $\alpha=5^{\circ}$时，$\mathrm{d}h=0.03$ m。由于视距测量时通常是用竖盘的一个位置(盘左或盘右)进行观测，因此事先必须对竖盘的指标差进行检验和校正，使其尽可能小；或者每次测量之前测定指标差，在计算垂直角时加以改正。

4. 外界气象条件的影响

(1)大气折光的影响。视线穿过大气时会产生折射，其光程从直线变为曲线，造成误差。由于视线靠近地面，折光大，所以规定视线应高出地面 1 m 以上。

(2)大气湍流的影响。空气的湍流使视距成像不稳定，造成视距误差。当视线接近地面或水面时这种现象更为严重，所以视线要高出地面 1 m 以上。

此外，风和大气能见度对视距测量也会产生影响。风力过大，尺子会抖动，空气中的灰尘和水汽会使视距尺成像不清晰，造成读数误差，所以应选择在良好的大气环境下进行测量。

在以上的各种误差来源中，以(1)、(2)两种误差影响最为突出，必须给以充分注意。根据实践资料分析，在比较良好的外界条件下，距离在 200 m 以内，视距测量的相对误差约为 1/300。

第四节 直线定向

进行直线定向时,首先要选定一个标准方向作为定向基准,然后用直线与标准方向的水平夹角来表示该直线的方向。

一、标准方向

测量工作中常用的标准方向有以下三种:

(1)真子午线方向。如图 4-11 所示,地表任一点 1 与地球旋转轴所组成的平面和地球表面的交线称为 1 点的真子午线,真子午线在 1 点的切线方向称为 1 点的真子午线方向。指北的一端简称为真北方向,指南的一端简称为真南方向。可以应用天文测量方法或者陀螺经纬仪来测定地表任一点的真子午线方向。

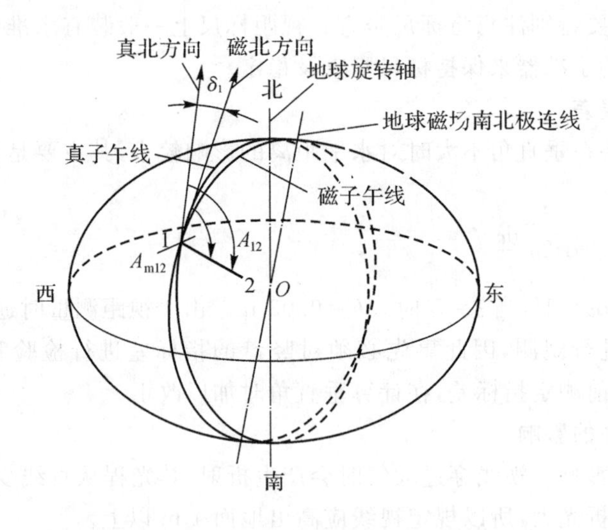

图 4-11 真方位角与磁方位角关系

(2)磁子午线方向。地表任一点 1 与地球磁场南北极连线所组成的平面和地球表面的交线称为 1 点的磁子午线,磁子午线在 1 点的切线方向称为 1 点的磁子午线方向。指北的一端简称为磁北方向,指南的一端简称为磁南方向。磁子午线方向可用罗盘仪来测定,在 1 点安置罗盘,磁针自由静止时其轴线所指的方向即为 1 点的磁子午线方向。

(3)坐标纵轴方向。过地表任一点 1 且与其所在的高斯平面直坐标系或者假定坐标系的坐标纵轴平行的直线方向称为 1 点的坐标纵轴方向,在同一投影带中,各点的坐标纵轴方向是相互平行的。坐标纵轴方向也有北、南方向之分。

二、直线定向的方法

在测量工作中,常采用方位角或象限角表示直线的方向。

(一)方位角

从直线起点的标准方向的北端起,顺时针到直线的水平夹角叫作方位角。方位角的取值范围是 0°～360°。不同的标准方向所对应的方位角分别称为真方位角(用 A 表示)、磁方位角(用 A_m 表示)和坐标方位角(用 α 表示)。利用上述介绍的三个标准方向,可以对地表任一直线 12 定义三个方位角。

(1)真方位角。由过 1 点的真子午线方向的北端起,顺时针到直线 12 的水平夹角,称为直线 12 的真子午线方位角,用 A_{12}表示。

(2)磁方位角。由过 1 点的磁子午线方向的北端起,顺时针到直线 12 的水平夹角,称为直线 12 的磁方位角,用 A_{m12}表示。

(3)坐标方位角。由过 1 点的坐标纵轴方向的北端起,顺时针到直线 12 的水平夹角,称为直线 12 的坐标方位角,用 α_{12}表示。

(二)三种方位角之间的关系

对于一条直线而言,因标准方向的不同,通常三个方位角并不相等。如图 4－12 所示,过 1 点的真北方向与磁北方向之间的夹角,称为磁偏角,用 δ 表示。过 1 点的真北方向与坐标北方向之间的夹角,称为子午线收敛角,用 γ 表示。当磁北方向或坐标北方向偏于真北方向的东侧时,δ 和 γ 为正;偏于西侧时,δ 和 γ 为负。不同点的 δ 和 γ 值一般是不相同的。

直线的三种方位角之间的关系如下:

$$A_{12}=A_{m12}+\delta \quad (4-22)$$

$$A_{12}=\alpha_{12}+\gamma \quad (4-23)$$

$$\alpha_{12}=A_{m12}+\delta-\gamma \quad (4-24)$$

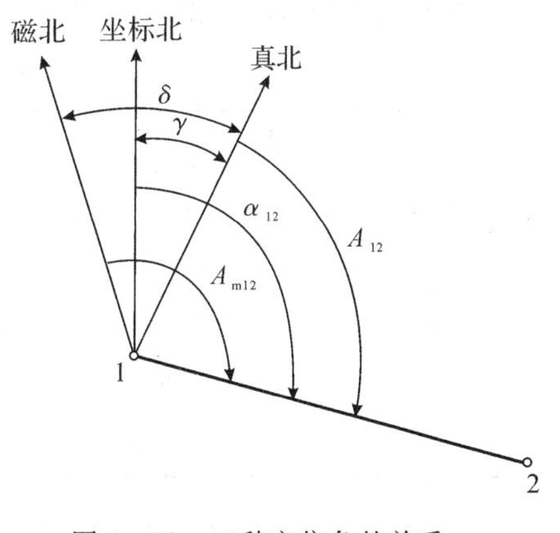

图 4－12 三种方位角的关系

(三)正、反方位角

如图 4－13 所示,直线 12 的两个端点,1 称为起点,2 称为终点,α_{12}称为直线 12 的正坐标方位角;α_{21}称为直线 12 的反坐标方位角。反之,直线 21 的两个端点,2 称为起点,1 称为终点,α_{21}称为直线 21 的正坐标方位角,α_{12}称为直线 21 的反坐标方位角。真方位角和磁方位角亦然。

当直线的起点和终点位于同一个高斯平面直角坐标系时,直线的正、反坐标方位角相差 180°:

$$\alpha_{12}=\alpha_{21}\pm 180° \quad (4-25)$$

式(4－25)等号右边第二项 180°前的正负号的取号规律为:当 $\alpha_{AB}<180°$时取正号,当 $\alpha_{AB}>180°$时取负号。这样就可以确保求得的反坐标方位角一定满足方位角的取值范围(0°～360°)。

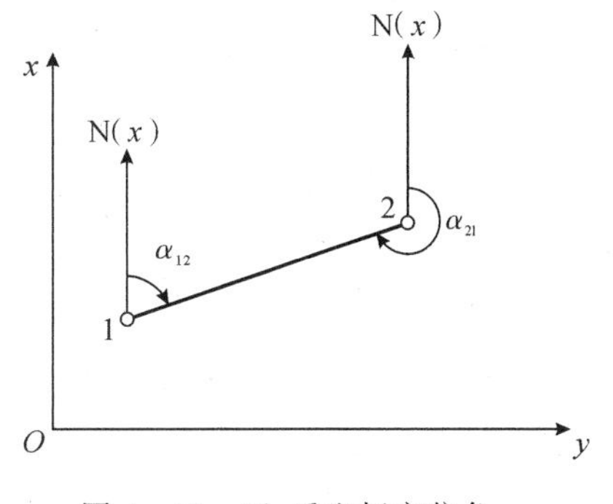

图 4－13 正、反坐标方位角

由于地面点的真北(或磁北)方向之间互不平行,直线正、反真(磁)方位角并不刚好相差180°,用真(磁)方位角表示直线方向会给方位角的推算带来不便,所以在一般测量工作中,常采用坐标方位角来表示直线的方向。

当测区内没有国家控制点可用,而又需要在小范围内建立假定坐标系的平面控制网时,可用罗盘仪测得磁方位角,计算出起始边的坐标方位角。

(四)象限角

由标准方向的北端或南端沿顺时针或逆时针方向量至直线的锐角称为象限角。象限角的取值范围为0°~90°,用R表示。平面直角坐标系分为四个象限,以Ⅰ、Ⅱ、Ⅲ、Ⅳ表示。由于象限角可以自北端或南端量起,所以表示直线的方向时,不仅要注明其角度大小,而且要注明其所在象限。如图4-14所示,直线OA、OB、OC、OD分别位于四个象限中,其名称分别为北东(NE)、南东(SE)、南西(SW)和北西(NW)。方位角和象限角可以互相换算,换算方法见表4-5。

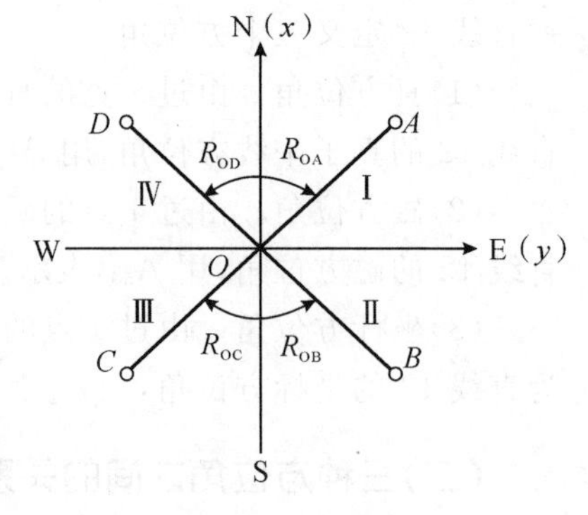

图4-14 象限角

表4-5 方位角和象限角的关系

象限		由方位角α求象限角R	由方位角R求象限角α
编号	名称		
Ⅰ	北东(NE)	$R=\alpha$	$\alpha=R$
Ⅱ	南东(SE)	$R=180°-\alpha$	$\alpha=180°-R$
Ⅲ	南西(SW)	$R=\alpha-180°$	$\alpha=180°+R$
Ⅳ	北西(NW)	$R=360°-\alpha$	$\alpha=360°-R$

【例4.3】 已知某直线MN的坐标方位角为$\alpha_{MN}=163°43'24''$,求该直线的反坐标方位角以及该直线的象限角。

解:直线MN的反坐标方位角为:

$$\alpha_{NM}=\alpha_{MN}+180°=163°43'24''+180°=343°43'24''$$

由直线MN的坐标方位角知,其象限角位于第二象限:

$$R_{MN}=180°-\alpha_{MN}=180°-163°43'24''=16°16'36''$$

所以直线MN的象限角为:南东16°16'36''。

三、坐标方位角推算

在实际工作中并不需要测定每条直线的坐标方位角,而是通过与已知坐标方位角的直线联测后,推算出各条直线的坐标方位角。

如图4-15所示,已知直线12的坐标方位角α_{12},观测了水平角β_2和β_3,要求推算直线23和直线34的坐标方位角。

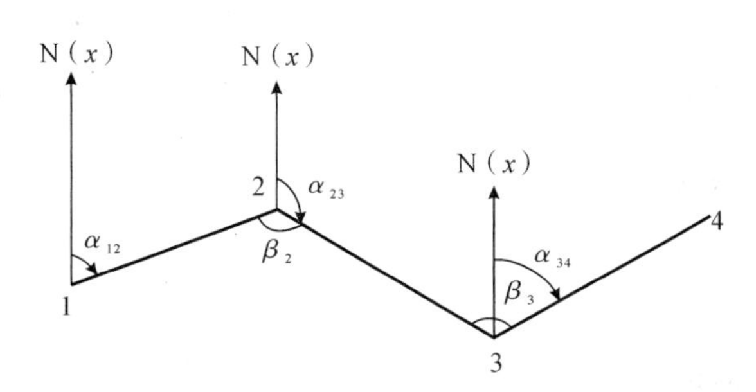

图 4－15　坐标方位角推算

由图 4－15 可得：

$$\alpha_{23}=\alpha_{21}-\beta_2=\alpha_{12}+180°-\beta_2$$

$$\alpha_{34}=\alpha_{32}+\beta_3=\alpha_{23}+180°+\beta_3$$

因 β_2 在路线前进方向的右侧，称为右角；β_3 在路线前进方向的左侧，称为左角。从而可归纳出坐标方位角推算的一般公式：

$$\alpha_{前}=\alpha_{后}+180°+\beta_{左} \quad (4-26)$$

$$\alpha_{前}=\alpha_{后}+180°-\beta_{右} \quad (4-27)$$

计算中，如果 $\alpha_{前}>360°$，则应减去 360°；如果 $\alpha_{后}+180°<\beta_{右}$，则应先加 360°再减 $\beta_{右}$。推算公式中所用的 $\beta_{左}$（或 $\beta_{右}$）为所求坐标方位角的起点所在的角，例如在图 4－15 中，欲推算 α_{23}，则推算公式中所用的角为 β_2；欲推算 α_{34}，则推算公式中所用的角为 β_3。

【例 4.4】　已知某导线起始边 AB 的坐标方位角为 40°48′00″，观测角如图 4－16 所示，求该导线 BC、CD、DA 边的坐标方位角。

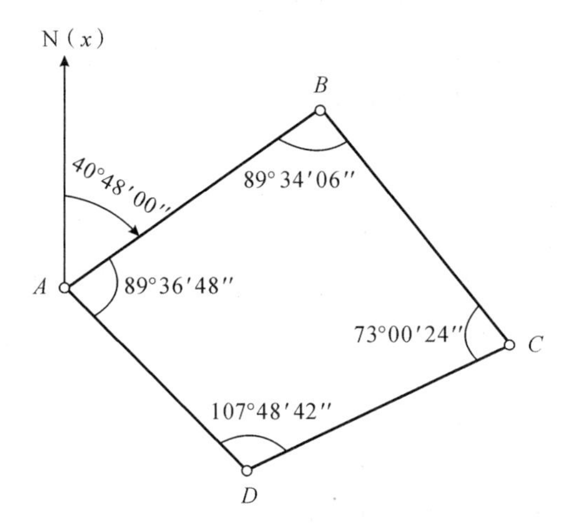

图 4－16　导线观测数据

解：由题意知，计算坐标方位角的路线为 $ABCDA$，因此，观测角度变成前进方向的右角，由式(4－27)可得：

$$\alpha_{BC}=\alpha_{AB}+180°-\beta_B=40°48'00''+180°-89°34'06''=131°13'54''$$

$$\alpha_{CD}=\alpha_{BC}+180°-\beta_C=131°13'54''+180°-73°00'24''=238°13'30''$$

$$\alpha_{DA}=\alpha_{CD}+180°-\beta_C=238°13'30''+180°-107°48'42''=310°24'48''$$

检核：

$$\alpha_{AB}=\alpha_{DA}+180°-\beta_A=310°24'48''+180°-89°36'48''=40°48'00''$$

四、坐标正算和反算

(一)坐标正算

已知一个点的坐标，该点至未知点的距离和坐标方位角，计算未知点的坐标，称为坐标正算。如图 4-17 所示，设已知 A 点坐标为 $A(x_A, y_A)$，A 和 B 两点间距离为 D_{AB}，坐标方位角为 α_{AB}，求未知点的坐标 $B(x_B, y_B)$。

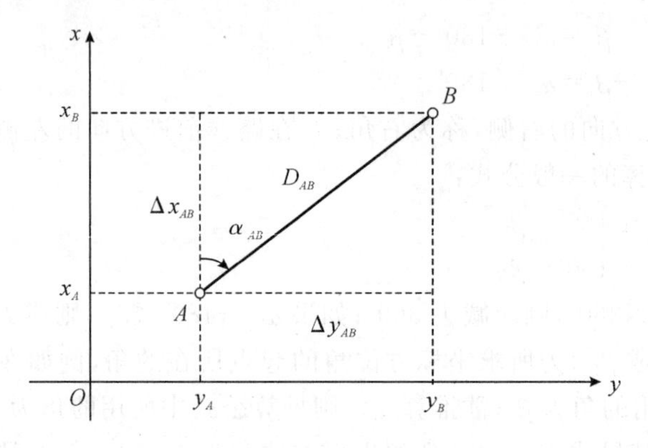

图 4-17　坐标增量的计算

从图 4-17 中可以看出，A 点至 B 点的坐标增量为：

$$\begin{cases}\Delta x_{AB}=x_B-x_A=D_{AB}\cdot\cos\alpha_{AB}\\ \Delta y_{AB}=y_B-y_A=D_{AB}\cdot\sin\alpha_{AB}\end{cases}\tag{4-28}$$

则未知点 B 的坐标为：

$$\begin{cases}x_B=x_A+\Delta x_{AB}\\ y_B=y_A+\Delta y_{AB}\end{cases}\tag{4-29}$$

式(4-28)和式(4-29)对于已知坐标方位角 α_{AB} 在任何象限均适用。

(二)坐标反算

已知两个点的坐标，求两点间的距离和坐标方位角，称为坐标反算。设 A、B 两点的坐标已知(见图 4-17)，分别为 $A(x_A, y_A)$ 和 $B(x_B, y_B)$，求 D_{AB} 和 α_{AB}。

由图 4-17 可以反算出 A、B 两点间的水平距离：

$$D_{AB}=\sqrt{\Delta x_{AB}^2+\Delta y_{AB}^2}=\frac{\Delta y_{AB}}{\sin\alpha_{AB}}=\frac{\Delta x_{AB}}{\cos\alpha_{AB}}\tag{4-30}$$

坐标方位角 α_{AB} 为：

$$\alpha_{AB}=\arctan\frac{y_B-y_A}{x_B-x_A}=\arctan\frac{\Delta y_{AB}}{\Delta x_{AB}}\tag{4-31}$$

由于直线的方位角 α_{AB} 所在的象限不同，利用式(4-31)反算坐标方位角只适用于直线象限角是第一象限的情况，故在进行坐标反算计算坐标方位角时，应先计算象限角 R_{AB}：

$$R_{AB}=\arctan\left|\frac{\Delta y_{AB}}{\Delta x_{AB}}\right| \tag{4-32}$$

按式(4-32)计算的 R_{AB} 是锐角，再根据直线 AB 所在象限，根据表4-5计算坐标方位角 α_{AB}。

思考题与习题

1. 直线定线的目的是什么？有哪些方法？如何进行？

2. 简述用钢尺在平坦地面量距的步骤。

3. 简述视距测量的方法。

5. 说明脉冲式和相位式电磁波测距的基本原理。

6. 为什么相位式电磁波测距仪要设置精、粗测尺配合使用？

7. 进行视距测量时，仪器高为1.45 m；上、中、下丝在水准尺上的读数分别为1.386 m、1.270 m、1.154 m；测得竖直角为3°56′，求立尺点到测站点的水平距离。

8. 直线定向的目的是什么？它与直线定线有何区别？

9. 标准方向有哪几种？它们之间有什么关系？

10. 何谓坐标方位角？若 $\alpha_{AB}=298°36'48''$，则 α_{BA} 等于多少？

11. 如下图所示，已知 $\alpha_{12}=75°32'$，求其余各边的坐标方位角。

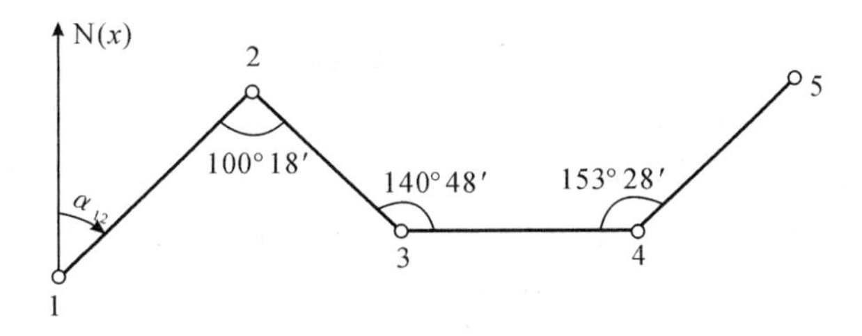

习题11图

12. 如下图所示，已知 $\alpha_{AB}=140°36'$，求其余各边的坐标方位角。

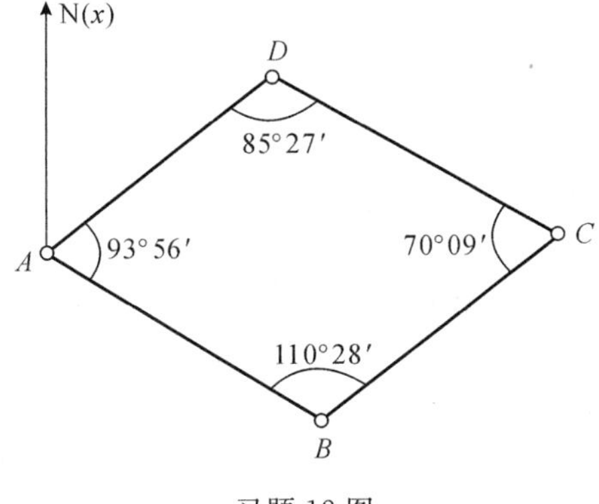

习题12图

13. 已知直线 MN 的两点坐标分别为 $M(126.54,62.83)$、$N(98.74,36.29)$，求直线 MN 的距离 D_{MN} 和坐标方位角 α_{MN}。

第五章

测量误差的基本知识

第一节　测量误差概述

一、测量误差的概念

当对一个未知量如某个角度、某两点间的距离或高差等进行多次重复观测时，每次所得到的结果往往并不完全一致，并且与其真实值也往往有所差异。这种差异实质上是观测值与真实值（简称真值）之间的差异，称为测量误差或者观测误差，亦称为真误差。

设观测值为 $L_i(i=1,2,\cdots,n)$，其真值为 X，则测量误差 Δ_i 的数学表达式为：

$$\Delta_i=L_i-X \qquad (i=1,2,\cdots,n) \tag{5-1}$$

在通常情况下，每次观测都会有观测误差存在。例如，在水准测量中，闭合路线的高差理论上应该等于零，但实际观测值的闭合差往往不为零；观测某一平面三角形的三个内角时，所得观测值之和常常不等于理论值 180°。这些现象表明了在观测值中不可避免地存在测量误差。

二、测量误差的来源

测量工作是观测者使用某种测量仪器或工具，在一定的外界条件下进行的观测活动。因此，测量误差的来源主要有以下三个方面：

（1）仪器误差。由于仪器、工具构造上有一定的缺陷，而且仪器、工具本身精密度也有一定的限制，所以使用这些仪器、工具进行测量时会给观测结果带来误差，例如经纬仪的视准轴不垂直于横轴、横轴不垂直于竖轴等。

（2）观测误差。观测误差主要体现在仪器的对中、照准、读数等几个方面。这是由观测者测量技术水平或者感官能力的局限造成的。

（3）外界环境的影响。在观测过程中，不断变化的温度、湿度、风力、可见度、大气折光等外界因素也会给测量带来误差。

大量的实践证明，测量误差主要是由上述三方面因素的综合影响造成的。因此，通常把仪器、观测者和外界环境合称为观测条件。

在实际工作中，根据不同的测量目的和要求，允许在测量结果中含有一定程度的测量误差，但必须设法将误差限制在满足测量目的和要求的范围以内。

三、测量误差的分类

根据误差性质的不同，测量误差可以分为系统误差、偶然误差和粗差三大类。

（一）系统误差

在一定的观测条件下对某量进行一系列观测，若测量误差的符号和大小保持不变，或按照一定的规律变化，则这种误差称为系统误差。例如，用名义长度为 30 m，而检定长度为 30.008 m 的钢尺进行量距而产生的影响；地球曲率和大气折光对高程测量的影响等均属于系统误差。

由于系统误差具有符号和大小保持不变或者按一定的规律变化的特性，因此在观测成果中的影响具有累积性，对观测结果的危害性很大。所以在测量工作中，应尽量设法减弱或消除系统误差的影响。系统误差可以通过下列三种方法进行有效的处理：

(1)按要求严格检校仪器，将因仪器而产生的系统误差控制在允许范围内。

(2)在观测方法和观测程序上采取必要的措施，限制或削弱系统误差影响，如在水准测量中保持前、后视距尽量相等，角度测量中采用盘左、盘右进行观测等。

(3)利用计算公式对观测值进行必要的改正，如在距离丈量中，对观测值进行尺长、温度和倾斜等三项改正。

（二）偶然误差

在一定的观测条件下对某量进行一系列的观测，如果误差的大小和符号都表现出随机性，这样的误差称为偶然误差。表面上看来，偶然误差没有一定的规律可遵循，但当对大量的偶然误差进行统计分析时，就会发现其规律性，并且随着偶然误差个数的增加，其规律性也越明显。

偶然误差是由观测者的感观能力和仪器性能受到一定的限制，以及观测时不断变化的外界条件的影响等原因造成的，如在普通水准测量时，水准尺毫米数值的估读误差；在角度测量时，用经纬仪瞄准目标的照准误差；忽大忽小变化的风力对仪器、立尺的影响等。

（三）粗差

粗差属于一种大量级的测量误差，在一些教材上亦被称为错误。在测量成果中，是不允许有粗差存在的。一旦发现粗差的存在，该观测值必须剔除并重新测量。

粗差产生的原因较多，但往往与测量失误有关，例如测量数据的误读、记录人员的误记、照准错误的目标、对中操作产生较大的目标偏离等。

在实际测量中，只要严格遵守相关测量规范，粗差是可以被发现并被剔除的，系统误差也可以被改正，而偶然误差却是不可避免的，并且很难完全消除。因此，在消除或大大削弱了粗差和系统误差的观测值误差后,偶然误差就占据了主导地位,其大小将直接影响测量成果的质量。因此,了解和掌握偶然误差的统计规律,对提高测量精度是很有必要的。

第二节　偶然误差的基本特性

前已述及,在观测结果中主要存在偶然误差,为了研究观测结果的质量,就必须进一步研究偶然误差的性质。下面通过一个例子来对偶然误差进行统计分析,并总结其基本特性。

在相同的观测条件下,独立地对 217 个平面三角形的三个内角进行了观测。平面三角形三个内角之和的真值应该等于 180°,但由于观测值含有误差,往往不等于真值。为研究方便,假设已经通过采取措施和加改正等方法消除了粗差和系统误差,因此,观测值的真误差主要是偶然误差。各三角形内角和的真误差为

$$\Delta_i = L_i - 180^\circ \qquad (i=1,2,\cdots,n) \tag{5-2}$$

式中,Δ_i 为第 i 个三角形内角和的真误差;L_i 为第 i 个三角形三个内角观测值之和。

通过式(5-2)可计算出 217 个三角形内角观测值之和的真误差。将真误差按照误差区间 $\mathrm{d}\Delta=3''$进行归类,统计出在各区间内的正、负误差的个数 k,并计算出 k/n(n 为观测值总数,$n=217$),k/n 即为误差在该区间的频率,列成误差频率分布表(见表 5-1)。

表 5-1　误差频率分布

误差区间 $d_\Delta=3''$	正误差(+Δ)		负误差(-Δ)		总数	
	个数 k	频率 k/n	个数 k	频率 k/n	个数 k	频率 k/n
0″～3″	30	0.138	29	0.134	59	0.272
3″～6″	21	0.097	20	0.092	41	0.189
6″～9″	15	0.069	18	0.083	33	0.152
9″～12″	14	0.065	16	0.073	30	0.138
12″～15″	12	0.055	10	0.046	22	0.101
15″～18″	8	0.037	8	0.037	16	0.074
18″～21″	5	0.023	6	0.028	11	0.051
21″～24″	2	0.009	2	0.009	4	0.018
24″～27″	1	0.005	0	0	1	0.005
≥27″	0	0	0	0	0	0
合计	108	0.498	109	0.502	217	1.000

为了充分反映误差分布的情况,除了用上述表格的形式外,还可以用直方图来表示。以 Δ 为横坐标,以频率 k/n 与区间 dΔ 的比值 $k/(n\cdot \mathrm{d}\Delta)$ 为纵坐标,绘制如图 5-1 所示的频率直方图。

可以设想，如果对三角形作更多次的观测，即 $n \to \infty$，同时将误差区间 d_Δ 无限地缩小，那么图 5－1 中的细长状矩形的顶边所形成的折线将变成一条光滑的曲线，称为误差分布曲线，如图 5－2 所示。在概率论中，这条曲线又称为正态分布曲线（或高斯曲线），其概率密度函数为：

$$f(\Delta)=\frac{1}{\sigma\sqrt{2\pi}}\cdot \mathrm{e}^{-\frac{\Delta^2}{2\sigma^2}} \tag{5-3}$$

式中，e 为自然对数的底数；σ 为误差分布的标准差。

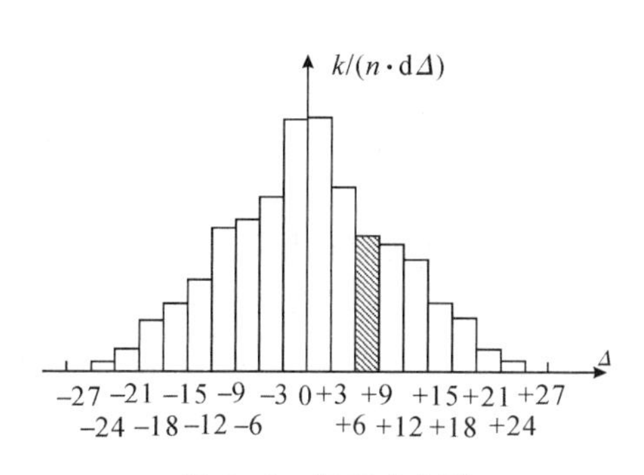

图 5－1　频率直方图

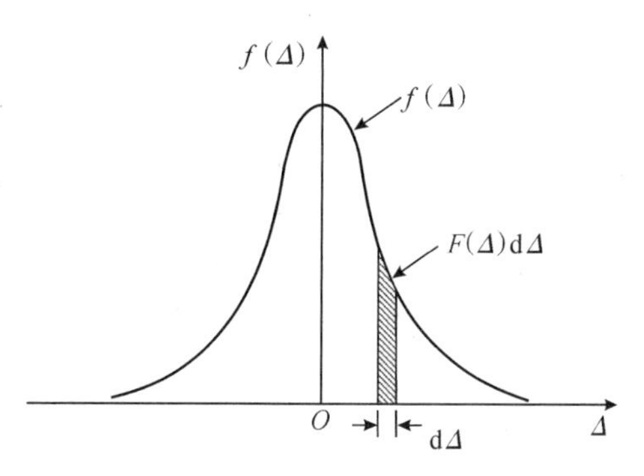

图 5－2　正态分布曲线

从表 5－1、图 5－1 和图 5－2 中可以总结出偶然误差具有以下的特性：

（1）有界性。在一定观测条件下进行观测时，偶然误差的绝对值不会超过一定的限值。

（2）对称性。绝对值相等的正、负误差出现的概率相同。

（3）趋向性。绝对值较小的误差比绝对值较大的误差出现的概率大。

（4）抵偿性。当观测次数无限增多时，偶然误差的算术平均值趋近于零：

$$\lim_{n\to\infty}\frac{\Delta_1+\Delta_2+\cdots+\Delta_n}{n}=\lim_{n\to\infty}\frac{[\Delta]}{n}=0 \tag{5-4}$$

式中，$[\Delta]=\Delta_1+\Delta_2+\cdots+\Delta_n$；$n$ 为观测值的个数。

第三节　衡量观测值精度的指标

精度是指在一定的观测条件下，对某个量进行观测，其误差分布的密集或离散的程度。

由于精度是表征误差的特征，而观测条件又是造成误差的主要来源，因此，在相同的观测条件下进行的一组观测，尽管每一个观测值的真误差不一定相等，但它们都对应着同一个误差分布，即对应着同一个标准差。因此，可以称这组观测称为等精度观测，所得到的观测值称为等精度观测值。如果仪器的精度不同，或观测方法不同，或外界条件的变化较大，就属于不等精度观测，所对应的观测值就是不等精度观测值。

为了更方便地衡量观测结果精度的优劣，必须有一个评定精度的统一数字指标。中误差、平均误差、相对中误差和容许误差（极限误差）等是测量工作中常用的衡量精度的指标。

一、中误差

误差分布曲线中的标准差σ是衡量精度的一个指标,但它只是理论上的表达式。在实际测量中,观测次数总是有限的。为了评定精度,我们引入中误差m,它实际上是标准差σ的一个估值。随着观测次数n的增加,m将趋近于标准差σ。中误差m的表达式为:

$$m=\pm\sqrt{\frac{[\Delta\Delta]}{n}} \tag{5-5}$$

式中,$[\Delta\Delta]=\Delta_1^2+\Delta_2^2+\cdots+\Delta_n^2$。

中误差m和标准差σ的区别在于观测次数n上。标准差σ表征了一组等精度观测在$n\to\infty$时误差分布的扩散特征,即理论上的观测精度指标;而中误差m则是一组等精度观测在n为有限次数时的观测精度指标。

中误差m不同于各个观测值的真误差Δ_i,它反映的是一组观测精度的整体指标;而真误差Δ_i是描述每个观测值误差的个体指标。在一组等精度观测中,各观测值具有相同的中误差,但各个观测值的真误差往往不等于中误差,且彼此也不一定相等,有时差别还比较大(见表5-1),这是由于真误差具有偶然误差的特性。

和标准差一样,中误差的大小也反映出一组观测值误差的离散程度。中误差m越小,表明该组观测值误差的分布越密集,各观测值之间的整体差异也越小,这组观测值的精度就越高;反之,该组观测的精度就越低。

【例5.1】 对某个量进行两组观测,各组均为等精度观测,其真误差分别如下所示,试评定哪组观测值的精度更高。

第一组:$+3''$,$-2''$,$-4''$,$+2''$,$0''$,$-4''$,$+3''$,$+2''$,$-3''$,$-1''$;

第二组:$0''$,$-2''$,$-7''$,$+2''$,$+1''$,$+1''$,$-8''$,$0''$,$+3''$,$-1''$。

解:根据式(5-5),分别计算两组观测值的中误差:

$$m_1=\pm\sqrt{\frac{3^2+(-2)^2+(-4)^2+2^2+0^2+(-4)^2+3^2+2^2+(-3)^2+(-1)^2}{10}}=\pm2.7''$$

$$m_2=\pm\sqrt{\frac{0^2+(-2)^2+(-7)^2+2^2+1^2+1^2+(-8)^2+0^2+3^2+(-1)^2}{10}}=\pm3.6''$$

由于第一组的中误差m_1小于第二组的中误差m_2,因此,可以判定第一组观测值的精度较高。

5-1 平均误差

二、相对误差

中误差和真误差都属于绝对误差。在实际测量中,有时依据绝对误差还不能完全反映出误差分布的全部特征,这在量距工作中尤其明显。例如,分别丈量长度为100 m和500 m的两段距离,中误差均为±0.02 m,此时显然不能认为这两组的测量精度相等。因为在量距工作中,误差的分布特征除了和中误差有关系外,还与距离的长短有关系。因此,在计算精度指标时,还应该考虑距离长短的影响,这就引出了相对误差的概念。

如果相对误差是由中误差求得的，则称之为相对中误差。

相对中误差 K 是中误差的绝对值与相应观测值的比值，是一个无量纲的相对值。通常用分子为 1、分母为整数的分数形式来表述。其表达式为：

$$K=\frac{|m|}{D}=\frac{1}{\frac{D}{|m|}} \tag{5-6}$$

式中，D 为量距的观测值。

利用式(5-6)可得出上述两组距离测量的相对中误差分别为：

$$K_1=\frac{|m_1|}{D_1}=\frac{0.02}{100}=\frac{1}{5\ 000}$$

$$K_2=\frac{|m_2|}{D_2}=\frac{0.02}{500}=\frac{1}{25\ 000}$$

由于第二组的相对中误差比较小，因此第二组的精度较高。

在距离测量中，由于不知道其真值，不能直接运用式(5-6)来计算相对中误差，而是常采用往返观测值的相对较差来进行校核。相对较差的表达式为：

$$\frac{|D_{往}-D_{返}|}{D_{平均}}=\frac{\Delta D}{D_{平均}}=\frac{1}{\frac{D_{平均}}{\Delta D}} \tag{5-7}$$

从式(5-7)可以看出，相对较差实质上是相对真误差，它反映了该次往返观测值的误差情况。显然，相对较差越小，观测结果越可靠。

还有一点值得注意的是，当用经纬仪观测角度时，只能用中误差而不能用相对误差作为精度的衡量指标，因为测角误差与角度的大小是没有关系的。

三、极限误差和容许误差

由偶然误差的特性可知，在一定的观测条件下，误差的绝对值不会超过某一限值，这个限值称为极限误差。误差理论和大量的实践证明，在一组等精度观测中，从统计意义上来说，偶然误差的概率值与区间的大小有一定的联系：

$$P\{-\sigma<\Delta<+\sigma\}=\int_{-\sigma}^{+\sigma}f(\Delta)\mathrm{d}\Delta=\int_{-\sigma}^{+\sigma}\frac{1}{\sigma\sqrt{2\pi}}\mathrm{e}^{-\frac{\Delta^2}{2\sigma^2}}\mathrm{d}\Delta=0.683 \tag{5-8}$$

$$P\{-2\sigma<\Delta<+2\sigma\}=\int_{-2\sigma}^{+2\sigma}f(\Delta)\mathrm{d}\Delta=\int_{-2\sigma}^{+2\sigma}\frac{1}{\sigma\sqrt{2\pi}}\mathrm{e}^{-\frac{\Delta^2}{2\sigma^2}}\mathrm{d}\Delta=0.955 \tag{5-9}$$

$$P\{-3\sigma<\Delta<+3\sigma\}=\int_{-3\sigma}^{+3\sigma}f(\Delta)\mathrm{d}\Delta=\int_{-3\sigma}^{+3\sigma}\frac{1}{\sigma\sqrt{2\pi}}\mathrm{e}^{-\frac{\Delta^2}{2\sigma^2}}\mathrm{d}\Delta=0.997 \tag{5-10}$$

上述诸式说明，在一定的观测条件下，绝对值大于 1 倍标准差($\pm\sigma$)的偶然误差出现的概率为 32%，大于 2 倍标准差($\pm2\sigma$)的偶然误差出现的概率为 4.5%，大于 3 倍标准差($\pm3\sigma$)的偶然误差出现的概率只有 0.3%，而 0.3%的概率事件可以认为已经接近于零事件。因此，通常将 3 倍标准差作为偶然误差的极限误差。

在实际测量工作中，由于对误差控制的要求不尽相同，有些时候要求较高，有些时候要求较低，因此，常将中误差的 2 倍或者 3 倍作为偶然误差的容许值，称为容许误差：

$$|\Delta_{容}|=2|m| \quad 或 \quad |\Delta_{容}|=3|m| \tag{5-11}$$

前者要求比较严格,后者要求相对宽松。如果在观测值中出现有大于容许误差的观测值误差,则认为该观测值不可靠,应舍弃不用,并重新测量。

第四节　误差传播定律

在实际测量工作中,有些量往往是不能直接观测得到的,需借助其他的观测量按照一定的函数关系间接计算得到。由于直接观测的量含有误差,因而它的函数亦必然存在误差。阐述各观测量的中误差与其函数的中误差之间关系的定律,称为误差传播定律。

设 Z 是独立观测量 $x_1, x_2, \cdots, x_n$ 的一般函数:

$$Z=f(x_1, x_2, \cdots, x_n) \tag{5-12}$$

式中,函数 Z 的中误差为 m_Z;各独立观测量 $x_1, x_2, \cdots, x_n$ 的中误差分别为 $m_1, m_2, \cdots, m_n$。设 l_i 为各独立观测量 x_i 相应的观测值,Δ_i 为各观测值 l_i 的偶然误差,根据式(5-1)有:

$$Z=f(l_1-\Delta_1, l_2-\Delta_2, \cdots, l_n-\Delta_n) \tag{5-13}$$

用泰勒级数展开并保留一次项成线性函数的形式,则式(5-13)可整理为:

$$Z=f(l_1, l_2, \cdots, l_n)-\left(\frac{\partial f}{\partial x_1}\Delta_1+\frac{\partial f}{\partial x_2}\Delta_2+\cdots+\frac{\partial f}{\partial x_n}\Delta_n\right) \tag{5-14}$$

式(5-14)右边第二项就是函数 Z 的误差 Δ_Z 的表达式,即:

$$\Delta_Z=\frac{\partial f}{\partial x_1}\Delta_1+\frac{\partial f}{\partial x_2}\Delta_2+\cdots+\frac{\partial f}{\partial x_n}\Delta_n \tag{5-15}$$

上式就是观测值真误差与其函数真误差之间的关系。设各独立观测量 x_i 都观测了 k 次,则函数的误差 Δ_Z 的 k 次平方和展开式为:

$$\begin{aligned}\sum_{j=1}^{k}\Delta_{Zj}^2 = {} & \left(\frac{\partial f}{\partial x_1}\right)^2\sum_{j=1}^{k}\Delta_{1j}^2+\left(\frac{\partial f}{\partial x_2}\right)^2\sum_{j=1}^{k}\Delta_{2j}^2+\cdots+\left(\frac{\partial f}{\partial x_n}\right)^2\sum_{j=1}^{k}\Delta_{nj}^2+ \\ & 2\frac{\partial f}{\partial x_1}\cdot\frac{\partial f}{\partial x_2}\sum_{j=1}^{k}\Delta_{1j}\Delta_{2j}+2\frac{\partial f}{\partial x_1}\cdot\frac{\partial f}{\partial x_3}\sum_{j=1}^{k}\Delta_{1j}\Delta_{3j}+\cdots\end{aligned} \tag{5-16}$$

因为 Δ_i、Δ_j $(i\neq j)$ 均为独立观测值的偶然误差,其乘积 $\Delta_i\Delta_j$ 也必然具有偶然误差的特性。因此,根据偶然误差特性,有:

$$\lim_{k\to\infty}\frac{\sum\Delta_i\Delta_j}{k}=0 \qquad (i\neq j) \tag{5-17}$$

所以当观测次数 k 足够多时,式(5-16)可以简写成:

$$\sum_{j=1}^{k}\Delta_{Zj}^2 = \left(\frac{\partial f}{\partial x_1}\right)^2\sum_{j=1}^{k}\Delta_{1j}^2+\left(\frac{\partial f}{\partial x_2}\right)^2\sum_{j=1}^{k}\Delta_{2j}^2+\cdots+\left(\frac{\partial f}{\partial x_n}\right)^2\sum_{j=1}^{k}\Delta_{nj}^2 \tag{5-18}$$

根据中误差的定义式(5-5),有:

$$\sum_{j=1}^{k}\Delta_{Zj}^2 = km_Z^2 \tag{5-19}$$

$$\sum_{j=1}^{k}\Delta_{ij}^2 = km_i^2 \tag{5-20}$$

式中,$i=1,2,\cdots,n$。将式(5-19)、式(5-20)代入式(5-18),可得:

$$m_Z^2=\left(\frac{\partial f}{\partial x_1}\right)^2 m_1^2+\left(\frac{\partial f}{\partial x_2}\right)^2 m_2^2+\cdots+\left(\frac{\partial f}{\partial x_n}\right)^2 m_n^2$$

则：

$$m_Z=\pm\sqrt{\left(\frac{\partial f}{\partial x_1}\right)^2 m_1^2+\left(\frac{\partial f}{\partial x_2}\right)^2 m_2^2+\cdots+\left(\frac{\partial f}{\partial x_n}\right)^2 m_n^2} \tag{5-21}$$

式(5-21)就是一般函数的误差传播定律的表达式，若将式(5-5)中的误差 Δ 用数学上常用的微分符号 d 替换，很显然，这是一个函数的全微分表达式。而式(5-21)中只用到了全微分表达式的系数，故在利用误差传播定律求函数中误差时，只需对函数求全微分即可。利用式(5-21)可以推导出一些典型函数的误差传播定律。常见函数的误差传播计算公式见表 5-2。

表 5-2　常见函数的误差传播公式

函数名称	函数关系式	误差传播公式
和差函数	$Z=x_1\pm x_2$ $Z=x_1\pm x_2\pm\cdots\pm x_n$	$m_Z=\pm\sqrt{m_1^2+m_2^2}$ $m_Z=\pm\sqrt{m_1^2+m_2^2+\cdots+m_n^2}$
数函数	$Z=kx$ (k 为常数)	$m_Z=\pm km$
线性函数	$Z=k_1x_1\pm k_2x_2\pm\cdots\pm k_nx_n$	$m_Z=\pm\sqrt{k_1^2m_1^2+k_2^2m_2^2+\cdots+k_n^2m_n^2}$

误差传播定律在测绘领域的应用十分广泛，不仅可以求得观测值函数的中误差，还可以研究确定容许误差，或事先分析观测可能达到的精度等。

应用误差传播定律时，首先应根据问题的性质列出正确的观测值函数关系式，再利用误差传播公式求解。

【例 5.2】　在视距测量中，当视线水平时读得的视距间隔 $l=1.35\ \text{m}\pm1.2\ \text{mm}$，试求水平距离 D 及其中误差 m_D。

解：视线水平时，水平距离 D 为：

$$D=kl=100\times1.35=135.00(\text{m})$$

根据误差传播定律的倍数关系式，可求得 m_D 为：

$$m_D=100m_l=\pm100\times1.2=\pm120(\text{mm})=\pm0.12(\text{m})$$

水平距离的最终结果可以写成：$D=(135.00\pm0.12)\text{m}$。

【例 5.3】　设对某三角形△abc 的内角作 n 次等精度观测，三角形闭合差 $w_i=a_i+b_i+c_i-180°(i=1,2,\cdots,n)$，试求各角观测值的中误差 m_β。

解：设闭合差 w_i 的中误差为 m_w。根据误差传播定律的和差函数关系式，有：

$$m_w=\pm m_\beta\sqrt{3}$$

由于三角形内角和的真值是 180°，所以三角形闭合差属于真误差，因此有：

$$m_w=\pm\sqrt{\frac{[w^2]}{n}}=\pm\sqrt{\frac{[ww]}{n}}$$

代入式 $m_w=\pm m_\beta\sqrt{3}$，可得：

$$m_\beta=\pm\sqrt{\frac{[ww]}{3n}} \tag{5-22}$$

式(5－22)是按照三角形闭合差计算观测角中误差的菲列罗公式,该公式广泛用于评定三角形的测角精度。

【例 5.4】 坐标增量计算公式 $\Delta x = D\cos\alpha$,设观测值 $D=(152.60\pm0.06)\text{m}$,坐标方位角 $\alpha=106°30'15''\pm8''$,求 Δx 的中误差 m_x。

解:根据式(5－21),有:

$$\frac{\partial f}{\partial D}=\cos\alpha,\qquad \frac{\partial f}{\partial \alpha}=-D\sin\alpha$$

则:

$$m_x=\pm\sqrt{\left(\frac{\partial f}{\partial D}\right)^2 m_D^2+\left(\frac{\partial f}{\partial \alpha}\right)^2 m_\alpha^2}$$

$$=\pm\sqrt{\cos^2\alpha\cdot m_D^2+(-D\sin\alpha)^2 m_\alpha^2}$$

将 m_α 的单位由角度变为弧度,则有:

$$m_x=\pm\sqrt{(-0.284)^2\times0.06^2+(-152.60\times0.959)^2\times\left(\frac{8}{206\ 265}\right)^2}$$

$$\approx\pm0.02(\text{m})$$

第五节　同精度直接观测值的中误差

在实际测量工作中,为了提高测量成果的精度,同时也为了发现并消除粗差和系统误差,往往会对某个未知量进行重复观测。重复测量形成了多余观测,由于观测值必然含有误差,这就使观测值之间产生了矛盾。为了消除这种矛盾,必须依据一定的数据处理准则和适当的计算方法对观测值进行合理的调整与改正,从而得到未知量的最佳结果,同时对观测质量进行评定。

一、算术平均值及其中误差

设对某未知量进行了 n 次等精度观测,其观测值分别为 $L_1,L_2,\cdots,L_n$,则算术平均值 x 为:

$$x=\frac{L_1+L_2+\cdots+L_n}{n}=\frac{[L]}{n} \tag{5-23}$$

对于等精度直接观测值,观测值的算术平均值是最接近于未知量真值的一个估值,称为最或然值或最可靠值。下面用偶然误差的统计特性来证明这一结论。

设观测值的真值为 X,则观测值的真误差为:

$$\Delta_i=L_i-X\qquad (i=1,2,\cdots,n) \tag{5-24}$$

将 $i=1,2,\cdots,n$ 的各式两端相加,并除以 n,得:

$$\frac{[\Delta]}{n}=\frac{[L]}{n}-X$$

将式(5－23)代入上式,并整理得:

$$x=X+\frac{[\Delta]}{n}$$

根据偶然误差的特性,当观测次数 n 无限增大时,有:

$$\lim_{n\to\infty}\frac{[\Delta]}{n}=0$$

则可以得出：

$$\lim_{n\to\infty}x=X \tag{5-25}$$

由此可以得到观测值的算术平均值是最接近于未知量真值 X 的一个估值。

在实际测量中，观测次数总是有限的，所以算术平均值只是趋近于真值，但不能视为等同于未知量的真值。此外，在数据处理时，不论观测次数的多少，均以算术平均值 x 作为未知量的最或然值，这是误差理论中的一个公理。这种只有一个未知量的平差问题，在传统的平差计算中称为直接平差。

下面推导算术平均值的中误差公式。

由式(5－23)得：

$$x=\frac{L_1}{n}+\frac{L_2}{n}+\cdots+\frac{L_n}{n}$$

式中，$\frac{1}{n}$为常数。

由于各独立观测值的精度相同，所以设其中误差均为 m。现以 m_x 表示算术平均值的中误差，则按式(5－21)可得算术平均值的中误差为：

$$m_x^2=\frac{m^2}{n^2}+\frac{m^2}{n^2}+\cdots+\frac{m^2}{n^2}=\frac{m^2}{n}$$

故

$$m_x=\frac{1}{\sqrt{n}}m \tag{5-26}$$

由式(5－26)可知，算术平均值的中误差为观测值中误差的$\frac{1}{\sqrt{n}}$倍。那么，是不是随意增加观测个数对 L 的精度都有利而经济上又合算呢？设观测值精度一定，例如设 $m=1$，当 n 取不同值时，按式(5－26)算得的 m_x 值如表 5－3 所示。

表 5－3　算术平均值的中误差与观测次数的关系

n	1	2	3	4	5	6	10	20	30	40	50	100
m_x	1.00	0.71	0.58	0.50	0.45	0.41	0.32	0.22	0.18	0.16	0.14	0.10

由表 5－3 中的数据可以看出，随着 n 的增大，m_x 值不断减小，即 x 的精度不断提高。但是，当观测次数增加到一定的数目以后，再增加观测次数，精度提高得很少。由此可见，要提高最或然值的精度，单靠增加观测次数是不经济的。由于精度受观测条件的限制，而观测条件中诸多因素的影响有的属于系统误差，当 n 达到某个值而使 m 小于该系统误差，或对该系统误差有明显影响时，此 m 值便不能代表真实精度而没有实际意义了。例如用读至厘米的皮尺丈量某距离 100 次，求得毫米的读数精度，这是显然不会令人接受的。因此，为了提高观测精度，还需要考虑采用适当的仪器、改进操作方法等来提高观测结果的精度。

二、同精度直接观测值的中误差

在实际测量中，观测值的真值 X 是不知道的。因此，不能利用式(5－1)求出观测值的真误差Δ_i,也就不能直接利用式(5-5)即$m=\pm\sqrt{\frac{[\Delta\Delta]}{n}}$求出观测值的中误差。但观测值的算术平均值$x$是可以得到的,且算术平均值$x$与观测值$L_i$的差值也是可以计算的:

$$v_i=x-L_i \quad (i=1,2,\cdots,n) \tag{5-27}$$

式中,v_i为算术平均值x与观测值L_i的差值,称为观测值改正数。

设对某被观测量进行了n次等精度观测,则将n次的观测值改正数v_i相加,有:

$$[v]=[L]-nx=0 \tag{5-28}$$

可以看到,在等精度观测条件下,观测值改正数的总和为零。式(5-28)可以作为计算的检核内容,如果v_i计算无误的话,其总和必然为零。下面通过观测值的算术平均值x和观测值改正数v_i来推导观测值中误差的计算公式。

将式(5-1)和式(5-27)两端相加,得:

$$\Delta_i+v_i=x-X \quad (i=1,2,\cdots,n) \tag{5-29}$$

令$\delta=x-X$,则:

$$\Delta_i=\delta-v_i \quad (i=1,2,\cdots,n) \tag{5-30}$$

将式(5-30)等号的两端取平方和,得:

$$[\Delta^2]=[v^2]+n\delta^2-2\delta[v]$$

从式(5-28)可知,$[v]=0$,所以:

$$[\Delta^2]=[v^2]+n\delta^2 \tag{5-31}$$

另外,因为$\delta=x-X$,所以:

$$\begin{aligned}\delta^2&=(x-X)^2\\&=\left(\frac{[L]}{n}-X\right)^2\\&=\frac{1}{n^2}[(l_1-X)+(l_2-X)+\cdots+(l_n-X)]^2\\&=\frac{1}{n^2}(\Delta_1+\Delta_2+\cdots+\Delta_n)^2\\&=\frac{1}{n^2}(\Delta_1^2+\Delta_2^2+\cdots+\Delta_n^2+2\Delta_1\Delta_2+2\Delta_1\Delta_3+\cdots)\\&=\frac{[\Delta^2]}{n^2}+\frac{2(\Delta_1\Delta_2+\Delta_1\Delta_3+\cdots)}{n^2}\end{aligned}$$

根据偶然误差的特性,当$n\to\infty$时,上式等号右边的第二项趋近于零,所以有:

$$\delta^2=\frac{[\Delta^2]}{n^2} \tag{5-32}$$

将式(5-32)代入式(5-31),于是有:

$$\frac{[\Delta^2]}{n}=\frac{[v^2]}{n}+\frac{[\Delta^2]}{n^2}$$

整理后得:

$$m=\pm\sqrt{\frac{[vv]}{n-1}} \tag{5-33}$$

上式就是等精度观测中用观测值改正数v_i计算的观测值中误差的公式,称为贝塞尔公式。

【例 5.5】 在等精度观测条件下，对某段距离丈量 4 次，结果分别为 62.345 m、62.339 m、62.350 m、62.342 m。试求观测值中误差、算术平均值中误差及其相对中误差。

解：设算术平均值为 x，则有：

$$x=\frac{1}{4}\times(62.345+62.339+62.350+62.342)=62.344(\text{m})$$

观测值改正数计算如表 5－4 所示。

表 5－4　观测值改正数的计算数据

丈量结果/m	观测值改正数 v/mm	v^2
62.345	－1	1
62.339	＋5	25
62.350	－6	36
62.342	＋2	4
—	$[v]=0$	$[v^2]=66$

根据式(5－33)，观测值中误差 m 为：

$$m=\pm\sqrt{\frac{66}{4-1}}=\pm 4.7(\text{mm})$$

根据式(5－26)，算术平均值中误差 m_x 为：

$$m_x=\pm 4.7\times\frac{1}{\sqrt{4}}=\pm 2.3(\text{mm})$$

5-2　权

算术平均值的相对中误差为：

$$K=\frac{m_x}{x}=\frac{2.3}{62.344\times 1\ 000}\approx\frac{1}{27\ 100}$$

思考题与习题

1. 误差的来源有哪几方面？
2. 观测误差分为哪几类？
3. 什么叫系统误差？它有哪些特点？如何使之消除或者削弱？
4. 什么叫偶然误差？它具有哪些统计特性？
5. 衡量精度的指标有哪些？测量中常用什么指标来衡量观测值的精度？
6. 在相同的观测条件下，对某段距离丈量了 4 次，各次丈量的结果分别为 95.523 m、95.526 m、95.530 m、95.525 m。试求：

(1)距离的算术平均值；

(2)算术平均值中误差及其相对中误差。

7. 测得一正方形的边长 $a=(82.54\pm 0.06)$m，试求正方形面积及其中误差。

第六章

控制测量

第一节　控制测量概述

在绪论中我们已经指出，测量工作应遵循“从整体到局部，先控制后碎部”的原则。即在测量工作中先进行控制测量，然后以这些控制点为依据，再进行碎部测量或施工放样工作。这样可以保证观测点位的精度，减少误差的积累。

在测区内由一些有控制意义的点（控制点）构成的几何图形称为控制网。控制网可分为平面控制网和高程控制网，在具备GNSS条件下，可以同时进行平面控制测量和高程控制测量。按控制网的规模，其有国家控制网、工程控制网和小区域控制网。测定控制点平面坐标的工作称为平面控制测量，用来确定控制点的平面位置（x，y）；测量控制点高程的工作称为高程控制测量，用来确定控制点的高程（H）。

一、国家控制网

在全国范围内按统一的方案建立的控制网称为国家控制网或基本控制网，它用精密仪器、精密方法测定，并进行严格的数据处理，最后求定控制点的平面位置和高程，是全国各种比例尺测图的基本控制。

国家控制网按其精度可分为一、二、三、四等四个级别，由高级向低级逐级控制、逐级加密。一等三角锁是国家平面控制网的骨干，是在全国范围内，沿经纬线方向布设的。在一等锁环内再布设二等全面网，作为全国平面控制的基础。三、四等控制网是在二等网基础上的进一步加密（见图6-1）。国家平面控制网主要是用三角测量、精密导线测量和GNSS测量的方法建立的。

国家高程控制网也称为国家水准网。国家水准网分为四个等级：一、二等水准路线是高程控制网的基础，沿地质构造稳定、坡度平缓的交通路线布设，用精密水准测量施测；三、四等水准路线是在一、二等水准网基础上加密的（见图6-2），直接为地形图测绘和工程建设提供控制点的高程。20世纪80年代末，我国开始应用全球导航卫星系统（GNSS）技术建立平面控制网，称为GNSS控制网，按照精度的高低分为A、B、C、D、E五个等级。

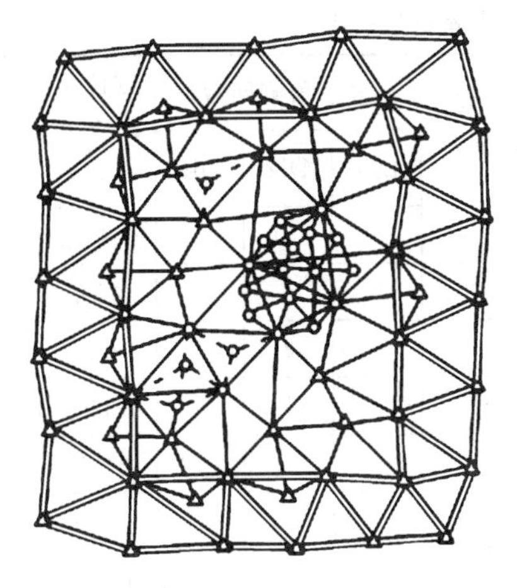

图 6-1 国家平面控制网

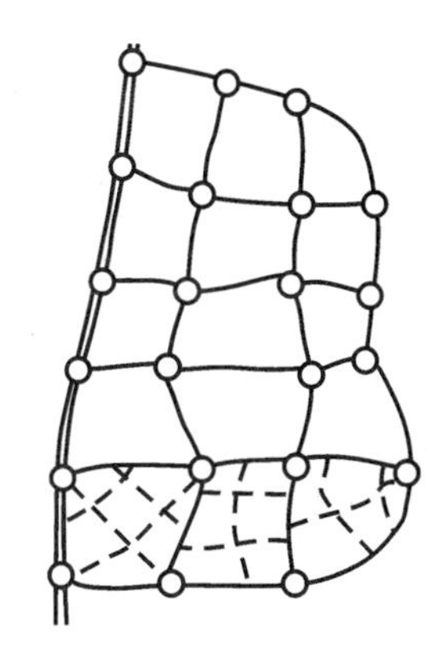

图 6-2 国家高程控制网

二、工程控制网

在工程建设区域为满足 1∶500～1∶5 000 大比例尺地形图测绘和工程施工放样的需要而建立的控制网，称为工程控制网。根据《工程测量规范》(GB 50026—2007)，工程平面控制网在国家控制点的基础上，根据建设区域大小布设不同等级的控制网。GNSS 技术是建立工程控制网的首选方法，分为二、三、四等和一、二级。在卫星信号欠佳或通视困难地区则采用导线测量的方法，导线测量精度划分为三、四等和一、二、三级。直接为测图目的建立的控制网称为图根控制网。图根控制网的控制点又称图根点。图根控制网也应尽可能与上述各种控制网连接，形成统一系统。《工程测量规范》(GB 50026—2007)对 GNSS 测量、导线测量和三角测量的主要技术要求见表 6-1 至表 6-3。

表 6-1 GNSS(GPS)测量控制网的主要技术要求

等级	平均边长 /km	固定误差 A /mm	比例误差系数 B /(mm·km^{-1})	约束点间相对中误差	约束平差后最弱边相对中误差
二等	9	10	2	1/250 000	1/120 000
三等	4.5	10	5	1/150 000	1/70 000
四等	2	10	10	1/100 000	1/40 000
一级	1	10	20	1/40 000	1/20 000
二级	0.5	10	40	1/20 000	1/10 000

表 6-2 导线测量的主要技术要求

等级	导线长度/km	平均边长/km	测角中误差/″	测距中误差/mm	测距相对中误差	水平角测回数			方位角闭合差/″	全长相对闭合差
						DJ1	DJ2	DJ6		
三等	14	3	1.8	20	1/150 000	6	10	—	$3.6\sqrt{n}$	1/55 000
四等	9	1.5	2.5	18	1/80 000	4	6	—	$5\sqrt{n}$	1/35 000
一级	4	0.5	5	15	1/30 000	—	2	4	$10\sqrt{n}$	1/15 000
二级	2.4	0.25	8	15	1/14 000	—	1	3	$16\sqrt{n}$	1/10 000
三级	1.2	0.1	12	15	1/7 000	—	1	2	$24\sqrt{n}$	1/5 000
图根	$\leqslant\alpha M$	—	首 20 密 30	—	1/4 000	—	1	1	$40\sqrt{n}$ $60\sqrt{n}$	1/2 000α

表 6-3 三角测量的主要技术要求

等级	平均边长/km	测角中误差/″	测边相对中误差	水平角测回数			三角形闭合差/″	最弱边相对中误差
				DJ1	DJ2	DJ6		
二等	9	1	1/250 000	12	—	—	3.5	1/120 000
三等	4.5	1.8	1/150 000	6	9	—	7	1/70 000
四等	2	2.5	1/100 000	4	6	—	9	1/40 000
一级	1	5	1/40 000	—	2	4	15	1/20 000
二级	0.5	10	1/20 000	—	1	2	30	1/10 000

注:测图最大比例尺为 1∶1 000 时,一、二级网的平均边长可以适当放宽,但最大不能超过 2 倍。

根据《工程测量规范》(GB 50026—2007),工程高程控制网分为二、三、四、五等和图根五个等级,一般采用水准测量的方法建立。全站仪三角高程测量和 GNSS 高程测量技术也可以代替四等及其以下等级。首级控制的等级需根据工程建设范围的大小、精度要求的高低来确定。《工程测量规范》(GB 50026—2007)对各等级水准测量的主要技术要求见表 6-4。

表 6-4 水准测量的主要技术要求

等级	每千米高差全中误差/mm	路线长度/km	水准仪	水准尺	观测次		往返较差、闭合差/mm	
					联测已知点	闭合/附合	平地	山地
二等	2	—	DS1	因瓦	往返各 1 次	往返各 1 次	$\pm4\sqrt{L}$	—
三等	6	$\leqslant$50	DS1	因瓦	往返各 1 次	往 1 次	$\pm12\sqrt{L}$	$\pm4\sqrt{n}$
			DS3	双面		往返各 1 次		
四等	10	$\leqslant$16	DS3	双面	往返各 1 次	往 1 次	$\pm20\sqrt{L}$	$\pm6\sqrt{n}$
五等	15	—	DS3	单面	往返各 1 次	往 1 次	$\pm30\sqrt{L}$	—
图根	20	$\leqslant$5	DS10	单面	往返各 1 次	往 1 次	$\pm40\sqrt{L}$	$\pm12\sqrt{n}$

三、小区域控制网

在比较小的区域(一般不超过 15 km^2)内建立的控制网,称为小区域控制网。在这个区域内,水准面可看成是水平面,不需要将观测成果归算到高斯平面上,而是直接在平面上计算各点的坐标值。小区域控制网的建立,应尽量与国家或城市控制网连接,将国家或城市控制网的高级控制点作为小区域控制网的起算和校核依据。如果测区周围范围内无高级控制点,或者不便于引用,此时也可以建立独立的平面控制网。小区域平面控制网也要根据面积大小分级建立,主要采用一、二、三级导线测量,一、二级小三角网测量或交会定点测量等方法建立小区域平面控制网,小区域和图根导线测量的技术要求见表 6－5。

表 6－5　小区域和图根导线测量的技术要求

等级	测图比例尺	附合导线长度/m	平均边长/m	测距相对中误差	测角中误差/″	导线全长相对中误差	测回数		角度闭合差/″
							DJ2	DJ6	
一级		2 500	250	1/20 000	±5	1/10 000	2	4	$\pm 10\sqrt{n}$
二级		1 800	180	1/15 000	±8	1/7 000	1	3	$\pm 16\sqrt{n}$
三级		1 200	120	1/10 000	±12	1/5 000	1	2	$\pm 24\sqrt{n}$
图根	1∶500	500	75	1/3 000	±20	1/2 000		1	$\pm 60\sqrt{n}$
	1∶1 000	1 000	110						
	1∶2 000	2 000	180						

小区域高程控制网是根据测区面积的大小和工程要求,采取分级布设的方法建立的。一般情况下,它以国家或城市高级高程控制点为基础,在测区范围内建立三、四等水准路线或水准网,再以五等水准测量进行加密。对于地形起伏大的山区可采用 GNSS 高程测量和全站仪三角高程测量的方法建立高程控制网。

在进行小区域平面控制测量的工作中,由于导线的布设形式灵活,通视方向要求较少,适用于布设在建(构)筑物密集、视线障碍较多的地区,同时也适用于狭长地区,如铁路、公路、隧道等工程项目。随着全站仪的日益普及,导线测量已成为建立小区域平面控制网的主要方式,特别是在图根控制测量中应用更为广泛。本章第二节将介绍导线测量的方法。

平面控制测量除了采用经典的三角测量和导线测量之外,卫星大地测量的方法也开始被逐渐采用。目前最常用的是 GPS 卫星全球定位系统。20 世纪 80 年代末,我国开始应用 GPS 定位技术建立平面控制网,该技术已逐渐成为布设的主要方法。根据我国颁布的《全球定位系统(GPS)测量规范》(GB/T 18314—2009),GPS 控制网划分为 A～E 共五个级别。其中 A、B 级相当于国家一、二等三角点,C、D 级相当于城市三、四等。我国自行研制的北斗卫星导航系统(BDS),是继美国全球定位系统(GPS)、俄罗斯格洛纳斯卫星导航系统(GLONASS)之后第三个成熟的卫星导航系统。全球组网后,BDS 的定位精度将优化至 2 m 甚至 1 m 之内。加上地面基站、参考站的帮助,北斗卫星系统能够有效实现分米级乃至毫米级的定位精度,如今已有超过 2000 座地面参考站覆盖全国多数城市。本章将在第六节对全球导航定位(GNSS)技术做出简要介绍。

第二节　导线测量

导线是由若干条直线连成的折线，每条直线称为导线边，相邻两条导线边之间的水平角称为转折角(如图6-3中的β_1、β_2)，其中已知边与相邻新布设的导线边之间的夹角通常称为连接角(如图6-3中的φ_A、φ_C)。导线端点称为导线点。在导线测量中，测定了转折角和导线边长后，即可以根据已知坐标方位角和已知坐标算出各导线点的坐标。

一、单一导线的布设形式

按照测区的条件和需要，导线可以布置成下列三种形式。

(一)附合导线

从一个已知高级控制点和已知方向出发，经过一系列的导线点，最后附合到另一个已知高级控制点和已知方向上，这种导线称为附合导线(见图6-3)。

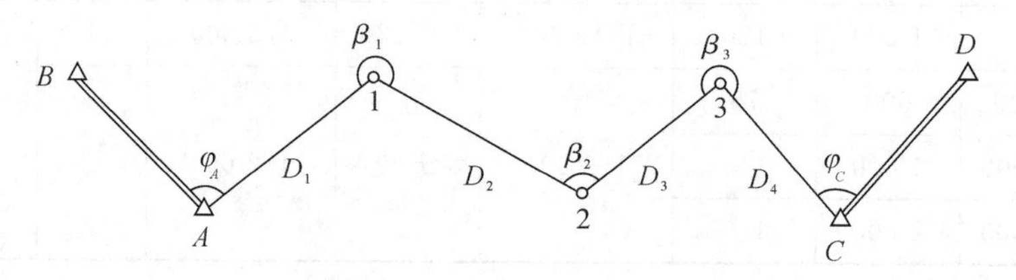

图6-3　附合导线

由于附合导线附合在两个已知点和两个已知方向上，所以具有检核条件，图形强度好，是小区域控制测量的首选方案。

(二)闭合导线

起、止于同一已知高级控制点，中间经过一系列的导线点，形成一闭合多边形，这种导线称为闭合导线(见图6-4)。闭合导线具有严格的几何条件，是小区域控制测量的常用布设形式。但由于它起、止于同一点，产生图形整体偏转的问题不易被发现，因而图形强度不及附合导线。

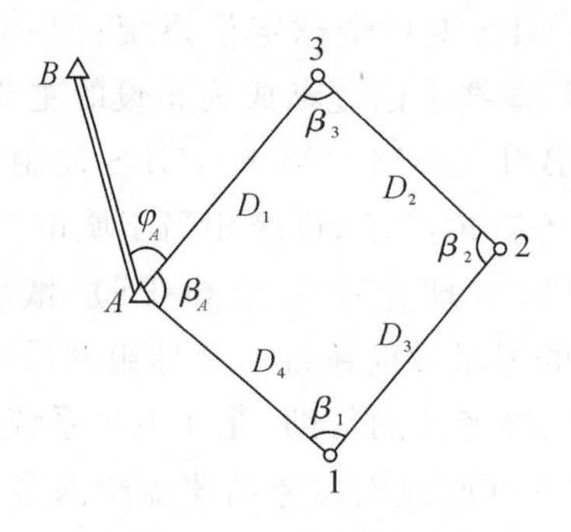

图6-4　闭合导线

(三)支导线

导线从一已知控制点开始,既不附合到另一已知点,又不回到原来起始点的,称为支导线(见图 6-5)。

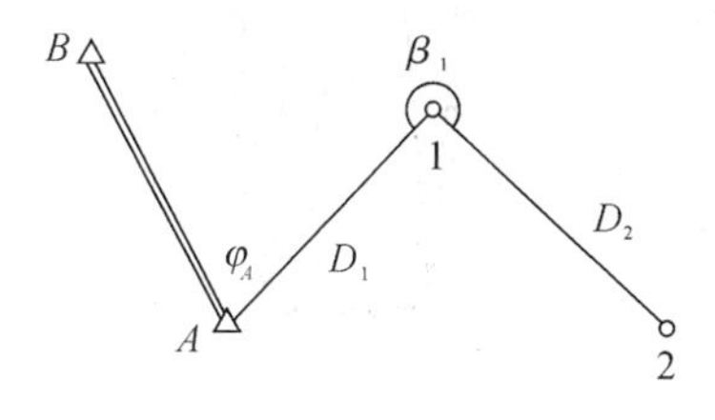

图 6-5　支导线

支导线没有图形检核条件,因此发生错误不易被发现,一般只能用在无法布设附合或闭合导线的少数特殊情况中,并且要对导线边长和边数进行限制。

上述三种是导线的基本布设形式,此外根据具体情况还可以布设成一个或多个节点的导线网(见图 6-6 和图 6-7)。

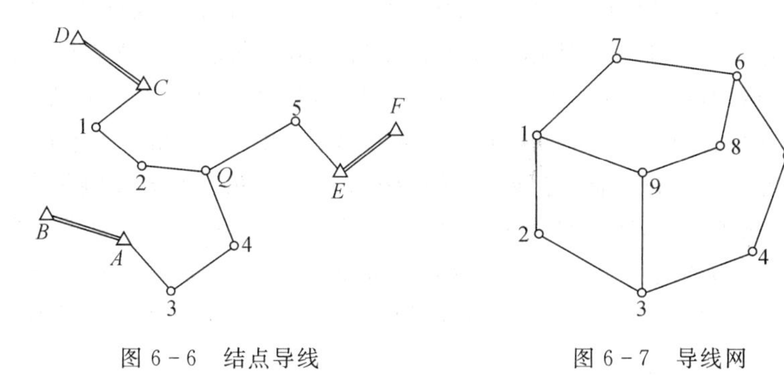

图 6-6　结点导线　　　图 6-7　导线网

二、导线测量的外业工作

(一)踏勘选点

在踏勘选点前,应尽量搜集测区有关资料,如地形图、已知控制点的坐标和高程、控制点的点之记等。踏勘是为了了解测区范围、地形和控制点情况,以便确定导线的形式和布置方案。选点应考虑导线测量、地形测量和施工放线的方便。选点应遵循以下几个原则:①两相邻导线点间能相互通视;②应选择土质比较坚硬之处,并能长期保存、寻找和观测;③应选在地势较高、视野开阔处,便于碎部测量;④边长应大致相等;⑤点的密度适宜,分布均匀,以便控制整个测区。

导线点选定后,应在地面上建立标志,并按照一定顺序编号。导线点的标志分为永久性标志和临时性标志。临时性标志一般选用木桩,如有需要,可在木桩周围浇灌混凝土,如图 6-8(a)所示;永久性标志可选用混凝土桩和标石,如图 6-8(b)所示。为了便于今后的查找,还应量出导线点至附近明显地物的距离,绘制草图,注明尺寸等,称为点之记,如图 6-8(c)所示。

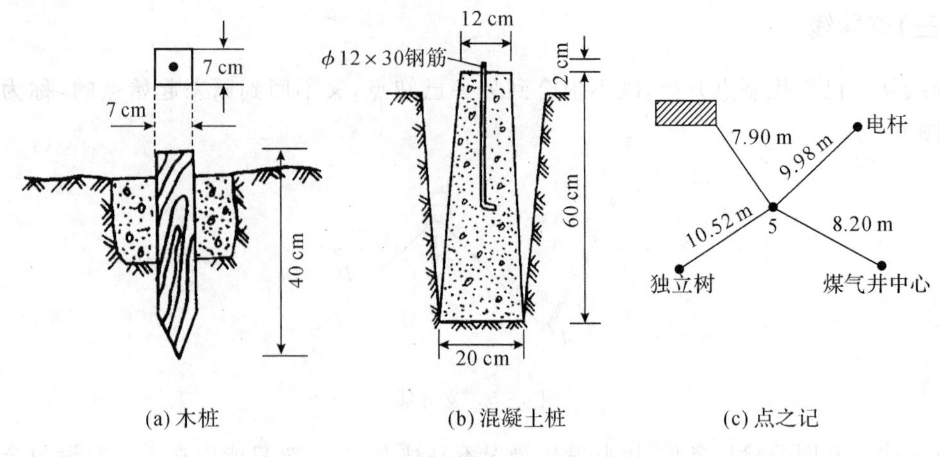

(a) 木桩　　(b) 混凝土桩　　(c) 点之记

图 6-8　导线点标志及点之记

(二)角度和边长测量

导线转折角(连接角)和边长测量可采用三联架法。利用全站仪同步完成导线转折角(连接角)和导线边的测量工作。使用三个既能安置全站仪又能安置觇牌(含棱镜)的基座、三脚架,基座具有通用的光学对中器。如图 6-9 所示,将全站仪安置在测站 i 的基座上,觇牌(含棱镜)安置在后视点 $i-1$ 和前视点 $i+1$ 的基座上,测量水平角和水平距离。转折角有左、右角之分,沿导线的前进方向,导线左侧的转折角称为左角。在导线测量中,为了计算方便,附合导线一般观测左角,闭合导线观测内角。导线角度测量的技术要求可参见表 6-5。对于一、二、三级导线,导线边长可采用往返观测或单向观测,测回数不少于两测回,观测时应进行气象改正;图根导线可采用单向观测,测回数为一测回,无须进行气象改正。

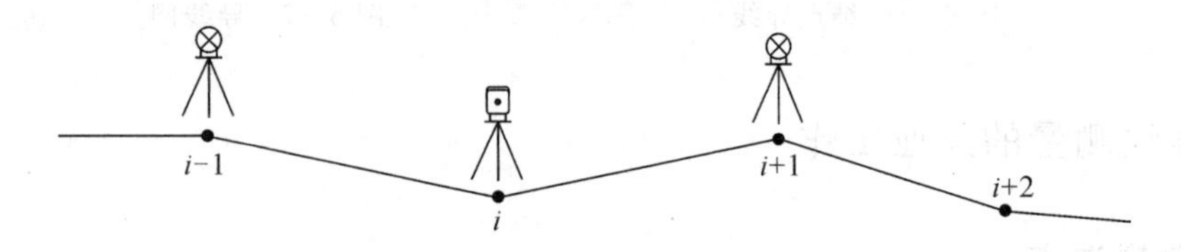

图 6-9　三联架法观测水平角和水平距离

当测完本站向下一站搬迁时,导线点 i、$i+1$ 的脚架和基座不动,只需从基座上取下全站仪和觇牌(含棱镜),在 $i+1$ 点的基座上安置全站仪,在 i 点的基座上安置觇牌(含棱镜),并在 $i+2$ 点安置脚架、基座和觇牌(含棱镜)。这样直至整条导线测量完毕。

采用三联架法测量导线转折角(连接角)和边长,由于全站仪和觇牌(含棱镜)均能在基座上共轴,减少了全站仪和觇牌(含棱镜)的对中误差,从而提高了测量精度,同时节省了安置仪器的时间,提高了工作效率。

三、导线测量的内业计算

导线测量的内业计算,是根据角度、边长测量的结果和一定的计算规则,求得各导线点的平面直角坐标(x,y)。进行导线内业计算前,应全面检查导线测量的外业记录,有无遗漏、错记或错算，成果是否符合精度要求，并检查抄录的起算数据是否正确。

(一)附合导线坐标计算

观测成果检查完毕后，应绘制导线略图，将各项数据注记于图上相应位置。图 6－10 为某附合导线的导线略图。

对于记录、计算时数据小数位数的取舍，四等以下导线的角值保留至秒(″)，边长和坐标值保留至毫米(mm)，图根导线的边长和坐标值则一般保留至厘米(cm)。

现以图 6－10 为例，介绍附合导线内业计算步骤，计算表格见表 6－6。

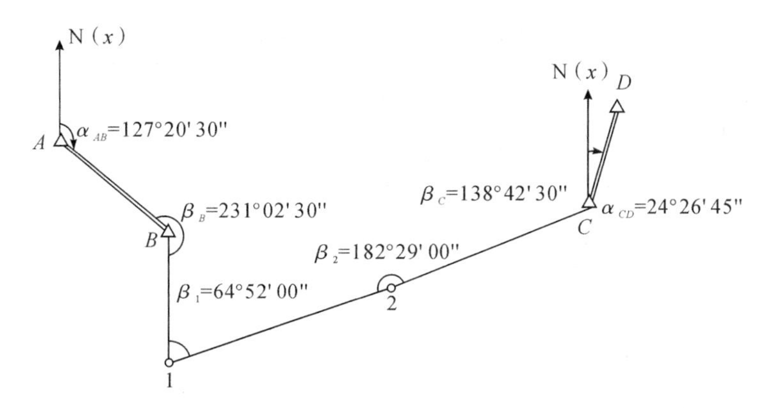

图 6－10　附合导线略图

下面按照计算的步骤逐步进行计算过程的介绍。

1. 角度闭合差的计算与调整

根据各观测值 β_i 从起始边 AB 推算出另一已知边 CD 的坐标方位角为：

$$\alpha'_{CD}=\alpha_{AB}+n\times180°+\sum_{i=1}^{n}\beta_i\quad(左角)\tag{6-1a}$$

$$\alpha'_{CD}=\alpha_{AB}+n\times180°-\sum_{i=1}^{n}\beta_i\quad(右角)\tag{6-1b}$$

由于观测值存在误差，所以由观测值推导出来的 CD 边方位角 α'_{CD} 与其已知值 α_{CD} 不符，两者的差值称为角度闭合差 f_β：

$$f_\beta=\alpha'_{CD}-\alpha_{CD}\tag{6-2}$$

本例中，$\alpha'_{CD}=26°26'30''$，而已知值 $\alpha_{CD}=26°26'45''$，则 $f_\beta=-15''$。

角度闭合差 f_β 的大小反映了角度观测的质量。各级导线角度闭合差的容许值 $f_{\beta容}$ 见表 6－5，图根导线角度闭合差容许值为：

$$f_{\beta容}=\pm60''\sqrt{n}\tag{6-3}$$

式中，n 为观测角的个数(含转折角和连接角)。

若 f_β 超过容许值，则测角不符合要求，应对角度进行检查和重测；若 f_β 不超过容许值要求的范围，则角度观测符合要求，接下来可以对角度进行闭合差调整。

由于导线的各转折角是在相同观测条件下观测得到的，观测角度时的操作次数也相同，因此各角度观测值的误差可认为大致相等，所以闭合差改正时可以将闭合差反符号取值后再平均分配到各观测角。每个角度观测值的改正数为 v_β，得：

$$v_\beta = -\frac{f_\beta}{n} \tag{6-4}$$

对于图根导线，角度只需要精确到秒(″)。如果闭合差不能被整除，则将余数凑整到短边大角上去，则改正后的观测角值 $\hat{\beta}_i$ 为：

$$\hat{\beta}_i = \beta_i + v_\beta \tag{6-5}$$

本例中，角度闭合差为−15″，平均分配到四个角值中，由于不能被整除，所以四个角值的改正数分别为+4″、+4″、+4″、+3″，填入表6-6中的第② 栏。改正后的角值填入表6-6中的第③ 栏，并检核 $\sum v_\beta = -f_\beta$。

表6-6　附合导线坐标计算

点号	改正数 观测角 ° ′ ″	改正后 角度值 ° ′ ″	坐标 方位角 ° ′ ″	边长 /m	坐标增量及改正数		改正后坐标增量		坐标		点号
					Δx′/m	Δy′/m	Δx/m	Δy/m	x/m	y/m	
①	②	③	④	⑤	⑥	⑦	⑧	⑨	⑩	⑪	
A											A
			127 20 30								
B	+4 231 02 30	231 02 34							3 509.58	2 675.89	B
			178 23 04	40.51	+1 −40.49	+1 1.14	−40.48	1.15			
1	+3 64 52 00	64 52 03							3 469.10	2 677.04	1
			63 15 07	79.04	+2 35.57	+1 70.58	35.59	70.59			
2	+4 182 29 00	182 29 04							3 504.69	2 747.63	2
			65 44 11	59.12	+2 24.29	+1 53.90	24.31	53.91			
C	+4 138 42 30	138 42 34							3 529.00	2 801.54	C
			24 26 45								
D											
∑	617 06 00			178.67	19.37	125.62	19.42	125.65			

辅助计算

角度闭合差检核：

$\alpha_{CD} = 24°26'45''$

$\alpha'_{CD} = \alpha_{AB} + n \times 180° + \sum \beta_{测}$

$= 24°26'30''$

$f_\beta = \alpha'_{CD} - \alpha_{CD} = -15''$

$f_{\beta容} = \pm 60''\sqrt{n} = \pm 120''$

$|f_\beta| < |f_{\beta容}|$

导线闭合差检核：

$f_x = \sum \Delta x' - (x_C - x_B)$

$= -0.05\ \text{m}$

$f_y = \sum \Delta y' - (y_C - y_B)$

$= -0.03\ \text{m}$

$f = \sqrt{f_x^2 + f_y^2}$

$= 0.06\ \text{m}$

$K = f / \sum D \approx 1/2\ 978$

$K_{容} = 1/2\ 000, K < K_{容}$

示意简图：

注：有下划线的数字表示是已知值。

2. 导线边坐标方位角的推算

根据改正后的导线转折角值和起始边的已知方位角，可以推算出各导线边的坐标方位角。推算公式如下：

$$\alpha_{前} = \alpha_{后} + 180° + \hat{\beta}_{左} \quad （左角） \tag{6-6a}$$

$$\alpha_{前} = \alpha_{后} + 180° - \hat{\beta}_{右} \quad （右角） \tag{6-6b}$$

式中，$\alpha_{前}$ 为待求的导线边坐标方位角；$\alpha_{后}$ 为已推算的导线边坐标方位角；$\hat{\beta}_{左}$、$\hat{\beta}_{右}$ 中的下标“左”表示观测角为左角，下标“右”表示观测角为右角。

通过上式可依次计算出各导线边的坐标方位角 α_{B1}、α_{12}、α_{2C}，最后再推算出 α_{CD}。此时的推算值应该等于 CD 边的已知坐标方位角值，这是方位角的检核条件之一。将推算值依次填入表 6－6 中的第 ④ 栏。

3. 坐标增量的计算与改正

利用计算得到的各边方位角和边长，可以计算出各边的坐标增量，并将结果填入表 6－5 中的第 ⑥、⑦ 栏。

$$\begin{cases} \Delta x_{ij} = D_{ij}\cos\alpha_{ij} \\ \Delta y_{ij} = D_{ij}\sin\alpha_{ij} \end{cases} \tag{6-7}$$

坐标增量之和理论上应与已知控制点 B、C 的坐标差值相等。若不一致，则存在误差，称为坐标增量闭合差，分别用 f_x、f_y 表示。计算公式为：

$$\begin{cases} f_x = \sum \Delta x - (x_C - x_B) \\ f_y = \sum \Delta y - (y_C - y_B) \end{cases} \tag{6-8}$$

由于闭合差 f_x、f_y 的存在，使得推算出来的 C' 点与已知点 C 不重合，如图 6－11 所示。$C'C$ 就是导线全长的闭合差，用 f 表示，则 $f = \sqrt{f_x^2 + f_y^2}$。

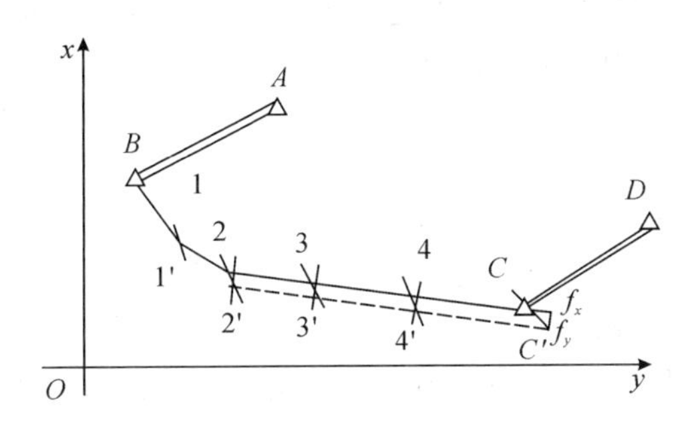

图 6－11　导线全长闭合差

全长闭合差 f 与导线边长之和的比值称为导线全长相对闭合差 K：

$$K = \frac{f}{\sum D} = \frac{1}{\dfrac{\sum D}{f}} \tag{6-9}$$

全长相对闭合差 K 的大小反映了测角和测边的综合精度。不同导线的相对闭合差容许值见表 6－6。图根导线全长相对闭合差 K 容许值为 1/2 000，测量困难地区可放宽到 1/1 000。

本例中,$f_x=-0.05\ \text{m}$,$f_y=-0.03\ \text{m}$,$f=0.06\ \text{m}$,$K=1/2\,978<K_{容}$,如表 6 - 6 所示。

若 $K>K_{容}$,则不满足要求,应分析原因,必要时需重测;若 $K\leqslant K_{容}$,则满足精度要求,可以对坐标增量进行闭合差改正。

改正的方法是将 f_x、f_y 反符号取值,然后以边长的长短按正比例进行分配,对于第 i 边的坐标增量改正数为:

$$\begin{cases} v_{\Delta xi}=-\dfrac{f_x}{\sum D}D_i \\ v_{\Delta yi}=-\dfrac{f_y}{\sum D}D_i \end{cases} \tag{6-10}$$

将改正后的坐标增量填入表 6 - 6 中的第 ⑧、⑨ 栏。改正后的坐标增量之和应与 B、C 的坐标差值相等,以此作为计算的检核条件。

4. 导线点坐标计算

根据起始点 B 的坐标及改正后的各边坐标增量,即可计算出各导线点的坐标,并最后推算出另一已知点 C 的坐标。C 点坐标的计算值应该等于其已知坐标值,这也是检核条件之一,然后将计算结果填入表 6 - 6 中的第 ⑩、⑪ 栏。

(二)闭合导线坐标计算

闭合导线的计算与附合导线的计算方法和步骤基本一致,也要满足角度闭合条件和坐标闭合条件,但具体计算公式与附合导线略有不同。下面就不同之处逐一介绍。

1. 角度闭合差的计算

闭合导线测的是内角,所以各内角和 $\sum\beta_{测}$ 应等于 n 边形内角和的理论值 $\sum\beta_{理}$。如果不相等,即存在角度闭合差。其计算公式为:

$$\sum\beta_{理}=(n-2)\times180^{\circ} \tag{6-11}$$

所以,角度闭合差为:

$$f=\sum\beta_{测}-\sum\beta_{理}=\sum\beta_{测}-(n-2)\times180^{\circ} \tag{6-12}$$

2. 坐标增量闭合差的计算

闭合导线的起点、终点为同一个点,所以坐标增量的理论值均为零。如果不为零,则存在闭合差。其计算公式为:

$$f_x=\sum\Delta x_{算},\qquad f_y=\sum\Delta x_{算} \tag{6-13}$$

导线的全长相对闭合差 K 与附合导线的计算公式一样。

除上述两点外,其余的计算、检核和改正步骤均与附合导线相同,这里不再叙述。图 6 - 12 是闭合导线的计算例题示意图,表 6 - 7 为计算过程和结果记录。

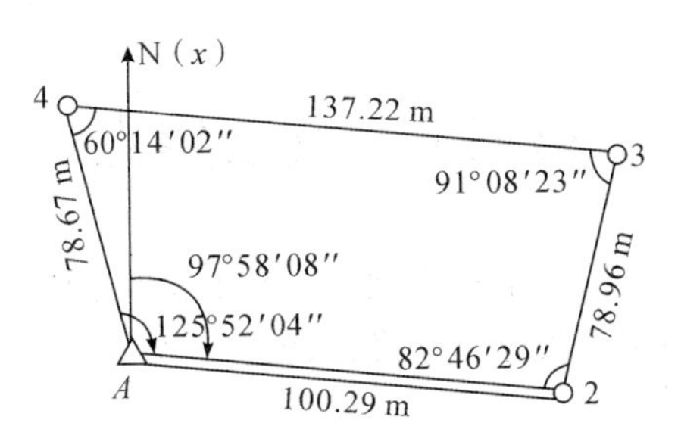

图 6-12　闭合导线

表 6-7　闭合导线坐标计算

点号	改正数 观测角 ° ′ ″	改正后 角度值 ° ′ ″	坐标 方位角 ° ′ ″	边长 /m	坐标增量 及改正数		改正后 坐标增量		坐标		点号
					$\Delta x'$/m	$\Delta y'$/m	Δx/m	Δy/m	x/m	y/m	
①	②	③	④	⑤	⑥	⑦	⑧	⑨	⑩	⑪	
A									5 032.70	4 537.66	A
			97 58 08	100.29	+3 −13.90	−2 99.32	−13.87	99.30			
2	−14 82 46 29	82 46 15							5 018.83	4 636.96	2
			0 44 23	78.96	+2 78.95	−1 1.02	78.97	1.01			
3	−15 91 08 23	91 08 08							5 097.80	4 637.97	3
			271 52 31	137.22	+3 4.49	−2 −137.15	4.52	−137.17			
4	−14 60 14 02	60 13 48							5 102.32	4 500.80	4
			152 06 19	78.80	+2 −69.64	−1 36.87	−69.62	36.86			
A	−15 125 52 04	125 51 49							5 032.70	4 537.66	A
			97 58 08								
2											
$\sum$	360 00 58	360 00 00		395.27	−0.10	0.06	0	0			

辅助计算：

$f_\beta = \sum\beta_{测} - \sum\beta_{理} = 360°00'58'' - 360°00'00''$
$= +58''$

$f_{\beta_{容}} = \pm 60''\sqrt{n} = \pm 120''$，$|f_\beta| < |f_{\beta_{容}}|$，成果合格

$f_x = \sum\Delta x = -0.10\ \text{m}$，$f_y = \sum\Delta y = 0.06\ \text{m}$

$f = \sqrt{f_x^2 + f_y^2} = 0.12\ \text{m}$

$K = \dfrac{f}{\sum D} = \dfrac{f}{\sum D/f} = \dfrac{1}{3\ 294} < \dfrac{1}{2\ 000}$

示意简图：

N (x)　4　3　A　2

注：有双下划线的数字表示是已知值。

第三节　交会定点

当原有控制点的密度不能满足工程需要时，可根据实际情况对控制点进行加密。加密方法常采用交会法。常见的交会法有前方交会、侧方交会、后方交会和距离交会。

一、前方交会

根据两个已知控制点的坐标及在两个已知点上的观测水平角确定待定点坐标的方法，称为前方交会。如图 6-13 所示，在已知点 A、B 处分别对待定点 P 进行水平角 α、β 观测，通过计算即可求得 P 点的坐标。

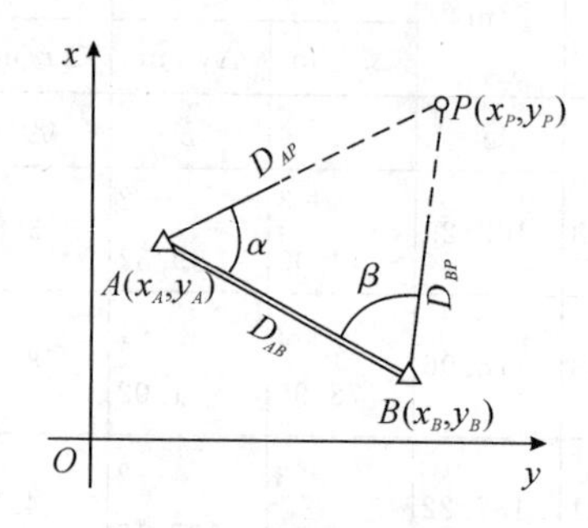

图 6-13　前方交会

下面介绍前方交会定点的计算方法和步骤。

(1)根据已知坐标计算边 AB 的方位角和边长。如图 6-13 所示，A、B 点是已知的高级控制点，可以反算出 AB 边的边长 D_{AB} 和 AB 的坐标方位角 α_{AB}。

(2)计算 AP、BP 边的坐标方位角。由图 6-13 可知：

$$\begin{cases}\alpha_{AP}=\alpha_{AB}-\alpha\\ \alpha_{BP}=\alpha_{AB}+\beta\end{cases}\tag{6-14}$$

按正弦定理可得：

$$\begin{cases}D_{AP}=D_{AB}\dfrac{\sin\beta}{\sin(\alpha+\beta)}\\ D_{BP}=D_{AB}\dfrac{\sin\alpha}{\sin(\alpha+\beta)}\end{cases}\tag{6-15}$$

(3)计算 P 点的坐标。由 $D_{AP}=D_{AB}\dfrac{\sin\beta}{\sin(\alpha+\beta)}$得：

$$\begin{aligned}x_P&=x_A+D_{AB}\frac{\sin\beta}{\sin(\alpha+\beta)}\cos(\alpha_{AB}-\alpha)\\&=x_A+D_{AB}\frac{\sin\beta}{\sin(\alpha+\beta)}(\cos\alpha_{AB}\cos\alpha+\sin\alpha_{AB}\sin\alpha)\end{aligned}$$

又因为：　$D_{AB}\cos\alpha_{AB}=x_B-x_A$，　$D_{AB}\sin\alpha_{AB}=y_B-y_A$

所以：
$$x_P=x_A+\frac{(x_B-x_A)\sin\beta\cos\alpha+(y_B-y_A)\sin\beta\sin\alpha}{\sin\alpha\cos\beta+\cos\alpha\sin\beta}$$

化简后得：
$$x_P=\frac{x_A\cot\beta+x_B\cot\alpha+y_B-y_A}{\cot\alpha+\cot\beta} \tag{6-16}$$

同理可得：
$$y_P=\frac{y_A\cot\beta+y_B\cot\alpha+x_A-x_B}{\cot\alpha+\cot\beta} \tag{6-17}$$

应用此公式时，要特别注意 A、B、P 的点号必须按照逆时针方向排序(见图 6-13)，否则公式中的加减号将有所改变。

一般测量中，为了检核，常布设三个已知点进行交会，如图 6-14 所示。这样可以推算出两组 P 点坐标(x_{P1}，y_{P1})、(x_{P2}，y_{P2})。当两组推算的 P 点坐标较差 ΔD 在容许限差内，则取它们的平均值作为 P 点坐标的最终结果。坐标较差的计算公式为：

$$\Delta D=\sqrt{(x_{P1}-x_{P2})^2+(y_{P1}-y_{P2})^2}\leqslant 0.2M \quad (\mathrm{mm}) \tag{6-18}$$

式中，M 为测图比例尺的分母。

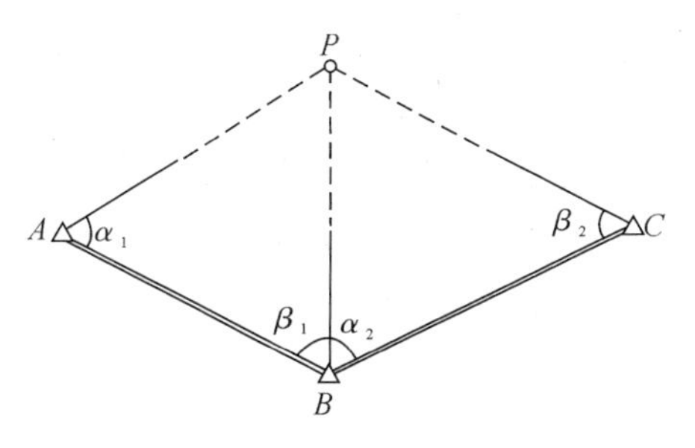

图 6-14　两组前方交会

二、侧方交会

侧方交会是在一个已知控制点和待定点上测角来计算待定点坐标的一种方法。如图 6-15 所示，如果在已知点 A 及待求点 P 上，分别观测了 α 和 γ 角，则可计算出 β 角。这样就和前方交会一样，根据 A、B 两点的坐标和水平角 α、β，按前方交会的公式求出 P 点的坐标。这种方法适用于已知点不便安置仪器时的情况。为了检核，可利用第三个已知点 C 进行测算。

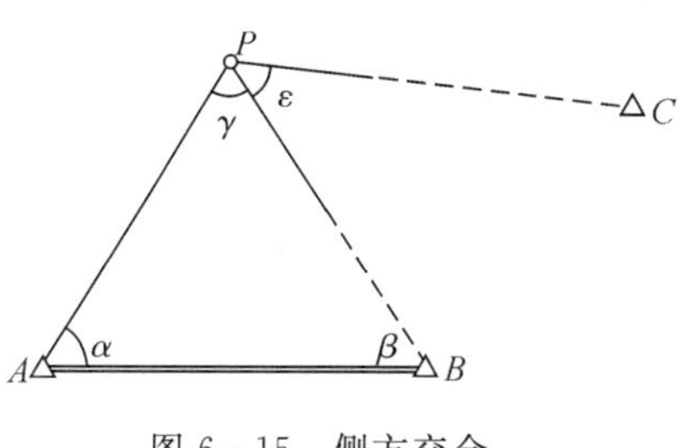

图 6-15　侧方交会

三、后方交会

在待定点上向三个以上已知点进行水平角观测，然后根据三个已知点的坐标和两个水平角观测值确定待定点坐标的方法，称为后方交会(见图 6-16)。其优点是不必在多个已知点上设站观测，野外工作量较少。

后方交会的内业计算量较大，而且计算公式很多，常见的有辅助点法、余切公式法和仿权计算法等。这里仅给出仿权计算法的有关公式：

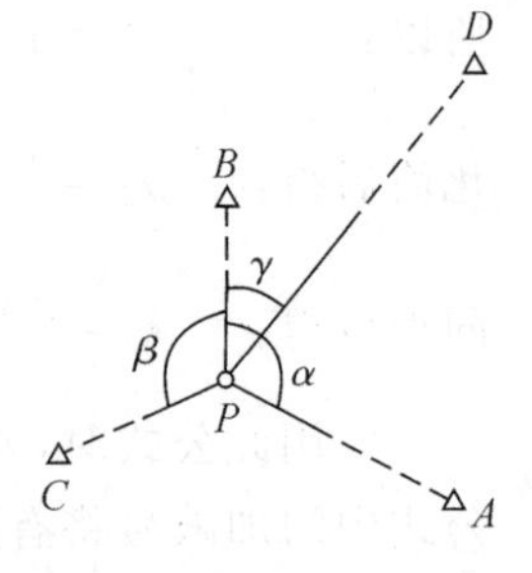

图 6-16　后方交会

$$\begin{cases} x_P = \dfrac{P_A x_A + P_B x_B + P_C x_C}{P_A + P_B + P_C} \\ y_P = \dfrac{P_A y_A + P_B y_B + P_C y_C}{P_A + P_B + P_C} \end{cases} \tag{6-19}$$

式中，

$$\begin{cases} P_A = \dfrac{1}{\cot\angle A - \cot\alpha} \\ P_B = \dfrac{1}{\cot\angle B - \cot\beta} \\ P_C = \dfrac{1}{\cot\angle C - \cot\gamma} \end{cases} \tag{6-20}$$

仿权计算法中重复运算比较多，但由于计算公式相同，只是改变变量的值，因此此方法特别适合编程计算。

这里需要注意的是，在后方交会中，若 P 点刚好落在通过 A、B、C 三点的外接圆圆周上(见图 6-17)，则 P 点的坐标无法确定。因为在这一圆周上的任意点与 A、B、C 组成的夹角 α、β 均相同，因此 P 点无解。此圆称为危险圆。在做后方交会时，必须注意不要使待求点位于危险圆附近。

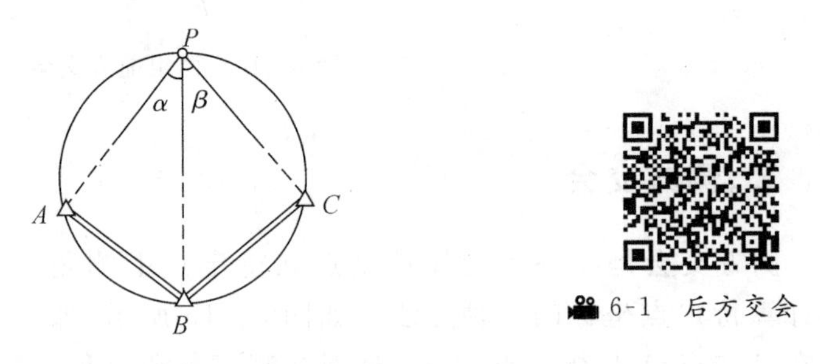

图 6-17　后方交会的危险圆

6-1　后方交会

实际工作中，P 点刚好落在危险圆上的概率是很低的。但是在危险圆的附近时，推算得到的 P 点坐标值也会有较大的误差。

四、距离交会

距离交会就是在两已知的控制点上分别测定到待定点的距离，进而求出待定点的坐标。为了进一步检核成果，常采用另一个已知点 C 作为检核条件，即通常所说的三边交会法，如图 6-18 所示。

在图 6-18 中，设 A、B、C 为已知点，D_1、D_2、D_3 为 AP、BP、CP 边长的观测值。在 $\triangle ABP$ 中，根据观测的边长 D_1、D_2 及坐标反算的边长 D_{AB}，可得：

$$\cos A = \frac{D_{AB}^2 + D_1^2 - D_2^2}{2D_{AB}D_1} \tag{6-21}$$

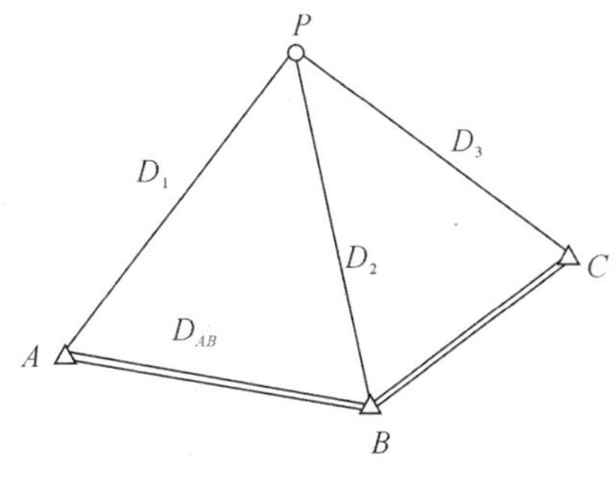

图 6-18　三边交会

同样，可以通过 A、B 两点坐标反算出 AB 边的坐标方位角 α_{AB}：

$$\alpha_{AP}=\alpha_{AB}-\angle A \tag{6-22}$$

$$\begin{cases} x'_P=x_A+D_1\cos\alpha_{AP} \\ y'_P=y_A+D_1\sin\alpha_{AP} \end{cases} \tag{6-23}$$

为了检核成果，我们常会通过$\triangle BCP$ 用上述公式，同样推算出 P 点的另一组坐标值 (x''_P,y''_P)。若两组结果的较差在容许范围内，则取平均值作为 P 点的最终坐标结果。

第四节　三、四等水准测量

一、概述

小区域高程控制测量常采用水准测量和三角高程测量两种方式。水准测量一般是指三、四等水准测量，起算点的高程应引自国家一、二等水准点。水准路线的布设形式可采用附合水准路线、闭合水准路线或水准网。

三、四等水准测量使用的水准尺通常是一对双面水准尺。水准尺黑面起始注记值均为0，红面的起始注记为 4.687 m 或 4.787 m。国家三、四等水准测量的精度要求比普通水准测量高，《工程测量规范》(GB 50026—2007)对视线长度和读数误差的限差要求见表 6-8，高差闭合差等技术要求见表 6-4。

表 6-8　三、四等水准测量视线长度和读数限差

等级	水准仪的型号	视线长度/m	前后视距差/m	前后视距累积差/m	视线离地面最低高度/m	红黑尺面读数差/mm	红黑尺面高差之差/mm
三等	DS1	100	3.0	6.0	0.3	1.0	1.5
	DS3	75				2.0	3.0
四等	DS3	100	5.0	10.0	0.2	3.0	5.0

二、三、四等水准测量的观测顺序

以常见的 DSZ3 自动安平水准仪及木质双面水准尺为例，一个测站上的观测顺序为：

(1)照准后视黑尺面,读取上、下、中丝读数;

(2)照准前视黑尺面,读取上、下、中丝读数;

(3)照准前视红尺面,读取中丝读数;

(4)照准后视红尺面,读取中丝读数。

这种"后—前—前—后"(黑—黑—红—红)的观测顺序,主要是为了减少因水准仪与水准尺下沉产生的误差。对于四等水准测量,也可以采用"后—后—前—前"(黑—红—黑—红)的顺序。一个测站全部记录、计算与检核合格后,方可搬站继续下一测站观测。

三、测站的计算与检核

现以表 6-9 为例,说明测站的计算与检核过程。

(一)视距计算与检核

后视距离:⑨=(①-②)×100。

前视距离:⑩=(④-⑤)×100。

前后视距差:⑪=⑨-⑩。

前后视距累积差:⑫=上站⑫+本站⑫。即各测站视距差的代数和。

对于三等水准测量,前后视距差不得超过±3 m,前后视距累积差不得超过±5 m;对于四等水准测量,前后视距差的限值为±5 m,前后视距累积差的限值为±10 m。

(二)水准尺读数检核计算

同一水准尺的红、黑尺面中丝差应等于红、黑尺零点差 K(即 4.787 m,或 4.687 m)。

前尺检核:⑬=⑥+K-⑦。

后尺检核:⑭=③+K-⑧。

对于三等水准测量⑬、⑭的限差为±2 mm;对于四等水准测量,⑬、⑭的限差为±3 mm。

(三)高差计算与检核

黑尺面高差:⑮=③-⑥。

红尺面高差:⑮=⑧-⑦。

由于前、后尺红黑零点差 K 不同,往往使得⑮、⑯相差 0.100 m,故计算黑、红面高差平均值时应将其去掉。

黑、红尺面高差之差的检核:⑰=⑭-⑬=⑮-(⑯±0.100)。

对三等水准测量,高差之差的限值为±3 mm;对于四等水准测量,高差之差的限值为±5 mm。

一个测站平均高差:⑱=$\frac{1}{2}$(⑮+⑯±0.100)。

当该测站的后尺的红黑尺零点差为 4.687 时,上式取+0.100;当后尺的红黑尺零点差为 4.787 时,上式取-0.100。

表 6-9　三(四)等水准测量手簿

测站编号	点号	后尺 上丝 后尺 下丝 后视距离 前后视距差	前尺 上丝 前尺 下丝 前视距离 累积差	方向及尺号	中丝读数 黑尺面	中丝读数 红尺面	K+黑−红	平均高差	备注
		① ② ⑨ ⑪	④ ⑤ ⑩ ⑫	后 前 后−前	③ ⑥ ⑮	⑧ ⑦ ⑯	⑭ ⑬ ⑰	⑱	
1	*A* ～ TP1	1.571 1.197 37.4 −0.2	0.739 0.363 37.6 −0.2	后 01 前 02 后−前	1.384 0.551 +0.833	6.171 5.239 +0.932	0 −1 +1	+0.832	
2	TP1 ～ TP2	2.121 1.747 37.4 −0.1	2.196 1.821 37.5 −0.3	后 02 前 01 后−前	1.934 2.008 −0.074	6.621 6.796 −0.175	0 −1 +1	−0.074	01、02号尺的红黑尺零点差分别为： $K_1=4.787$ $K_2=4.687$
3	TP2 ～ TP3	1.914 1.539 37.5 −0.2	2.055 1.678 37.7 −0.5	后 01 前 02 后−前	1.726 1.866 −0.140	6.513 6.554 −0.041	0 −1 +1	−0.140	
4	TP3 ～ TP4	1.965 1.700 26.5 −0.2	2.141 1.874 26.7 −0.7	后 02 前 01 后−前	1.832 2.007 −0.175	6.519 6.793 −0.274	0 +1 −1	−0.174	
5	TP4 ～ *B*	1.531 1.062 46.9 −0.2	2.820 2.349 47.1 −0.9	后 01 前 02 后−前	1.304 2.583 −1.279	6.092 7.271 −1.179	−1 −1 0	−1.279	

(四)每页计算的总检核

每页记录的数据除完成上述计算外，还应进行下列总检核工作：

视距部分：$\sum$⑨ $-$ $\sum$⑩ = 末站⑫。

如果记录簿有多页，则需增加检核：$\sum$⑨ $-$ $\sum$⑩ = 本页末站⑫ − 上页末站⑫。

高差部分：$\sum$⑫ = $\sum$③ $-$ $\sum$⑥；

$\sum$⑯ = $\sum$⑧ $-$ $\sum$⑦；

$$\sum ⑱ = \frac{1}{2}(\sum ⑮ + \sum ⑯ \pm 0.100)\text{(测站数为奇数)；}$$

$$\sum ⑱ = \frac{1}{2}(\sum ⑮ + \sum ⑯)\text{(测站数为偶数)。}$$

(五)测量成果的计算与检核

三、四等水准附合或闭合路线高差闭合差的计算、调整方法与普通水准测量相同。

第五节　三角高程测量

根据已知点高程及两点间的竖直角和距离确定待定点高程的方法称为三角高程测量。当两点间地形起伏较大而不利于水准观测时，可采用三角高程测量的方法测定两点间的高差，进而求得待定点的高程。三角高程测量的精度一般低于水准测量，常用于山区的高程控制测量和地形测量。

一、三角高程测量的原理

如图 6-19 所示，已知点 A 的高程 H_A，B 为待定点，待求高程为 H_B。在点 A 处安置经纬仪，照准点 B 目标顶端 M，测得竖直角 α。量取仪器高 i 和目标高 υ。如果测得 AM 之间距离为 L，则 A、B 点的高差 h_{AB} 为：

$$h_{AB} = L\sin\alpha + i - \upsilon \tag{6-24}$$

如果测得 A、B 点的水平距离为 D，则高差 h_{AB} 为：

$$h_{AB} = D\tan\alpha + i - \upsilon \tag{6-25}$$

则 B 点高程为：

$$H_B = H_A + h_{AB} \tag{6-26}$$

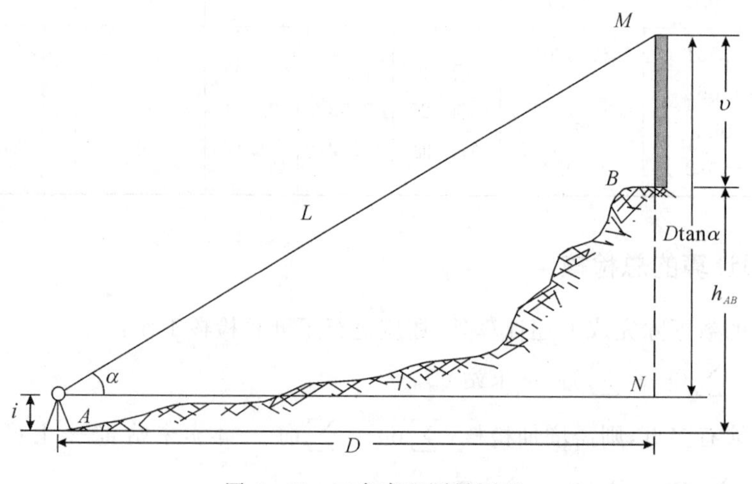

图 6-19　三角高程测量原理

二、地球曲率和大气垂直折光对高差的影响与改正

上述计算公式是在假定地球表面为水平面(即水准面为水平面)、观测视线为直线的基础上推导得到的。当地面上两点间距离小于 300 m 时,可以近似认为这些假设条件是成立的,上述公式也可以直接应用。但当两点间的距离超过 300 m 时,就要考虑地球曲率对高程的影响,需加以曲率改正,称为球差改正,其改正数为 c,如图 6-20 所示。同时,观测视线受大气折光的影响而成为一条向上凸起的弧线,需加以大气垂直折光影响的改正,称为气差改正,其改正数为 γ。以上两项改正合称为球气差改正,简称两差改正,其改正数为$f=c-\gamma$。

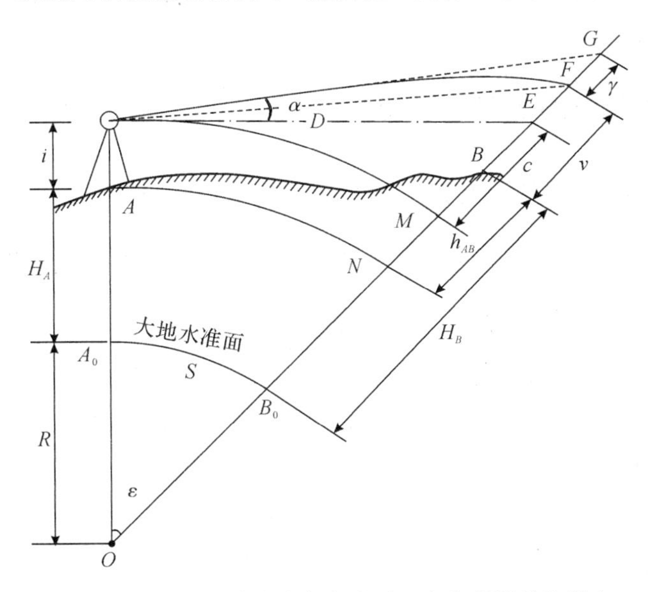

图 6-20　地球曲率与大气折光对三角高程测量的影响

(一)地球曲率的改正

当地面两点间的距离较长(超过 300 m)时,大地水准面是一个曲面,而不能视为水平面,所以应用式(6-24)～式(6-26)时,需加上球差改正数 c,其计算公式为:

$$c=\frac{D^2}{2R} \tag{6-27}$$

式中,R 为地球的平均曲率半径,计算时可取 $R=6\ 371$ km。

(二)大气垂直折光的改正

在进行竖直角测量时,由于大气层密度分布不均匀,使得观测视线受大气垂直折光的影响而成为一条向上凸起的曲线,使竖直角观测值比实际值偏大,因此,需进行气差改正。一般认为大气折光的曲率半径约为地球曲率半径的 7 倍,则气差改正数 γ 为:

$$\gamma=\frac{D^2}{14R} \tag{6-28}$$

则两差改正数 f 为:

$$f=c-\gamma=\frac{D^2}{2R}-\frac{D^2}{14R}\approx 0.43\frac{D^2}{R} \tag{6-29}$$

式中,两点间的水平距离 D 以 km 为单位。

于是,得到 A、B 两点之间的高差计算公式:

$$h_{AB}=D\tan\alpha+i-\upsilon+0.43\frac{D^2}{R} \tag{6-30}$$

以上便是考虑了两差改正以后的三角高程测量计算公式。在实际测量中还常采用对向观测的方法消除地球曲率和大气折光对高程的影响。即由 A 点向 B 点观测(称为直觇),然后由 B 点向 A 点观测(称为反觇),取对向观测所得高差绝对值的平均值为最终结果,即可消除或减弱两差的影响。

三、三角高程测量的观测与计算

(一)三角高程测量的观测方法

三角高程测量的测量路线一般布设成闭合或附合路线的形式,每边均采用对向观测。在每个测站上,进行以下步骤:

(1)在测站上安置经纬仪,量取仪器高 i 和目标高 υ;

(2)采用盘左、盘右观测竖直角 α;

(3)用全站仪测量两点间的斜距 D',或用三角测量方法计算得到两点间的平距 D。

(4)采用反觇,重复以上步骤。

某三角高程测量的附合路线 A—1—2—B,如图 6-21 所示,点 A、B 为已知高程控制点,其高程分别为 H_A=1 506.45 m、H_B=1 587.28 m,点 1、2 为高程待定点。观测记录和高差计算见表 6-10,高差计算结果标注于图 6-21。闭合差改正和各点高程计算参阅第二章有关章节。

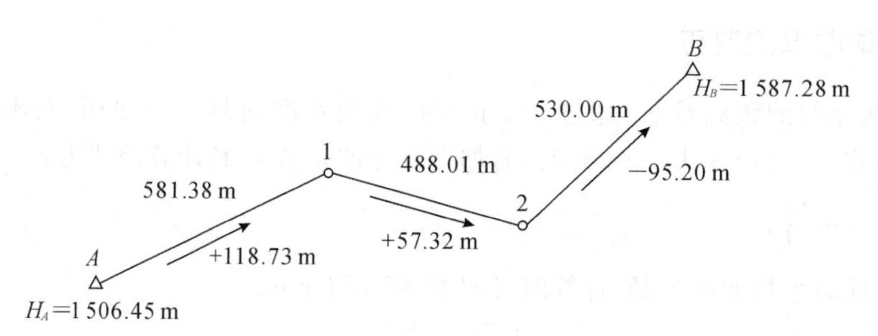

图 6-21　三角高程附合路线计算

表 6-10　三角高程附合路线的高差计算

起算点	A		1		2	
待定点	1		2		B	
觇法	直觇	反觇	直觇	反觇	直觇	反觇
竖直角 α	11°38′30″	−1°24′00″	6°52′15″	−0°35′18″	−0°04′45″	10°20′30″

续表

起算点	A		1		2	
待定点	1		2		B	
平距 D/m	581.38	581.38	488.01	488.01	530.00	530.00
$D\tan\alpha$/m	119.78	−117.23	58.80	−56.36	−94.21	96.71
仪器高 i/m	1.44	1.49	1.49	1.50	1.50	1.48
目标高 v/m	2.50	3.00	3.00	2.50	2.50	3.00
两差改正 f/m	0.02	0.02	0.02	0.02	0.02	0.02
高差 h/m	+118.74	−118.72	+57.31	−57.34	−95.19	+95.22
平均高差/m	+118.73		+57.32		−95.20	

(二)三角高程计算

(1)三角高程直觇、反觇测量所得的高差，经过两差改正后，其互差不应大于 $0.1D$(单位：m)，D 为两点间的水平距离，以 km 为单位。若精度满足要求，则取对向观测所得高差的平均值。

(2)计算闭合或附合路线的闭合差 f_h(单位：m)，闭合差的容许限差为：

$$f_{h_{容}} = \pm 0.05\sqrt{\sum D^2} \tag{6-31}$$

式中，水平距离 D 以 km 为单位。若 $|f_h| \leqslant |f_{h_{容}}|$，则按照第二章中关于高差闭合差的改正方法进行分配，然后再按改正后的高差推算各点的高程。

6-2　2005 年珠穆朗玛峰高程复测

第六节　全球导航卫星系统(GNSS)简介

一、概述

全球导航卫星系统(global navigation satellite system，GNSS)，是泛指所有的卫星导航系统，包括全球的、区域的导航系统，如我国的北斗卫星导航系统(BDS)、美国的 GPS、俄罗斯的 GLONASS、欧洲的 GALILEO，以及相关的增强系统，如美国的 WAAS(广域增强系统)、欧洲的 EGNOS(欧洲静地导航重叠系统)和日本的 MSAS(多功能运输卫星增强系统)等，还涵盖在建和以后要建设的其他卫星导航系统。GNSS 是一个多系统、多层面、多模式的复杂组合系统，其工作原理遵循基本的物理学理论，即三维空间需要三个参数来确定一个坐标。由于信号传输存在时延等原因，导航卫星的时钟和接收终端的时钟存在误差，因而需要第四个参数“校准”误差。这也就是说，终端至少需要四颗卫星的信号才能定位，卫星越多，误差越小，定位精度越高。

(一)GNSS 的组成

GNSS 由全球设施、区域设施和外部设施组成。

1. 全球设施

全球设施是 GNSS 的核心基础组件,也是 GNSS 提供自主导航服务所必需的组成部分,它由空间卫星部分、空间信号部分和地面监控部分构成。

空间卫星部分由一系列在轨运行的卫星构成,提供系统自主导航定位服务所必需的无线电导航定位信号。其中,在轨卫星称为 GNSS 导航卫星,卫星内的原子钟为系统提供高精度的时间基准和高稳定度的信号频率基准。由于高轨卫星对地球重力异常的反应灵敏度低,故 GNSS 导航定位卫星一般采用高轨卫星。

空间信号部分是指在轨 GNSS 导航定位卫星发射传输至地面的无线电信号,一般包括载波、测距码和数据码(或称 D 码)三类信号。

地面监控部分由一系列全球分布的地面站组成,这些地面站可分为卫星监测站、主控站和信息注入站,其主要功能是卫星监测和控制。

2. 区域设施

区域设施是对系统功能或性能有特殊要求的服务,可以组合当地地面定位和通信系统,以满足广泛用户群体的需求。

3. 用户部分

用户部分由一系列用户接收机终端组成。接收机是任何用户终端的基础部件,用于接收 GNSS 卫星发射的无线电信号,获取必要的导航定位信息,并经数据处理以完成各种导航、定位及授时服务。一般情况下用户可以根据不同的需求对接收机进行选择和定制。

4. 外部设施

外部设施是指 GNSS 所采用的一系列区域性或地方性基础设施。目前主要指协助 GNSS 完成各种公益或增值服务的外部设施。

(二)GNSS 的应用

GNSS 不但可以应用于军事上各种兵种和武器的导航定位,还能在民用上发挥重大作用。如智能交通系统中车辆导航、车辆管理和救援,民用飞机和船只导航及姿态测量,大气参数测试,电力和通信系统中的时间控制,地震和地球板块运动监测等。

在大地测量、城市和矿山控制测量、建(构)筑物变形测量、水下地形测量等工程测绘领域,GNSS 也得到了广泛应用。相对于常规测量技术,GNSS 测量技术具有定位速度快、成本低、不受天气影响、点间无须通视、不建标等优点。

二、GNSS 定位方法

按待定点状态的不同,GNSS 定位可分为静态定位和动态定位,按定位模式不同可分为绝对定位和相对定位。利用 GNSS 定位技术,用户可得到接收机天线所在位置的三维坐标(x,y,H)。

(一)静态定位和动态定位

1. 静态定位

静态定位是指将 GNSS 接收机静置在固定测站上，观测数分钟至 2 小时或更长时间，以确定测站位置的卫星定位。在数据处理时，将接收机天线的位置作为一个不随时间变化的量。通过大量的重复观测，根据已知的卫星瞬时坐标，来确定接收机天线所对应的点位，即观测站的位置。由于接收机的位置固定不动，就可以进行大量的重复观测，所以静态定位可靠性强，定位精度高，在大地测量、工程测量中得到了广泛的应用，是精密定位中的基本模式。

2. 动态定位

动态定位则认为接收机天线在整个观测过程中位置是变化的。定位时，至少应有 1 台接收机处于运动状态。在进行数据处理时，将接收机天线的位置作为一个随时间变化的量，是待定点相对于周围固定点显著运动的定位方法，以车辆、舰船、飞机、航天器为载体，实时测定 GNSS 接收机的瞬时位置。其特点是测定一个动点的实时位置，多余观测量少、定位精度低。目前，导航型的 GNSS 接收机可以说是一种广义的动态定位，它除了要求测定动点的实时位置外，一般还要求测定运动载体的状态参数，如速度、时间和方位等，进而引导运动载体的后续预定位置，即我们日常中说的“导航”。

(二)绝对定位和相对定位

1. 绝对定位

绝对定位也称单点定位，即利用 GNSS 卫星和用户接收机之间的距离观测值直接确定用户接收机天线在 WGS-84 坐标系中相对于坐标系原点——地球质心的绝对位置(见图 6－22)。绝对定位又分为静态绝对定位和动态绝对定位。因为受到卫星轨道误差、钟差以及信号传播误差等因素的影响，静态绝对定位的精度约为米级，而动态绝对定位的精度为 10～40 m。绝对定位的精度只能用于一般的导航定位中，远不能满足大地测量精密定位的要求。

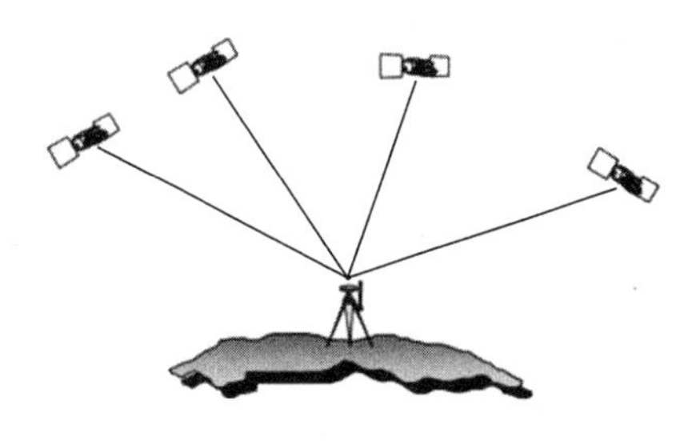

图 6－22　GNSS 静态绝对定位

2. 相对定位

相对定位是利用两台 GNSS 接收机，分别安置在基线的两端，同步观测相同的 GNSS 卫星，以确定基线在协议地球坐标系中的相对位置和基线向量。相对定位方法一般可推广到多台接收机安置在若干条基线的端点，通过同步观测 GNSS 卫星，以确定多条基线向量。给出一个点的坐标，即可求得其余各点的坐标值。由于多台接收机同步观测相同的卫星，则相对定位可以消除或减弱一些具有系统性误差的影响，如卫星轨道误差、卫星钟钟差和大气折射误差等，而绝对定位受卫星轨道误差、钟同步误差及信号传播误差等因素的影响。因此相对定位方法可以获得较高的定位精度，在大地测量、精密工程测量、地球动力学研究和精密导航等精度要求较高的测量工作中被普遍采用。相对定位分为静态相对定位和动态相对定位。

将两台接收机分别安置在基线的两个端点，其位置静止不动，同步观测四颗以上相同的卫星，确定两个端点在协议地球坐标系中的相对位置，这就叫作静态相对定位(见图 6-23)。在一个范围不大的区域内，同步观测相同的卫星，卫星的轨道误差、卫星钟钟差、接收机钟差以及电离层和对流层的折射误差等，对观测量的影响具有一定的相关性，利用观测量的不同线性组合，进行相对定位，就可以有效地减弱上述误差对定位的影响。在观测过程中，接收机固定不动，这样可以通过连续观测取得足够多的多余观测数据，提高定位精度。静态相对定位的点位精度可达到毫米级甚至更高，相对定位精度可达到 $10^{-7}\sim10^{-6}$。

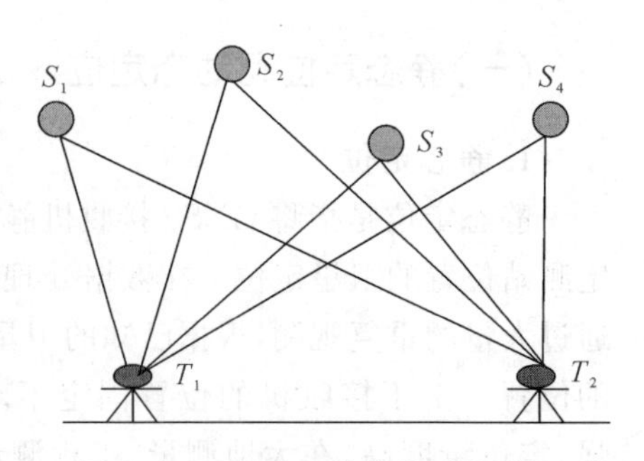

图 6-23　GNSS 静态相对定位

动态相对定位技术是指将一台接收机安置在基准站上固定不动，另一台接收机安置在运动载体上，两台接收机同时观测相同卫星，以确定运动点相对于基准站的实时位置。目前动态相对定位技术发展迅速，其中实时动态差分(real-time kinematic，RTK)定位技术是 GNSS 测量技术与数据传输技术相结合的一种定位技术，在测绘工程中具有重要的地位。

(三)实时动态差分(RTK)定位技术

RTK 定位技术是基于载波相位观测值的实时动态定位技术，它能够实时地提供测站点在指定坐标系中的三维定位结果，并达到厘米级精度。基准站建在已知或未知点上，基准站接收到的卫星信号通过无线通信网实时发给用户，用户接收机将接收到的卫星信号和基准站信号实时联合解算，求得基准站和流动站间的坐标增量(基线向量)。单基站作用距离为 10～20 km，平面精度可达到厘米级。

单基站 RTK 定位技术是一种对动态用户进行实时相对定位的技术，基准站将自己所获得的载波相位观测值及站坐标，通过数据通信链实时播发给在其周围工作的动态用户(见图 6-24)。于是这些动态用户就能依据自己获得的相同历元的载波相位观测值和广播星历进行实时相对定位，并根据基准站的站坐标求得自己的瞬时位置。

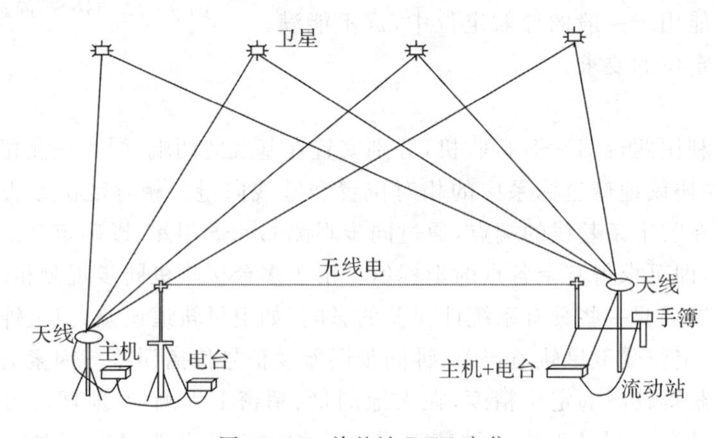

图 6-24　单基站 RTK 定位

网络 RTK 则是在一个较大的区域内稀疏地、较均匀地布设多个基准站，构成一个基准站网，那么就能借鉴广域差分 GNSS 和具有多个基准站的局域差分 GNSS 中的基本原理与方法来消除或削弱各种系统误差的影响，获得高精度的定位结果。这通常也被称为多基站 RTK 技术。

网络 RTK 是由基准站网、数据处理中心和数据通信线路组成的。基准站上应配备双频全波长 GNSS 接收机，该接收机最好能同时提供精确的双频伪距观测值。基准站的站坐标应精确已知，其坐标可采用长时间 GNSS 静态相对定位等方法来确定。此外，这些基准站还应配备数据通信设备及气象仪器等。基准站按规定的采样率进行连续观测，并通过数据通信链实时将观测资料传送给数据处理中心。数据处理中心根据流动站送来的近似坐标判断出该站位于由哪三个基准站所组成的三角形内。然后根据这三个基准站的观测资料求出流动站处所受到的系统误差影响，并播发给流动用户来进行修正以获得精确的结果。有必要时可将上述过程迭代一次。基准站与数据处理中心间的数据通信可采用数字数据网(DDN)或无线通信等方法进行。流动站和数据处理中心间的双向数据通信则可通过移动电话等方式进行。

在全球导航卫星系统(GNSS)中，GLONASS 是由苏联国防部独立研制和控制的第二代军用卫星导航系统，由卫星、地面测控站和用户设备三部分组成。该系统由 21 颗工作卫星和 3 颗备份卫星组成，24 颗卫星均匀分布在 3 个相对于赤道的倾角为 64.8°的近似圆形轨道上，每个轨道上有 8 颗卫星运行，它们距地球表面的平均高度为 19 130 km，运行周期为 11 h 15 min 40 s。

伽利略卫星导航系统(GALILEO)是由欧盟研制和建立的全球卫星导航定位系统，该计划于 1992 年 2 月由欧洲委员会公布，并和欧洲太空局共同负责。该系统由 30 颗卫星组成，其中 27 颗工作卫星，3 颗备份卫星。卫星轨道高度为 23616 km，位于 3 个倾角为 56°的轨道平面内。2012 年 10 月，伽利略卫星导航系统第二批 2 颗卫星成功发射升空，与太空中已有的 4 颗正式的伽利略卫星组成网络，初步实现了地面精确定位的功能。GALILEO 是世界上第一个基于民用的全球导航卫星定位系统，投入运行后，全球的用户将使用多制式的接收机，获得更多的导航定位卫星的信号，这在无形中极大地提高了导航定位的精度。

6-3　北斗卫星导航系统(BDS)简介

近年来，我国北斗卫星导航系统发展迅速，目前一号和二号系统已经顺利完成组网。按照规划，2020 年将实现 35 颗北斗卫星全球组网，届时中国北斗将走向世界，具备服务全球的能力。

GPS 是英文缩写词，全名为 global positioning system(全球定位系统)，它是由美国政府从 20 世纪 70 年代开始研制，历时 20 余年，耗资 200 亿美元，于 1994 年全面建成，具有陆、海、空全方位实时三维导航与定位能力的卫星导航与定位系统，是目前在世界上运用最广泛的定位导航系统。

6-4　全球定位系统(GPS)简介

思考题与习题

1. 控制测量的作用是什么？控制网分为哪几种？

2. 什么叫坐标正算？什么叫坐标反算？

3. 单一导线的布设主要有哪几种形式？试绘图说明。

4. 导线测量的外业主要有哪些工作？选择导线点时应注意什么问题？

5. 交会定点主要有哪几种形式？

6. 三、四等水准测量中，在一个测站上的观测顺序有何规定？为什么？

7. 进行视距测量和三角高程测量时，仪器高为 1.45 m；上、中、下丝在水准尺上的读数分别为 1.386 m、1.270 m、1.154 m；测得竖直角为 $3°56'$，求立尺点到测站点的高差。

8. 设某图根导线为附合导线，其水平角和边长观测结果如下表所示，有双下划线的数字为已知值，试计算各导线点的坐标。

习题 8 表　附合导线观测记录计算表

点号	观测角(左角) ° ′ ″	坐标方位角 ° ′ ″	边长 D/m	坐标增量 Δx/m	坐标增量 Δy/m	坐标值 x/m	坐标值 y/m
A							
		218 36 24					
B	63 47 26					875.44	946.07
			267.22				
1	140 36 06						
			103.76				
2	235 25 24						
			154.65				
3	100 17 57						
			178.43				
C	267 33 17					930.76	1 547.00
		126 17 49					
D							
$\sum$							
辅助计算							

9. 某闭合导线观测结果如下表所示，数字为观测值记录，有双下划线的数字为已知值(真实值)，试在下表中计算各导线点的坐标。

习题9表 闭合导线观测记录计算表

点号	观测角(内角) ° ′ ″	坐标方位角 ° ′ ″	边长 D/m	坐标增量		坐标值	
				Δx/m	Δy/m	x/m	y/m
1						1 633.55	2 018.30
		335 24 00	201.60				
2	108 27 18						
			263.40				
3	84 10 18						
			241.00				
4	135 49 11						
			200.40				
5	90 07 01						
			231.40				
1	121 27 02					1 633.55	2 018.30
		335 24 00					
2							
$\sum$							
辅助计算							

10. 前方交会中，已知 A、B 点坐标分别为：$x_A=500.000$，$y_A=500.000$；$x_B=526.825$，$y_B=433.160$。通过观测得到 $\alpha=91°03'24''$，$\beta=50°35'23''$，试计算 P 点坐标。

第七章

大比例尺地形图测绘

第一节　地形图基本知识

按一定法则，有选择性地在平面上表示地球表面各种自然现象和社会现象的图，通称地图。地图分为普通地图和专题地图，地形图是普通地图的一种。地球表面错综复杂，有高山、丘陵、平原，有江、河、湖、海，还有各种人工建筑物，这些统称为地形。习惯上把地形分为地物和地貌两大类。地物是指地面上有明显轮廓的，自然形成的物体或人工建造的建筑物、构筑物，如房屋、道路、水系等。地貌是指地面的高低起伏变化等自然形态，如高山、丘陵、平原、洼地等。而地形图就是将一定范围内的地物、地貌沿铅垂线投影到水平面上，再按规定的符号和比例尺，综合取舍，缩绘而成的图。因此，地形图既表示了地物的平面分布情况，又能用特定的符号表示地貌的起伏情况。

一、地形图的比例尺

地形图上任意线段的长度 d 与它所对应的地面上的实际水平距离 D 之比，称为地形图的比例尺，注记在南图廓外下方中央位置。

(一)比例尺的种类

1. 数字比例尺

数字比例尺用分子为 1 的分数表示：

$$\frac{d}{D}=\frac{1}{\frac{D}{d}}=\frac{1}{M} \tag{7-1}$$

或写成 1∶M，比例尺通常把分子约化为 1，式中的 M 为比例尺的分母。如 1∶1 000 的地形图的图上 1 cm，就代表实地水平距离为 10 m。可见 M 值愈大，比值愈小，比例尺愈小；相反，M 值愈小，比值愈大，比例尺愈大。

为了满足经济建设和国防建设的需要，测绘和编制了各种不同比例尺的地形图。通常，称 1∶1 000 000、1∶500 000 和 1∶200 000 比例尺的地形图为小比例尺地形图；1∶100 000、

1∶50 000和1∶25 000比例尺的地形图为中比例尺地形图；1∶10 000、1∶5 000、1∶2 000、1∶1 000和1∶500比例尺的地形图为大比例尺地形图。直接满足各种土木工程设计、施工的地形图一般为大比例尺地形图。图7-1为1∶1 000地形图样图。

图7-1 某城镇居民地地形图

2. 图示比例尺

为了用图方便，减弱由于图纸伸缩而引起的误差，在绘制地形图时，常在地形图的下方绘制图示比例尺。图7-2是一1∶2 000的图示比例尺，绘制时先在图上绘两条平行线，再把它分成若干相等的线段，称为比例尺的基本单位，一般为1～2 cm；将左端的一个基本单位又分成10等份，每等份的长度相当于实地2 m。而每一基本单位所代表的实地长度为1 cm×2 000=20 m。图示比例尺除直观、方便外，还有一个突出的特点就是比例尺随图纸一起产生伸缩变形，避免了数字比例尺因图纸变形而影响在图上量算的准确性。

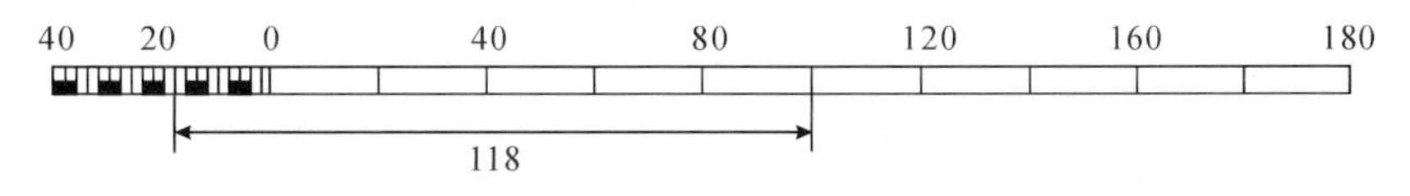

图7-2 图示比例尺

使用时,用圆规的两脚尖对准图上衡量距离的两点,然后将圆规移至图示比例尺上,使一个脚尖对准"0"分划右侧的整分划线上,而使另一个脚尖落在"0"分划线左端的小分划段中,则所量的距离就是两个脚尖读数的总和,不足一小分划的零数可用目估。如图 7-1 所示,其读数为 118 m。

7-1 斜分比例尺

(二)比例尺的选择

在城市建设的规划、设计和施工中,需要用到的比例尺是不同的,相关的选用标准见表 7-1。

表 7-1 地形图比例尺的选用

比例尺	用途
1∶10 000	城市总体规划、厂址选择、区域布置、方案比较
1∶5 000	
1∶2 000	城市详细规划及工程项目初步设计
1∶1 000	建筑设计、城市详细规划、工程施工设计、竣工图
1∶500	

(三)比例尺的精度

通常人的肉眼能分辨的图上最小距离是 0.1 mm,因此通常把图上 0.1 mm 所代表的实地水平距离称为比例尺的精度,用 ε 表示:

$$\varepsilon=0.1M \quad (单位:mm) \tag{7-2}$$

根据比例尺的精度,可以确定在测图时量距应准确到什么程度,例如,绘制 1∶1 000 比例尺地形图时,其比例尺的精度为 0.1 m,故量距的精度只需 0.1 m,小于 0.1 m 在图上表示不出来。另外,当设计规定需在图上能量出的实地最短线段长度为 0.5 m 时,0.1 mm/0.5 m=1/5 000,则采用的比例尺不得小于 1∶5 000。

表 7-2 为几种常用的大比例尺地形图的比例尺精度。

表 7-2 常见大比例尺地形图的比例尺精度

比例尺	1∶500	1∶1 000	1∶2 000	1∶5 000	1∶10 000
比例尺精度/m	0.05	0.1	0.2	0.5	1.0

可见比例尺愈大,表示地形变化的状况愈详细,精度也愈高;比例尺愈小,表示地形变化的状况愈粗略,精度也愈低。但比例尺愈大,测图所耗费的人力、财力和时间愈多。因此,在各类工程中,究竟选用何种比例尺地形图,应从实际情况出发,合理选择利用比例尺,而不要盲目追求更大比例尺的地形图。

二、地形图的分幅与编号

一般情况下，不可能在一张有限的图纸上将整个测区描绘出来。因此，必须分幅施测，并将分幅的地形图进行系统的编号。地形图的分幅编号对图的测绘、使用和保管来说是很有必要的。地形图的分幅方法基本上分为两种：一种是按经纬线分幅的梯形分幅法（又称为国际分幅法），另一种是按坐标格网划分的矩形分幅法。

（一）地形图的梯形分幅与编号

1. 1∶1 000 000 比例尺图的分幅与编号

国际上统一规定，百万分之一图的分幅是按纬差 4°和经差 6°划分而成的。自赤道向北或向南分别按纬差 4°分成“横行”，各行依次用 $A,B,\cdots,V$ 来表示。由经度 180°开始起算，自西向东按经差 6°分成“纵列”，各列依次用 1，2，…，60 来表示。其编号方法是由“横行纵列”的代号组成。我国图幅范围在东经 73°至 136°，北纬 3°至 54°内，列号从 43 至 53 共 11 列，行号从 A 至 N 共 14 行。

例如北京某地的经度为东经 116°24′20″，纬度为北纬 39°56′30″，所在百万分之一图的行号为“J”，列号为“50”（见图 7-3）。在高纬度地区，由于子午线的收敛作用，使得图幅小了很多，所以会有合并图幅的问题。

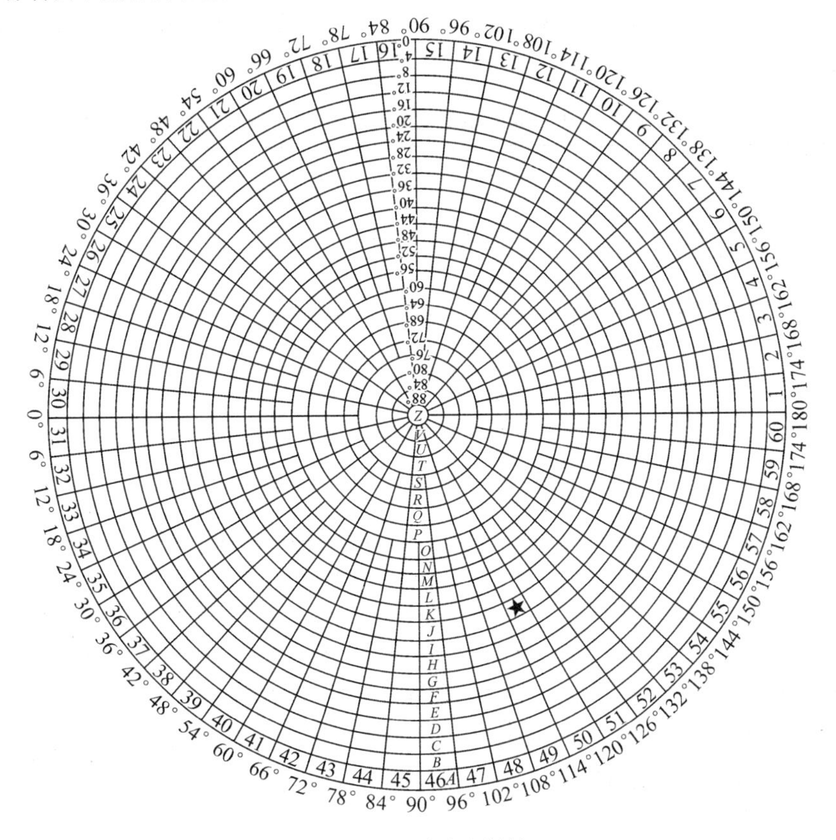

图 7-3　图示比例尺

2. 1∶500 000～1∶5 000 地形图的分幅与编号

1∶500 000～1∶5 000 地形图以 1∶1 000 000 地形图为基础，依据行列分幅和编号。将 1∶1 000 000 地形图按照所含的不同比例尺地形图规定的纬差和经差划分为若干横行和纵列，横行从上到下，纵列从左到右按顺序分别用 3 位阿拉伯数字表示(不足 3 位前面补 0)，不同比例尺采用不同的字母代码加以区别。按上述方法，1∶500 000～1∶5 000地形图的编号由一个 10 位数代码组成，其中前 3 位是所在的 1∶1 000 000 地形图的行号(1 位)和列号(2 位)，第 4 位是比例尺代码(见表 7-3)，第 5～7 位是图幅行号数字，第 8～10 位是图幅列号数字(见图 7-4)。

表 7-3　比例尺代码

比例尺	1∶500 000	1∶250 000	1∶100 000	1∶50 000	1∶25 000	1∶10 000	1∶5 000
代码	B	C	D	E	F	G	H

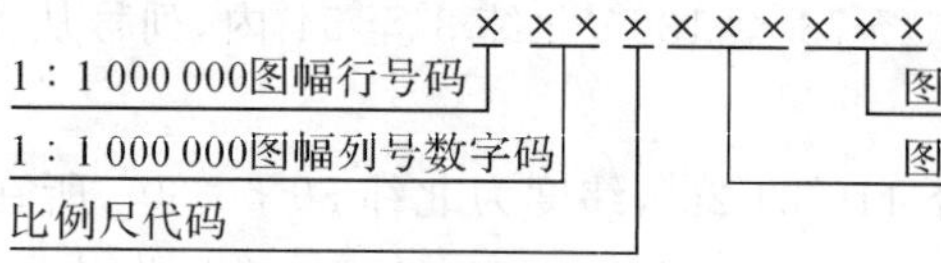

× ×× × ××× ×××

1∶1 000 000图幅行号码
1∶1 000 000图幅列号数字码
比例尺代码
图幅列号数字码
图幅行号数字码

图 7-4　地形图的编号代码组成

在 1∶1 000 000 地形图分幅基础上，每幅 1∶1 000 000 地形图划分为不同比例尺地形图的分幅数如表 7-4 所示。

表 7-4　每幅 1∶1 000 000 地形图划分为不同比例尺地形图的分幅数

比例尺	经差	纬差	行数	列数	比例尺代码
1∶1 000 000	6°	4°	1	1	A
1∶500 000	3°	2°	2	2	B
1∶250 000	1°30′	1°	4	4	C
1∶100 000	30′	20′	12	12	D
1∶50 000	15′	10′	24	24	E
1∶25 000	7.5′	5′	48	48	F
1∶10 000	3′45″	2′30″	96	96	G
1∶5 000	1′52.5″	1′15″	192	192	H

对于前述东经 116°24′20″，北纬 39°56′30″的北京某点，其所在 1∶1 000 000 地形图的行号为“J”，列号为“50”，则其完整编号为 J50A001001；所在 1∶500 000 地形图编号为 J50B001001，如图 7-5 所示；所在 1∶250 000 地形图编号为 J50C001002，如图 7-6 所示。

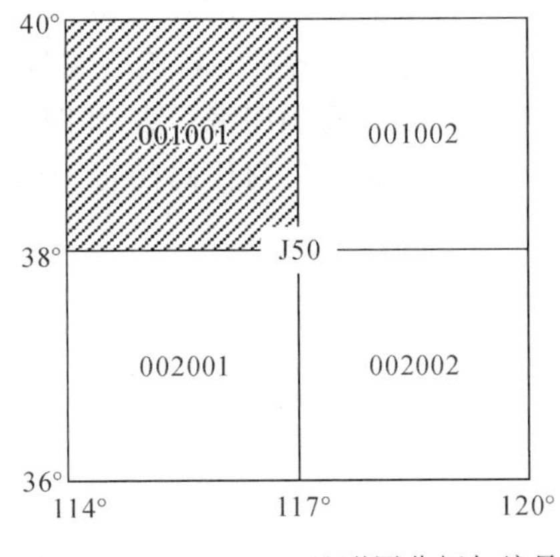

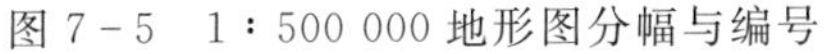
图 7－5　1：500 000 地形图分幅与编号

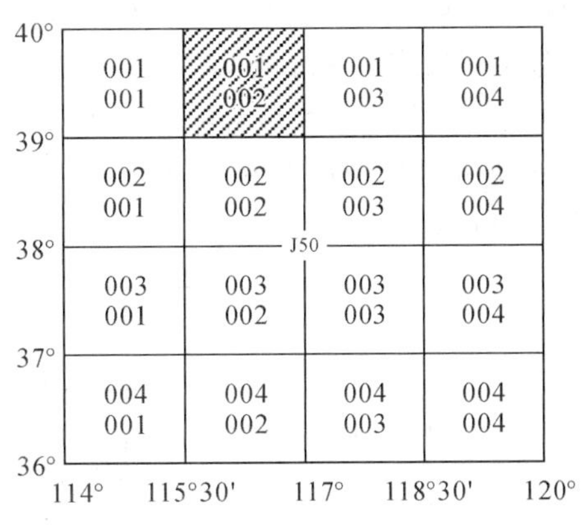

图 7－6　1：250 000 地形图分幅与编号

1：2 000 地形图的梯形分幅是以 1：5 000 地形图为基础，按经差 37.5″、纬差 25″进行划分的，即将每幅 1：5 000 地形图分成 9 幅 1：2 000 地形图并从上到下、从左到右按顺序编号。例如东经 111°00′40″，北纬 28°00′30″的某点，所在 1：5 000 地形图上的编号为 H49H192097，所在 1：2 000 地形图上的编号为 H49H192097－5。

全球地形图采用统一分幅编号，既不重复，又不疏漏。使用地形图时，若已知某点的经纬度，即可查询所在比例尺地形图的图号。反之，若已知某幅图的编号，就能确定其地理位置范围和比例尺大小。

(二)地形图的矩形分幅与编号

工程测量所用的大比例尺地形图，通常采用矩形分幅，它是按统一的直角坐标网格划分的，其图幅大小如表 7－5 所示。1：5 000 比例尺地形图可采用 40 cm×40 cm 矩形分幅，1：500、1：1 000 和 1：2 000 地形图，一般采用矩形分幅，图幅大小为 50 cm×50 cm 或 50 cm×40 cm，以纵横坐标的整公里线或整百米线作为图幅分幅界线。以 50 cm×50 cm 图幅为例，1 幅 1：5 000 比例尺地形图分成 4 幅 1：2 000 比例尺地形图，一幅 1：2 000 比例尺地形图分成 4 幅 1：1 000 比例尺地形图，1 幅 1：1 000 比例尺地形图分成 4 幅 1：500 比例尺地形图。不同比例尺地形图图幅关系如表 7－5 所示。

表 7－5　矩形分幅地形图图幅关系

比例尺	图幅大小/cm	实地面积/km^2	1：5 000 图幅内的分幅数
1：5 000	40×40	4	1
1：2 000	50×50	1	4
1：1 000	50×50	0.25	16
1：500	50×50	0.0625	64

采用矩形分幅时，大比例尺地形图的编号，一般采用该图图廓西南角的坐标以公里为单位表示。编号时，比例尺为 1：500 的地形图，坐标值取至 0.01 km，而 1：1 000、1：2 000 比例尺地形图取至 0.1 km，1：5 000 比例尺地形图取至 1 km。如某 1：1 000 比例尺地形

图的图幅，其西南角坐标 $X=83\ 500\ \mathrm{m}$，$Y=15\ 500\ \mathrm{m}$，故其图幅编号为 83.5—15.5。

某些小区域或带状区域工程规划或施工用图，编号时也可以用各种字符组合编号。例如用测区名称与阿拉伯数字组合的方法，将测区按同一顺序编号，称为顺序编号法，如图 7-7 所示。此外还可以采用由上到下以字母为行代码，从左到右以数字为列代码的行列编号法，如图 7-8 所示。

	荷塘—1	荷塘—2	荷塘—3	荷塘—4	
荷塘—5	荷塘—6	荷塘—7	荷塘—8	荷塘—9	荷塘—10
荷塘—11	荷塘—12	荷塘—13	荷塘—14	荷塘—15	荷塘—16

图 7-7　顺序编号法

A—1	A—2	A—3	A—4	A—5	A—6
B—1	B—2	B—3	B—4		
	C—2	C—3	C—4	C—5	C—6

图 7-8　行列编号法

三、地形图的图廓外注记

(一)图名

图名即本图幅的名称，一般以本图幅内主要的地名、单位或行政名称命名，注记在北图廓外上方中央，如图 7-9 所示，其图名为热电厂。若图名选取有困难，也可不注图名，只注图号。

(二)图号

为了便于保管和使用地形图，每张地形图上都编有图号。图号是根据地形图分幅和编号方法编定的，并标于北图廓上方的中央、图名的下方，如图 7-9 所示。

(三)图廓

图廓是地形图的边界，矩形图幅内只有内、外图廓之分。内图廓线就是坐标网格线，也是图幅的边界线，线粗为 0.1 mm。外图廓线为图幅的最外围边线，线粗 0.5 mm，是修饰线。内、外图廓线相距 12 mm。在内图廓外四角处注有坐标值，并在内廓线内侧，每隔 10 cm 绘有 5 mm 的短线，表示坐标网格线的位置。在图幅内绘有每隔 10 cm 的坐标网格交叉点，如图 7-9 所示。

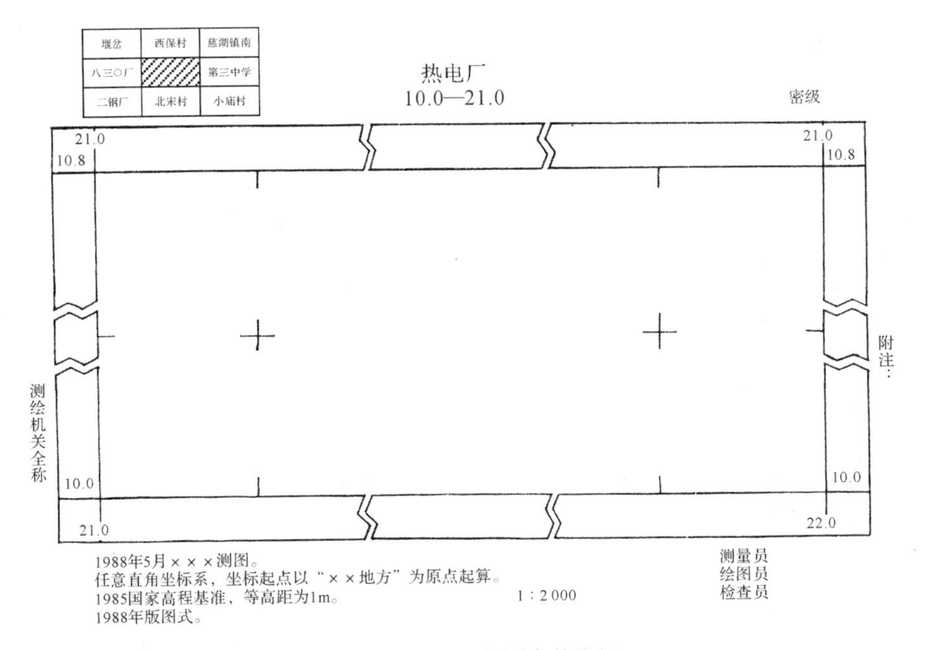

图 7－9 地形图的图廓外注记

(四)接合图表

接合图表主要用于说明本图幅与相邻图幅的联系，供索取相邻图幅时使用。通常把相邻图幅的图号标注在相邻图廓线的中部，或将相邻图幅的图名标注在图幅的左上方，如图 7－9 所示。

(五)三北方向关系图

在中、小比例尺图的南图廓线的右下方，还绘有真子午线、磁子午线和坐标纵轴（中央子午线）方向，这三者之间的角度关系，称为三北方向关系图。利用该关系图，可对图上任一方向的真方位角、磁方位角和坐标方位角做相互换算。

在地形图外还有一些其他注记，如外图廓左下角，应注记测图时间、坐标系统、高程系统、图式版本等；右下角应注明测量员、绘图员和检查员；在图幅左侧注明测绘机关全称；在右上角标注图纸的密级，如图 7－9 所示。

第二节 地物符号和地貌符号

为了便于测图和读图，在地形图中常用不同的符号来表示地物和地貌的形状与大小，这些符号总称为地形图图式。地面上的地物和地貌，应按国家测绘总局颁发的《国家基本比例尺地形图图式》中规定的符号表示于图上。表 7－6 是《国家基本比例尺地形图图式 第 1 部分：1∶500 1∶1 000 1∶2 000 地形图图式》(GB/T 20257.1—2017)中一些常用的地物符号。

7-2 国家基本比例尺地图图式 第 1 部分

一、地物符号

(一)依比例尺符号

把地面上轮廓尺寸较大的地物,依形状和大小按测图比例尺缩绘到图纸上,称为依比例尺符号,如房屋、湖泊、道路等。

(二)半依比例尺符号

半依比例尺符号一般又称为线形符号。对于沿线形方向延伸的一些带状地物,如铁路、通信线、管道、垣栅等,其长度可按比例缩绘,而宽度无法按比例表示的符号称为半依比例尺符号。线形符号的中心就是实际地物的中心线。

(三)不依比例尺符号

有些重要或目标显著的独立地物,若面积甚小,如三角点、导线点、水准点、塔、碑、独立树、路灯、检修井等其轮廓亦较小,无法将其形状和大小按照地形图的比例尺绘到图上,则不考虑其实际大小,只准确表示物体的位置和意义,采用规定的符号表示。这种符号称为不依比例尺符号。

不依比例尺符号的中心位置与实际地物中心位置的关系随地物而异,在测绘、读图及用图时应注意以下几点:

(1)规则的几何图形符号(如三角点、导线点、钻孔等),该几何图形的中心即为地物的中心位置。

(2)宽底符号(如里程碑、岗亭等),该符号底线的中心即为地物的中心位置。

(3)底部为直角的符号(如独立树、加油站等),地物中心在其直角的顶点。

(4)由几种几何图形组成的符号(如气象站、路灯等),地物中心在其下方图形的中心点或交叉点。

(5)下方没有底线的符号(如窑洞、亭等),地物中心在其下方两端点间的中心点。

在绘制不依比例尺符号时,除图式中要求按实物方向描绘外,如窑洞、水闸、独立屋等,其他不依比例尺符号的方向一律按直立方向描绘,即与南图廓垂直。表7.6列举了部分国家基本比例尺地形图的图式。

表7-6　国家基本比例尺地形图图式　第1部分:1∶500　1∶1 000　1∶2 000地形图图式(部分)

编号	符号名称	符号式样		
		1∶500	1∶1 000	1∶2 000
4.1	定位基础			

续表

编号	符号名称	符号式样		
		1∶500	1∶1 000	1∶2 000
4.1.1	三角点 a.土堆上的 张湾岭、黄土岗——点名 156.718、203.623——高程 5.0——比高	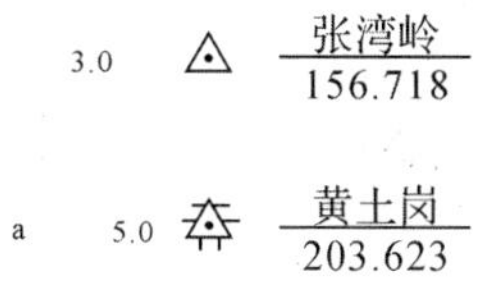 3.0 张湾岭/156.718 a 5.0 黄土岗/203.623		
4.1.2	小三角点 a.土堆上的 摩天岭、张庄——点名 294.91、156.71——高程 4.0——比高	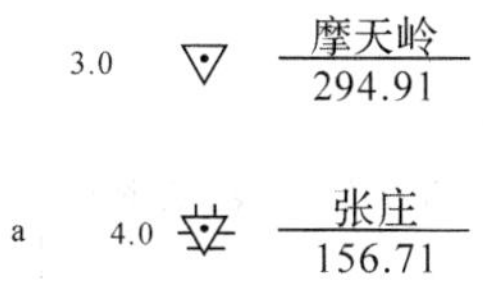 3.0 摩天岭/294.91 a 4.0 张庄/156.71		
4.1.3	导线点 a.土堆上的 Ⅰ16、Ⅰ23——等级、点号 84.46、94.40——高程 2.4——比高	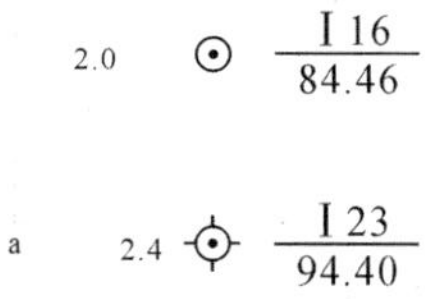 2.0 Ⅰ16/84.46 a 2.4 Ⅰ23/94.40		
4.1.4	埋石图根点 a.土堆上的 12、16——点号 275.46、175.64——高程 2.5——比高	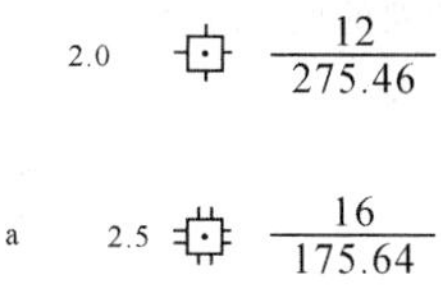 2.0 12/275.46 a 2.5 16/175.64		
4.1.5	不埋石图根点 19——点号 84.47——高程	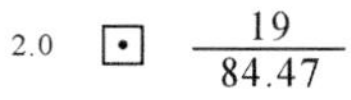 2.0 19/84.47		
4.1.6	水准点 Ⅱ——等级 京石5——点名点号 32.805——高程	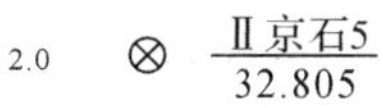 2.0 Ⅱ京石5/32.805		
4.1.7	卫星定位连续运行站点 14——点号 495.266——高程	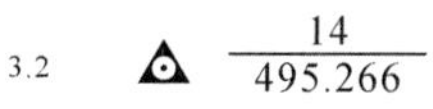 3.2 14/495.266		
4.1.8	卫星定位等级点 B——等级 14——点号 495.263——高程	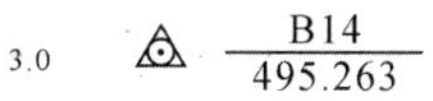 3.0 B14/495.263		

续表

编号	符号名称	符号式样		
		1∶500	1∶1 000	1∶2 000
4.1.9	独立天文点 照壁山——点名 24.54——高程	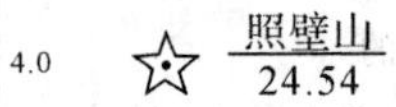 4.0 ☆ 照壁山/24.54		
4.2	水系			
4.2.1	地面河流 a.岸线(常水位岸线、实测岸线) b.高水位岸线(高水界) 清江——河流名称	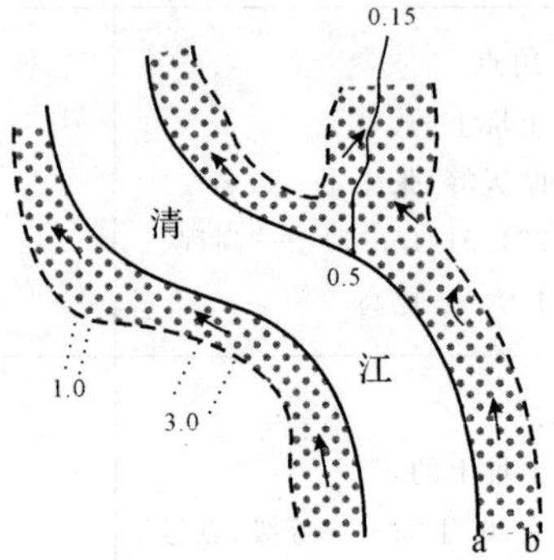		
4.2.2	地下河段及水流出入口 a.不明流路的地下河段 b.已明流路的地下河段 c.水流出入口	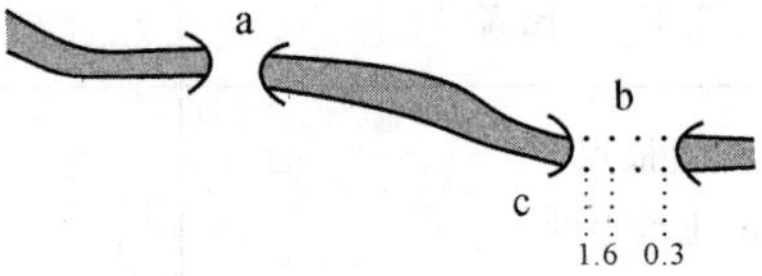		
4.2.3	消失河段	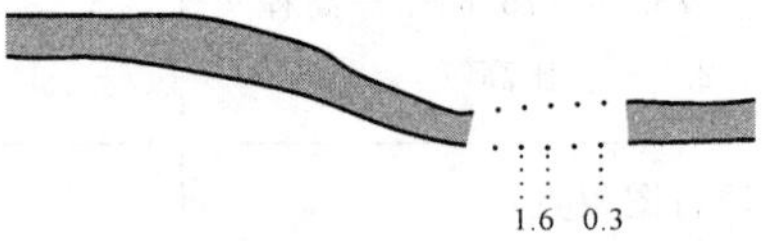		
4.2.4	时令河 a.不固定水涯线 (7—9)——有水月份	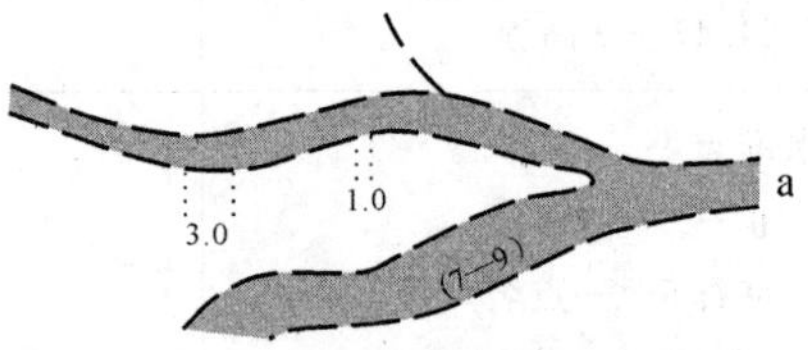		
4.2.9	地下渠道、暗渠 a.出水口	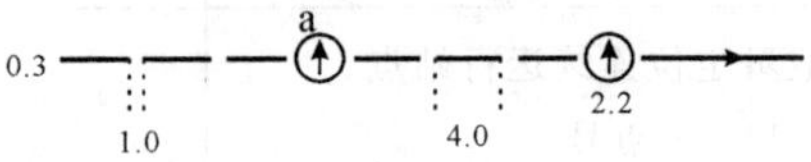		
4.2.10	坎儿井 a.竖井	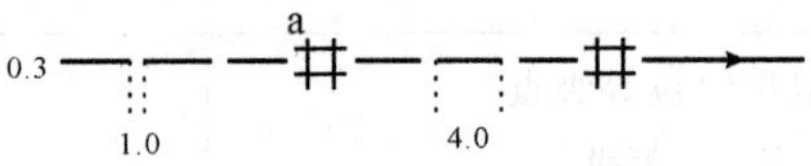		

续表

编号	符号名称	符号式样		
		1∶500	1∶1 000	1∶2 000
4.2.11	输水渡槽(高架渠)	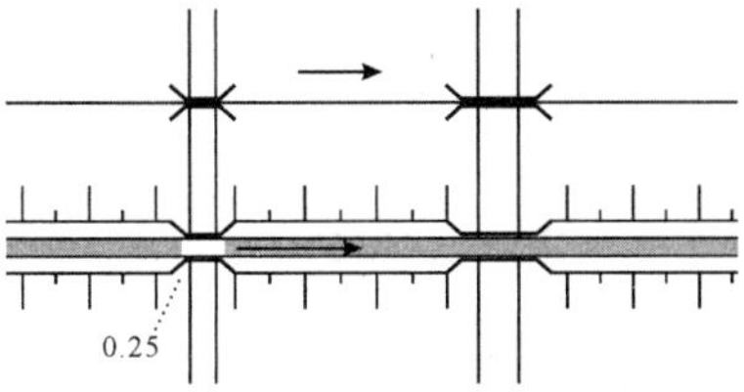		
4.2.12	输水隧道	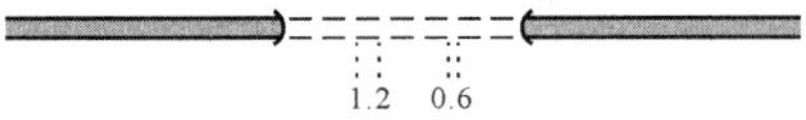		
4.2.13	倒虹吸	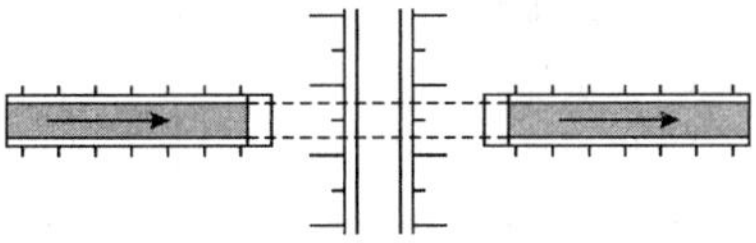		
4.2.14	涵洞 a.依比例尺的 b.半依比例尺的	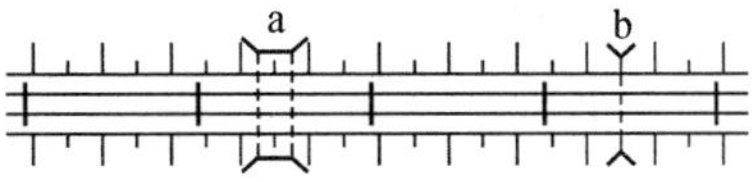		
4.2.15	干沟 2.5——深度	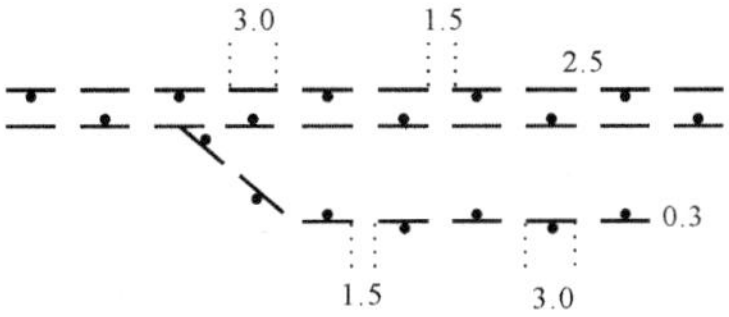		
4.2.16	湖泊 龙湖——湖泊名称 (咸)——水质	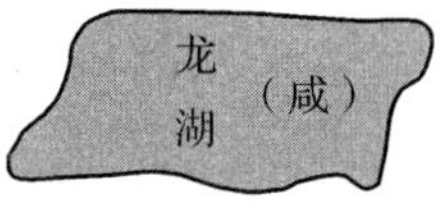		
4.2.17	池塘	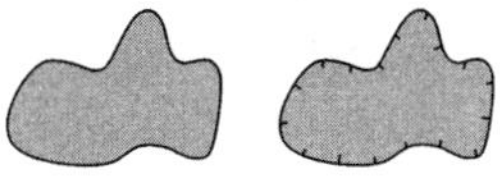		
4.2.18	时令湖 (8)——有水月份	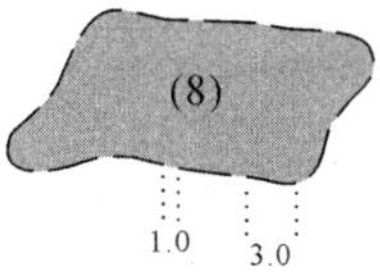		
4.2.19	干涸湖	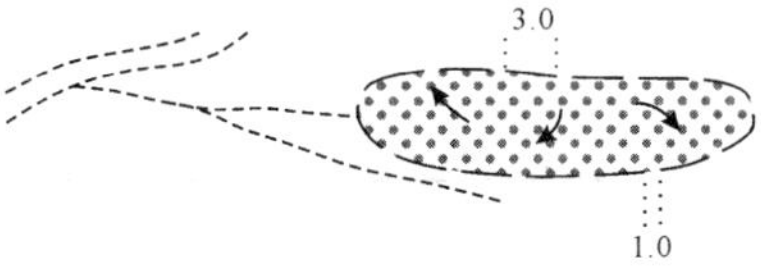		

续表

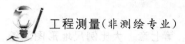

编号	符号名称	符号式样		
		1∶500	1∶1 000	1∶2 000
4.2.20	水库 a.毛湾水库——水库名称 b.溢洪道 54.7——溢洪道堰底面高程 c.泄洪洞、出水口 d.拦水坝、堤坝 d1.拦水坝 d2.堤坝 水泥——建筑材料 75.2——坝顶高程 59——坝长(m) e.建筑中水库	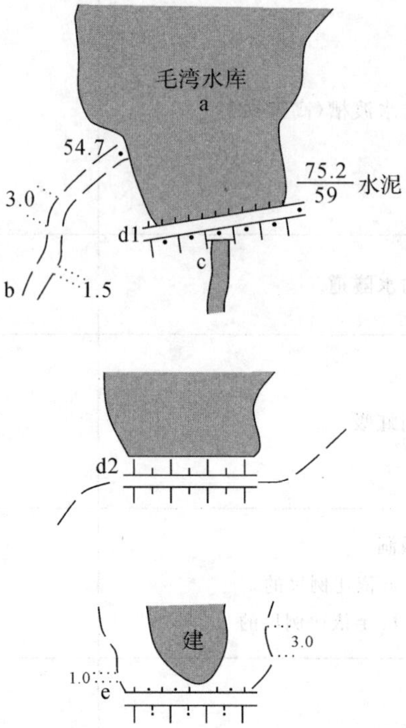 毛湾水库 a 54.7 3.0 b 1.5 75.2/59 水泥 d1 c d2 建 3.0 1.0 e		
4.3	居民地及设施			
4.3.1	单幢房屋 a.一般房屋 b.裙楼 b1.楼层分割线 c.有地下室的房屋 d.简单房屋 e.突出房屋 f.艺术建筑 混、钢——房屋结构 2、3、8、28——房屋层数 (65.2)——建筑高度 -1——地下房屋层数	a 混3　b 混3 混8 b1 0.1 0.2 c 混3—1　d 简2 e 钢28 f 艺28 0.2　艺(65.2) 0.2		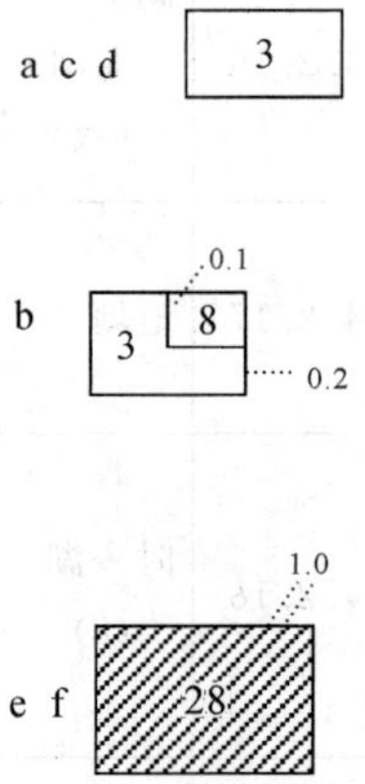 a c d 3 b 3 8 0.1 0.2 e f 28 1.0

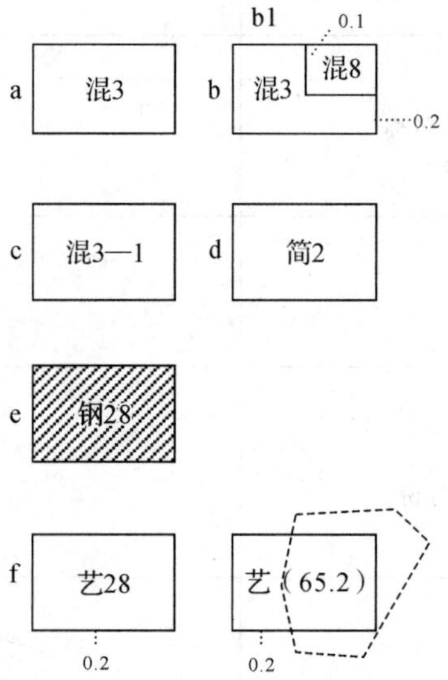

续表

编号	符号名称	符号式样		
		1∶500	1∶1 000	1∶2 000
4.3.2	建筑中房屋	 建 2.0 1.0		
4.3.3	棚房 a.四边有墙的 b.一边有墙的 c.无墙的	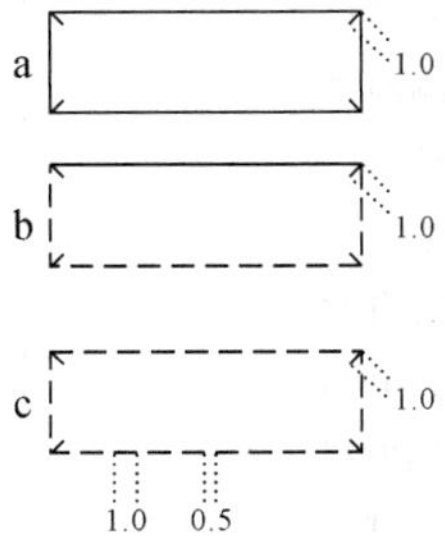 a 1.0 b 1.0 c 1.0 1.0 0.5		
4.3.4	破坏房屋	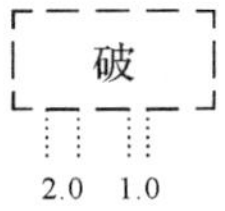 破 2.0 1.0		
4.3.5	架空房、吊脚楼 4——楼层 3——架空楼层 /1、/2——空层层数	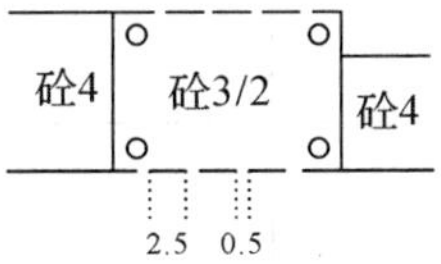 砼4 砼3/2 砼4 2.5 0.5 4 3/1 2.5 0.5		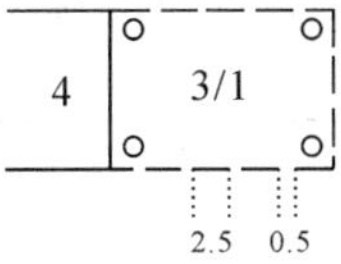
4.3.6	廊房(骑楼)、飘楼 a.廊房 b.飘楼	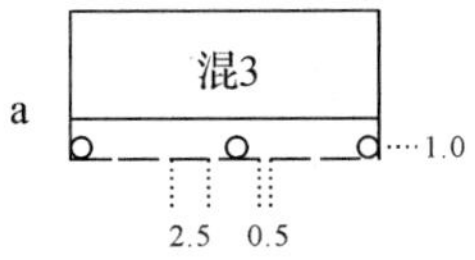 a 混3 1.0 2.5 0.5 b 2 混3 2.5 0.5		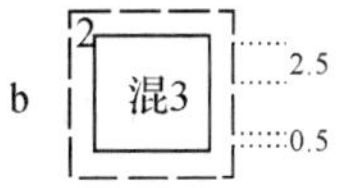
4.3.7	窑洞 a.地面上的 a1.依比例尺的 a2.不依比例尺的 a3.房屋式的窑洞 b.地面下的 b1.依比例尺的 b2.不依比例尺的	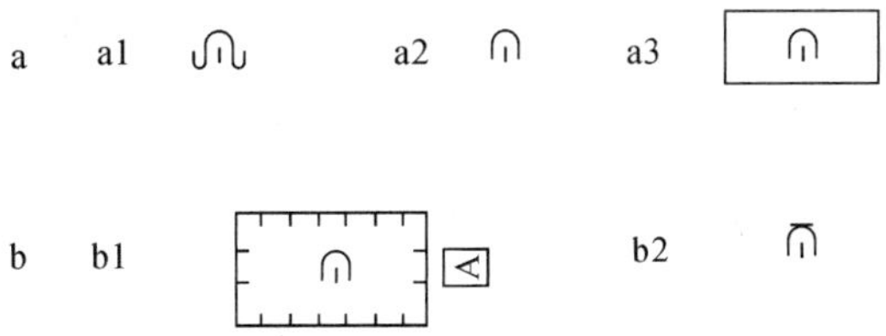 a a1 a2 a3 b b1 b2		
4.3.8	蒙古包、放牧点 a.依比例尺的 b.不依比例尺的 (3—6)——居住月份	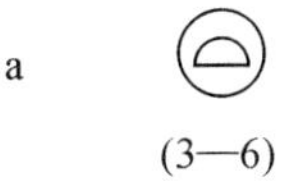 a (3—6) b 1.5 3.2 (3—6)		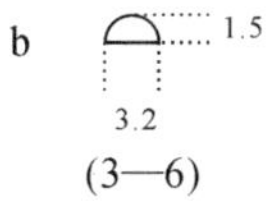

续表

编号	符号名称	符号式样		
		1∶500	1∶1 000	1∶2 000
4.3.9	矿井井口 a.开采的 a1.竖井井口 a2.斜井井口 a3.平峒洞口 a4.小矿井 b.废弃的 b1.竖井井口 b2.斜井井口 b3.平峒洞口 b4.小矿井 硫、铜、磷、煤、铁——矿物品种	a a1 3.8 硫 3.0 4.0 铁 3.8 a2 1.2 6.2 煤 1.0 5.0 a3 3.8 3.8 铜 1.0 a4 2.4 磷 b b1 b2 废 b3 b4		
4.3.52	剧院、电影院	砼2		
4.3.53	露天体育场、网球场、运动场、球场 a.有看台的 a1.主席台 a2.门洞 b.无看台的	a2 45° a 工人体育场 1.0 a1 b 体育场 球		
4.3.54	沙坑	沙坑 2.0 1.0		
4.3.55	健身、娱乐设施			

续表

编号	符号名称	符号式样		
		1∶500	1∶1 000	1∶2 000
4.3.56	露天舞台、观礼台、观景台 a.架空的	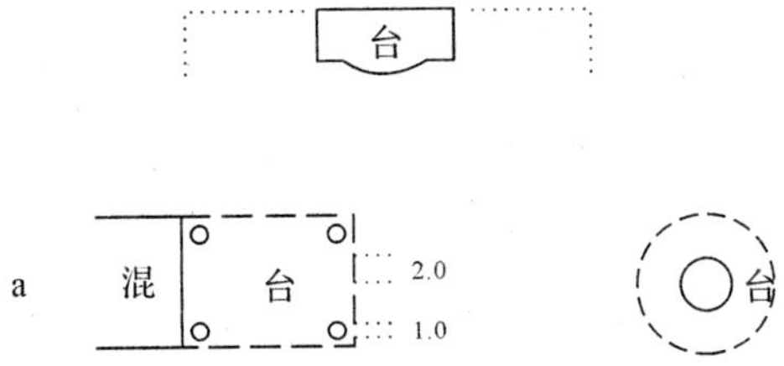 台 a 混 台 2.0 1.0		台
4.3.57	游泳场(池)	泳		泳
4.3.58	电视台	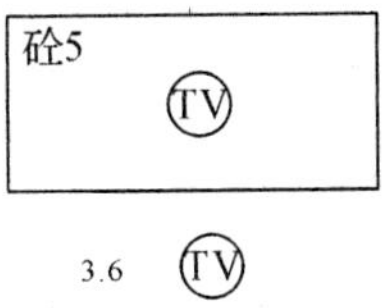 砼5 TV 3.6 TV		
4.3.59	通信营业厅	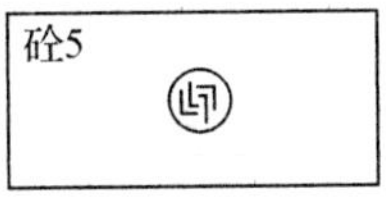 砼5		
4.3.100	科学实验站	 砖		
4.3.101	长城、砖石城墙 a.完整的 a1.城门 a2.城楼 a3.台阶 b.损坏的 b1.豁口	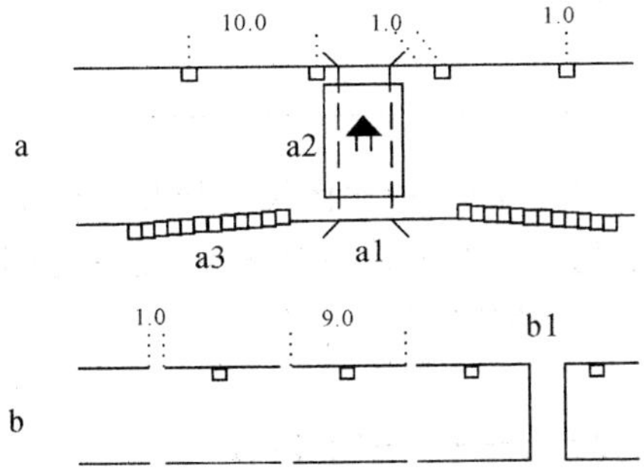 10.0 1.0 1.0 a a2 a3 a1 1.0 9.0 b1 b		
4.3.102	土城墙 a.城门 b.豁口 c.损坏的	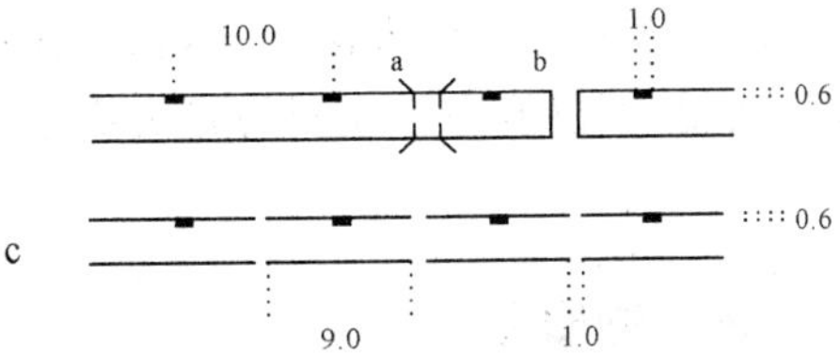 10.0 a b 1.0 0.6 c 0.6 9.0 1.0		

续表

编号	符号名称	符号式样		
		1∶500	1∶1 000	1∶2 000
4.3.103	围墙 a.依比例尺的 b.不依比例尺的	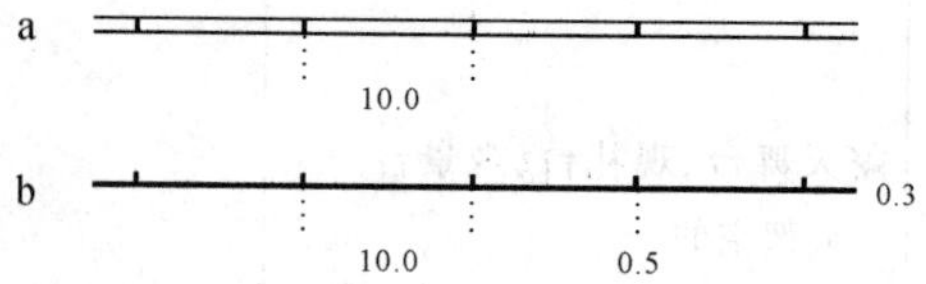 a 10.0 b 10.0 0.5 0.3		
4.3.104	隔音墙(声屏障)	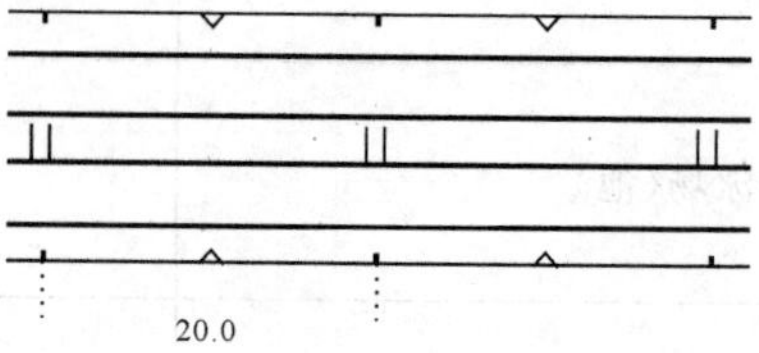 20.0		
4.3.105	防风墙(挡风墙)	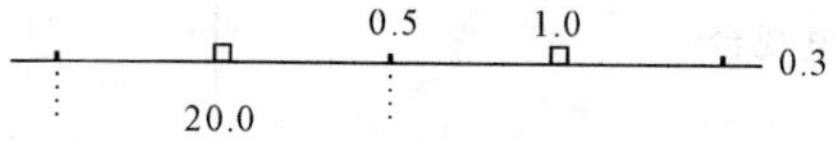 0.5 1.0 20.0 0.3		
4.3.106	栅栏、栏杆	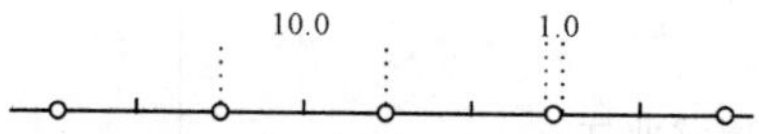 10.0 1.0		
4.3.107	篱笆	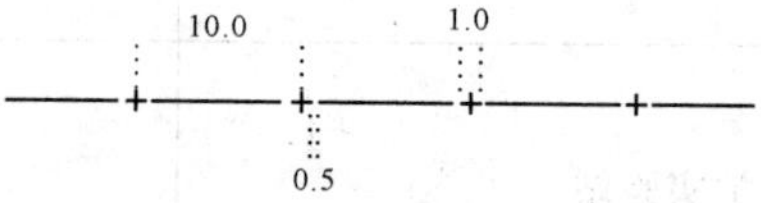 10.0 1.0 0.5		
4.3.108	活树篱笆	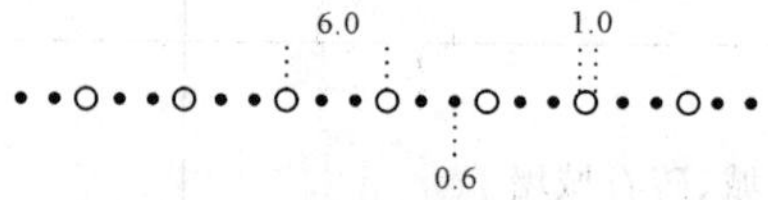 6.0 1.0 0.6		

在使用中应注意,依比例尺符号和不依比例尺符号并非固定不变,还要依据测图比例尺和实物轮廓的大小而定。一般来说,测图比例尺愈小,使用的不依比例尺符号愈多;测图比例尺愈大,使用的依比例尺符号愈多。

二、地貌符号——等高线

在地形图上表示地貌的方法很多,在大比例尺地形图上通常用等高线表示地貌。因为等高线表示地貌,不仅能表示地面的起伏状态,而且还能科学地表示出地面坡度和地面点的高程。

(一)等高线的概念

地面上高程相等的相邻各点所连的闭合曲线称为等高线。如图 7-10 所示,设想有一座高出水面的小山头与某一静止的水面相交形成的水涯线为一闭合曲线，曲线的形状随小山头与水面相交的位置而定，曲线上各点的高程相等。例如，当水面高为 70 m 时，曲线上任一点的高程均为 70 m；若水位继续升高至 80 m、90 m，则水涯线的高程分别为 80 m、90 m。将这些水涯线垂直投影到水平面 H 上，并按一定的比例尺缩绘在图纸上，这就将小山头用等高线表示在地形图上了。这些等高线具有数学概念，既有其平面的位置，又表示了一定的高程数字。因此，这些等高线的形状和高程，客观地显示了小山头的形态、大小和高低，同时又具有可量度性。

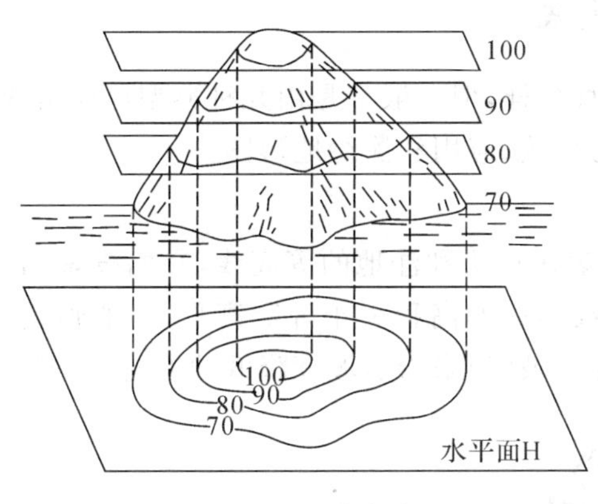

图 7-10　等高线

(二)等高距和等高线平距

地形图上相邻两条等高线间的高差，称为等高距，通常用 h 表示，图 7-10 中 $h=10$ m。地形图上相邻两条等高线间的水平距离，称为等高线平距，通常用 d 表示。在同一幅地形图上，等高距 h 是相同的，所以等高线平距 d 的大小与地面坡度 i 有关。等高线平距越小，等高线越密，表示地面坡度越陡；反之，等高线平距越大，等高线越稀疏，表示地面坡度越平缓。地面坡度 i 可用下式表示：

$$i=\frac{h}{d\times M} \tag{7-3}$$

式中，i 一般用百分率(%)或千分率(‰)表示。

等高距越小，用等高线表示的地貌细部就越详尽；等高距越大，地貌细部表示得越粗略。但是，当等高距过小时，图上的等高线过于密集，将会影响图面的清晰度，而且会增加测绘工作量。测绘地形图时，要根据测图比例尺、测区地面的坡度情况、用图目的等因素全面考虑，并按国家规范要求选择合适的基本等高距(见表 7-7)。

表 7-7　地形图的基本等高距　　(单位：m)

地形类别	比例尺			
	1∶500	1∶1 000	1∶2 000	1∶5 000
平地	0.5	0.5	0.5	2
丘陵地	0.5	0.5、1	1	5

续表

地形类别	比例尺			
	1∶500	1∶1 000	1∶2 000	1∶5 000
山地	0.5、1	1	2	5
高山地	1	1、2	2	5

(三)典型地貌的等高线

地面上地貌的形态多种多样,但一般都是由几种典型地貌组成,掌握了这些典型的地貌等高线的特点,就比较容易识读、应用和测绘地形图。

1. 山头和洼地

图 7-11(a)、(b)分别表示山头和洼地的等高线,它们投影到水平面上都是一组闭合曲线,其区别在于:山头等高线的内圈高程大于外圈高程,洼地则相反。在地形图上通常用一根垂直于等高线的短线(即示坡线)来指示坡度降低的方向,并加注等高线的高程。

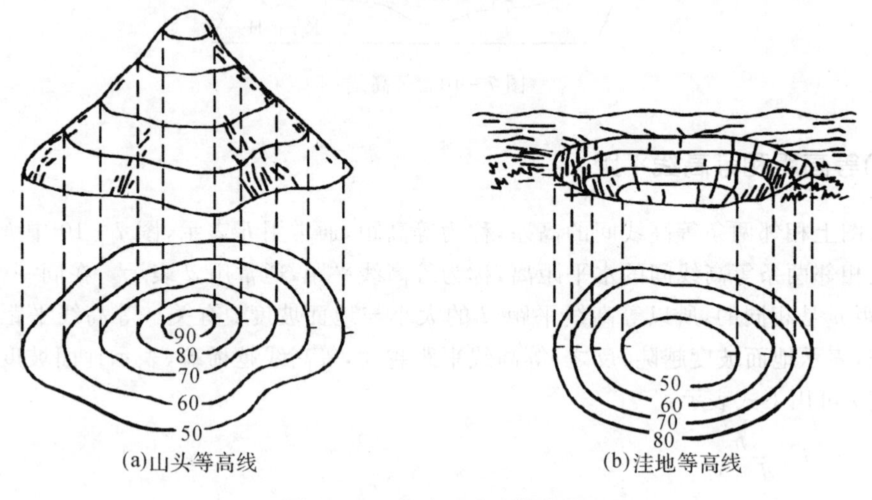

图 7-11　山头和洼地等高线

2. 山脊与山谷

山脊是沿着一个方向延伸的高地,山脊的最高棱线称为山脊线。山脊线附近的雨水必然以山脊线为分界线,分别流向山脊的两侧,因此,山脊线又称为分水线。山脊的等高线是一组凸向低处的曲线(见图 7-12)。

山谷是沿着一个方向延伸的洼地,贯穿山谷最低点的连线称为山谷线。在山谷中,雨水必然由两侧山坡流向谷底,向山谷线汇集,因此山谷线又称集水线。山谷的等高线为一组凸向高处的曲线(见图 7-12)。

3. 鞍部

鞍部是相邻两个山头之间呈马鞍形的低凹部,如图 7-13 所示。鞍部左右两侧的等高线是近似对称的两组山脊线和两组山谷线,其特点是一圈大的闭合曲线内,套有两组小的闭合曲线，如图 7－13 所示。鞍部是山区道路选线的重要位置，一般是越岭道路的必经之地，因此在道路工程上具有重要意义。

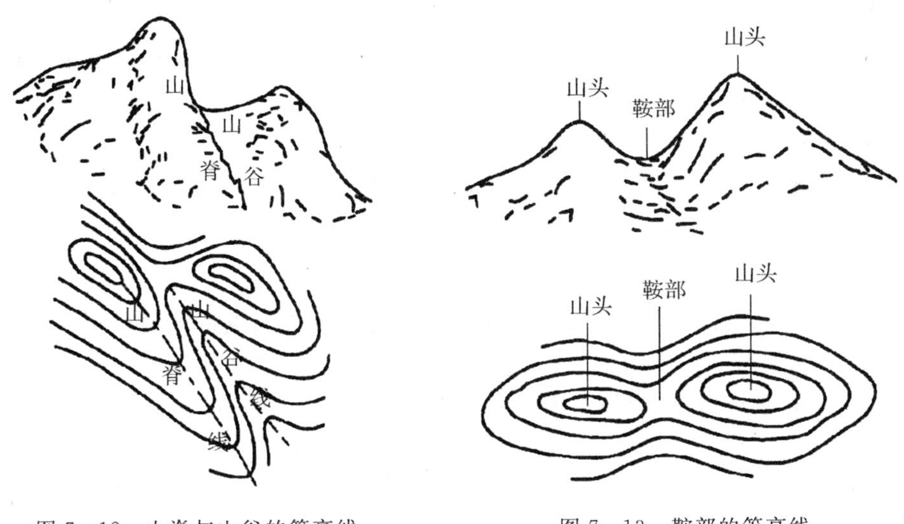

图 7－12　山脊与山谷的等高线　　　图 7－13　鞍部的等高线

4. 陡崖与悬崖

陡崖是坡度在 70°以上难于攀登的陡峭崖壁，陡崖分石质和土质两种。如果用等高线表示，图线将非常密集甚至重合为一条线，因此采用《国家基本比例尺地形图图式》中的陡崖符号来表示，如图 7－14(a)、(b)所示。悬崖是上部凸出、下部凹进的地貌。悬崖上部的等高线投影到水平面时，与下部的等高线相交，下部凹进的等高线部分用虚线表示，如图 7－14(c)所示。

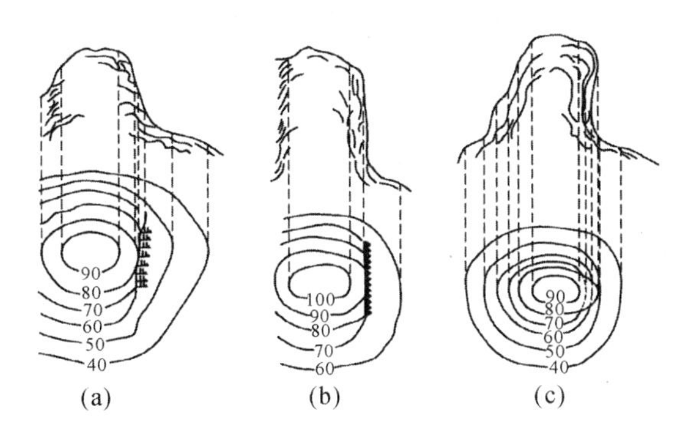

图 7－14　陡崖与悬崖的等高线

还有一些地貌符号，如陡石山、崩崖、滑坡、冲沟、梯田坎等，可用《国家基本比例尺地形图图式》中规定的符号表示。这些地貌符号和等高线配合使用，就可以表示各种复杂的地貌。

(四)等高线的分类

为了便于从图上正确地判别地貌，在同一幅地形图上应采用一种等高距。由于地球表面形态复杂多样,有时按基本等高距绘制等高线往往不能充分表示出地貌特征,为了更好地显示局部地貌和用图方便,地形图上可采用下面四种等高线。

1. 首曲线

在同一幅地形图上,按基本等高距测绘的等高线,称为首曲线,又称基本等高线,用0.15 mm宽的细实线绘制(见图7-15)。

2. 计曲线

凡是高程能被5倍基本等高距整除的等高线,均用0.3 mm粗实线描绘,并注上该等高线的高程。该等高线称为计曲线,又称加粗曲线(见图7-15)。

3. 间曲线

对于坡度很小的局部区域,当用基本等高线不足以反映地貌特征时,可按1/2基本等高距加绘一条等高线,该等高线称为间曲线(见图7-15)。间曲线用0.15 mm宽的长虚线(6 mm长、间隔为1 mm)绘制,可不闭合。

4. 助曲线

当用间曲线还无法显示局部地貌特征时,可按1/4基本等高距描绘等高线,称为辅助等高线,简称为助曲线,用短虚线描绘。在实际测绘中,助曲线极少使用。

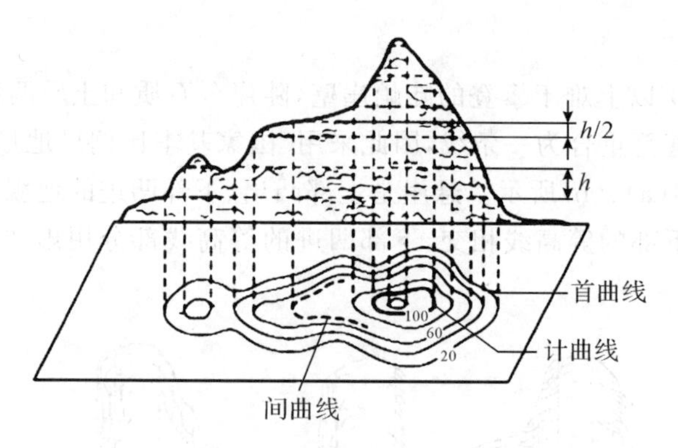

图7-15 等高线的分类

(五)等高线的特性

(1)同一条等高线上各点的高程相等。

(2)等高线是闭合曲线,如果不在同一幅图内闭合,则必定在相邻的其他图幅内闭合。

(3)等高线只有在陡崖或悬崖处才会重合或相交;非河流、房屋或数字注记处,等高线不能中断。

(4)等高线与山脊线、山谷线成正交。

(5)等高线平距大表示地面坡度小;等高线平距小则表示地面坡度大;平距相等则坡度相同。倾斜平面的等高线是一组间距相等且平行的直线。

(6)等高线不能直穿河流,应逐渐折向上游,正交于河岸线,中断后再从彼岸折向下游。

某地区的地貌基本形态如图7-16所示。

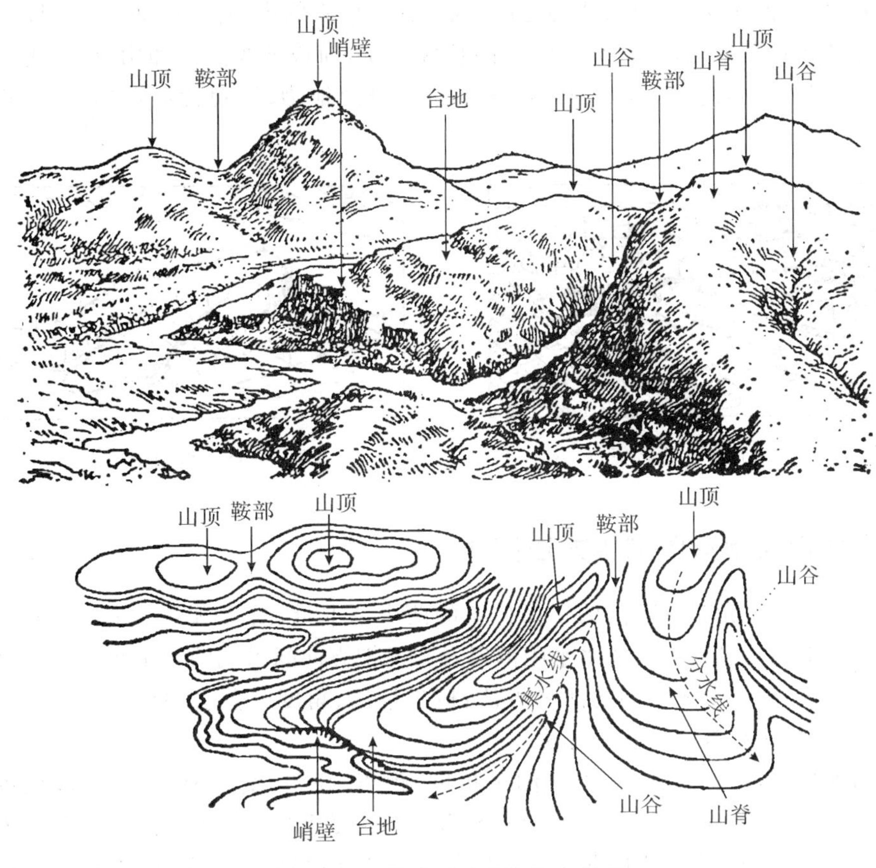

图 7－16　某地区的地貌基本形态

三、注记符号

用文字和数字或特定的符号加以说明或注释的符号，称为注记符号。它包括文字注记、数字注记、符号注记三种。如房屋的结构、层数（编号文字、数字）、地名、路名、单位名、（编号文字）计曲线的高程、碎部点高程、独立性地物的高程以及河流的水深、流速等（编号数字）。

第三节　大比例尺地形图测绘

大比例尺地形图测绘是指建立图根控制后的碎部测量。测图前需准备好仪器工具和有关资料，并制定出工作计划，待测区完成控制测量工作后，就可以进行地形图的测绘。

一、碎部点的选择

地形图是地形测量的成果，地形测量实际上是测定地面上地物、地貌的特征点的平面位置和高程，这些特征点亦称碎部点。地物特征点是能够代表地物平面位置，反映地物形状、性质的特殊点位，简称地物点。如地物轮廓线的转折、交叉和弯曲等变化处的点；地物的形象中心;路线中心的交叉点,电力线的走向中心;独立地物的中心点等,如图 7-17 所示。地貌特征点是体现地貌形态,反映地貌性质的特殊点位,简称地貌点。如山顶、鞍部、变坡点、地性线起点、转弯点和终点等,如图 7-18 所示。测绘地物、地貌特征点的工作,称为碎部测量。

图 7-17 地物特征点

图 7-18 地貌特征点

二、大比例尺地形图测绘方法简介

水平距离和水平角是确定点的平面位置的两个基本量,因此测定碎部点平面位置实际上就是测量碎部点与已知点间的水平距离以及与已知方向间组成的水平角。由于这两个量的不同组合方式,从而形成不同的测量方法:极坐标法、角度交会法、距离交会法、直角坐标法等,其中极坐标法是常用的测图方法。

传统的地形测量是用仪器在野外测量角度、距离、高差,做记录(称外业),在室内做计算、处理,绘制地形图(称内业)等。由于地形测量的主要成果——地形图是由测绘人员利用分度器、直尺等工具模拟测量数据,按图式符号展绘到白纸(绘图纸或聚酯薄膜)上的,如图 7-19所示,所以又俗称白纸测图或模拟法测图。传统的地形图测绘多采用经纬仪测绘法,其原理是在控制点上安置经纬仪,用视距测量的方法测定水平距离和高差。根据测量数据用半圆仪在图板上以极坐标原理确定地面点位,并注记高程,对照实地勾绘地形,最终形成地形图。

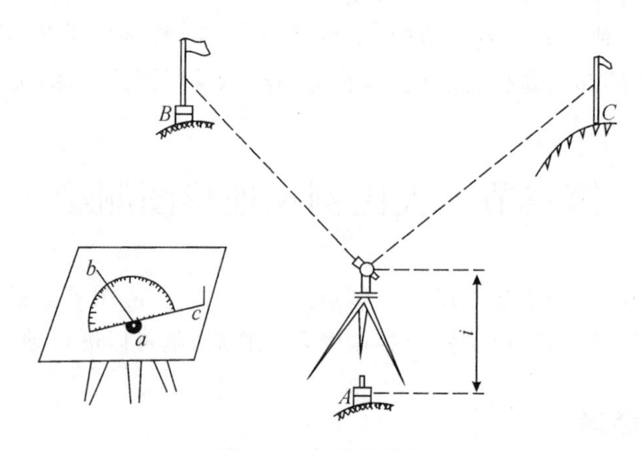

图 7-19 传统测图

图的表现形式不仅仅是绘制在纸上的地形图,更重要的是提交可供传输、处理、共享的数字地形信息。现代化测量仪器——全站型电子速测仪的广泛应用,以及微型计算机硬件和软件技术的迅猛发展，使得大比例尺地形图测绘技术由传统的白纸测图转向数字化测图成为现实。这种以数字形式表达地形特征的集合形态就称为数字地形图。它采用位置、属性与关系三方面的要素来描述存储的图形对象。数字化测图是获取数字地形图的主要技术途径之一。目前无人机航拍、GNSS RTK 技术、全站仪测量等作业方法都较为成熟，将这些技术利用于大比例尺地形图测绘中也成为人们研究的热点。在大比例尺地形图测绘任务中，无人机低空航摄、RTK、全站仪测量等不同方法往往都有各自的优势，在具体任务过程中，可以结合实际情况进行选取和优化组合，在满足测量精度要求的情况下，提高作业效率。

三、数字化测图技术简介

数字测图系统是以计算机为核心，在外连输入与输出设备硬、软件的支持下，对地理空间数据进行采集、传输、处理、编辑、成图、输出和管理等的测绘系统(见图 7－20)。

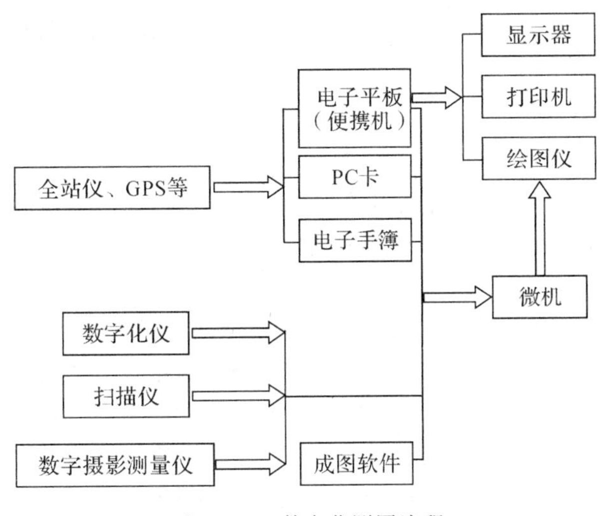

图 7－20　数字化测图流程

大比例尺数字地形图是城市的基本地形图，它可以为与空间位置有关的城市各类地理信息系统提供基础地理数据。广义地说，数字化测图包括利用全站仪、GNSS RTK 或其他测量仪器进行野外数字化测图，利用数字化仪对模拟法测绘的地形图进行数字化，以及利用航空摄影、遥感影像进行数字化测图等技术，将采集到的地形数据传输到计算机，并利用数字化成图软件进行数据处理、建库、成图显示，然后再经过编辑、修改，生成符合要求的数字地形图。

(一)数字化测图的特点

数字化测图技术与模拟法地形图测绘相比，有以下四个方面的显著特点。

1. 自动化程度高

采用全站仪或 GNSS 双频动态接收机在野外采集数据，可以自动计算并记录、存储数据，可传输给计算机进行数据处理和绘图，不但提高了工作效率，而且减少了产生错误的机会。

2. 精度高

数字化测图精度主要取决于地物和地貌特征点的野外数据采集精度，全站仪和 GNSS RTK 数字测图技术的精度远远高于模拟法测图的精度。

3. 使用方便

数字化测图采用解析法测定碎部点坐标，与成图比例尺无关。利用分层管理的野外实测数据，可方便地绘制不同比例尺地形图或不同用途的专题图，同时便于地形图的管理、检查、修测和更新。

4. 为地理信息系统(GIS)提供基础数据

数字化地形图可提供适时的空间数据信息，建立数据库，并能生成数字地图，是地理信息系统(GIS)的基础信息。

(二)数据采集

数据采集的方法主要有全站仪测记法、全站仪电子平板法、GNSS RTK 测记法、无人机航测技术。

1. 全站仪测记法

全站仪测记法是用全站仪采集碎部点点号、三维坐标(X,Y,H)并自动记录，而碎部点的属性信息需要现场录入或手工记录、绘制草图表示，然后在室内将数据导入装有测图软件的计算机，对照草图编辑成图。

7-3 数据采集

全站仪测记法数字测图就是在外业使用全站仪测量碎部点三维坐标的同时，领图员绘制由碎部点构成的地物形状和类型并记录下碎部点点号(必须与全站仪自动记录的点号一致)。内业将全站仪或电子手簿记录的碎部点三维坐标，通过 CASS 传输到计算机、转换成 CASS 坐标格式文件并展点，根据野外绘制的草图在 CASS 中绘制地物。采用全站仪测记法测图时，不需要记忆繁多的地形符号编码，是一种十分实用、快速的测图方法。在人员配备方面，由观测员 1 人、立镜员 1 人、领图员(绘草图)1 人，共 3 人组成一个基本作业小组。

全站仪测记法的工作步骤如下：

(1)全站仪参数设置，包括仪器和棱镜常数、气压和温度参数、建立工程文件。安置全站仪于测站，对中、整平，量取仪器高。输入测站点名、测站点坐标($X_{站}$,$Y_{站}$,$H_{站}$)、仪器高、后视点名、后视点平面直角坐标($X_{后}$,$Y_{后}$)、棱镜高。

(2)照准后视点进行定向。检测后视点坐标，若与后视点已知坐标相符，则进行碎部测量；否则查找原因并改正，重新检测后视点坐标。

(3)立镜员选择碎部点，领图员绘草图，观测员照准棱镜，按回车键将测量信息自动记录并保存。主流全站仪大多带有可以存储 3 000 个以上碎部点的内存或 PC 卡，可直接记录观测数据。

草图要反映碎部点的分类属性和连接关系，且要与仪器记录的点号信息相对应，如图 7－21 所示。

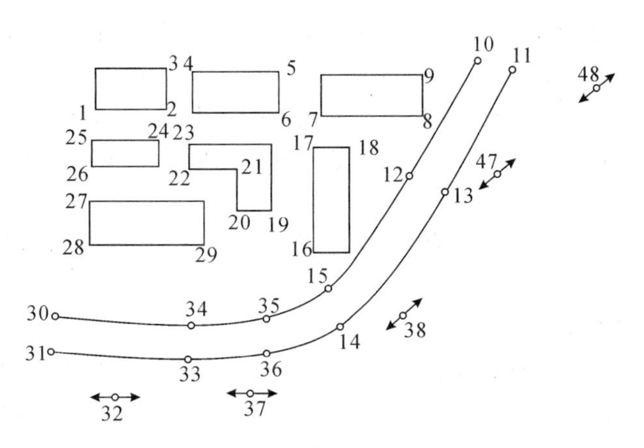

图 7-21 草图法数字测图

2. 全站仪电子平板法

在野外用安装了数字化测图软件的笔记本电脑或掌上电脑(PDA)直接与全站仪相连，现场测点，电脑实时展绘所测点位，作业员根据实地情况，现场直接连线、编辑和加注记成图。采用该方法时，边测边绘，无须绘草图，可实现数据采集与成图一体化。

全站仪电子平板法在人员配备方面，需要：观测员 1 人，负责操作全站仪，观测并将观测数据传输到笔记本电脑中；制图员 1 人，负责指挥立镜员、现场操作笔记本电脑、内业后继处理整饰地形图；立镜员 1～2 人，负责现场选择碎部点。

对于数据采集设备，全站仪与笔记本电脑一般采用标准的 RS232C 接口通信电缆连接，也可以加配两个数传电台(数据链)，分别连接于全站仪、笔记本电脑上，即可实现数据的无线传输，但数传电台的价格较贵。

测站准备的工作内容包括：参数设置，定显示区，展已知点，确定测站点、定向点、定向方向、水平度盘数值、检查点、仪器高等。

作业人员进入测区后，仪器观测员指挥立镜员到事先选好的已知点上准备立镜定向，并快速架好仪器，连接便携机，量取仪器高，选择测量状态，输入测站点号和方向点号、定向点起始方向值(一般把起始方向值置零)；瞄准棱镜，定好方向通知立镜员开始跑点；用对讲机确定镜高及所立点的性质，准确瞄准，待测点即进入手簿，坐标被记录下来。一般来讲，施测的第一点选在某已知点上(手簿中事先已输入)以做检查。

全站仪电子平板法的不足之处是电子屏幕在阳光下会影响操作，电脑容易受损。

3. GNSS RTK 测记法

利用 GNSS RTK 测记法进行数字化测图的工作步骤如下：

(1)安置基准站。将 GNSS 接收机(基站)安置在一个已知点上作为基准站(也可以安置在信号开阔的未知点上)，在旁边安置天线，连接电台、天线、接收机和电源，并对电台进行相应的频道设置。

(2)联测已知点，转换坐标。在测区范围内选取最少 2 个已知点，利用已知点上所观测的 WGS-84 坐标与已知坐标计算坐标系转换参数，以便把坐标转换到用户坐标系中。

(3)碎部点数据采集。利用至少 1 个流动站进行碎部点数据采集。观测员将接收机(流动站)放置在待测点上，接收机接收卫星信号，并通过无线电台接收基准站发来的信号，自动进行差分处理,实时解算出碎部点的三维坐标,在工作手簿(或 PDA)指定的工作目录下自动存储。解算过程无须人工干预,仅数秒钟时间就能自动完成。

实际工作过程与全站仪测记法相似,在利用 GNSS RTK 测定碎部点坐标的同时绘制草图,并在草图上记录相应的点位属性信息。数字地形图的绘制在计算机上进行,通过专用地形图成图软件来完成。

在建筑物或树木等障碍物较少的地区,采用 GNSS RTK 技术进行地形图测绘,工作效率明显高于其他方法。

4. 无人机低空航测技术

无人机低空航测技术具有影像分辨率高、操作控制容易、起降场地要求低、作业效率高的特点,逐渐成为地形图测绘的新趋势。无人机低空航测技术主要包括以下五个阶段。

(1)准备工作:收集资料、现场踏勘、分析资料、技术设计。

(2)航空摄影:航飞设计、航摄实施、成果整理、成果检查。

(3)像控点测量:像控点布设、像控点测量、资料整理。

(4)内业成图:影像畸变改正、空三加密、立体成图、内业粗编。

(5)外业调绘:屋檐更正、点状地物补测、属性调查、地名调绘等,最后进行内业编辑。

实现内外业一体化数字测图的关键是要选择一款成熟的、技术先进的数字测图软件。目前,市场上比较成熟的大比例尺数字化测图软件主要有清华山维新技术开发有限公司开发的 EPSW 全息测绘系统、广东南方数码科技股份有限公司开发的 CASS 测图软件、北京威远图仪器有限责任公司开发的 SV300、广州开思测绘软件公司开发的 SCS G2005 等。这些数字化测图软件一般都应用了数据库管理技术,并具有 GIS 前端数据采集功能,其生成的数字地形图可以多种格式文件输出并可供某些 GIS 软件读取。它们都是在 AutoCAD 平台上开发的,可以充分利用 AutoCAD 强大的图形编辑功能,但它们的图形数据和地形编码一般互不兼容。因此,在同一个城市的各测绘生产单位,应根据本市的实际情况和需求选择同一种数字化测图软件,以便统一全市的数字化测图工作。

7-4 南方 CASS 测图软件的部分操作

思考题与习题

1. 什么叫地形图?

2. 什么叫比例尺?什么叫比例尺精度?比例尺精度在测绘工作中有何作用?

3. 依比例尺符号、不依比例尺符号、半依比例尺符号各在什么情况下应用?

4. 什么叫等高线、等高距、等高线平距?在同一幅地形图上,等高线平距与地面坡度有什么关系?

5. 等高线有哪几种?

6. 等高线具有哪些特性?

7. 什么叫碎部点?什么叫碎部测量?

7. 全站仪有哪些特点?

9. 何谓数字化测图?大比例尺数字化地形测图主要有哪几种方法?

10. 数字化测图有什么特点?

第八章

地形图的应用

地形图是空间信息的载体，利用地形图可以获取许多重要数据，如地面点的坐标、高程、线段的距离、直线的方位角以及图斑面积等。所以，地形图在国土整治、资源勘察、土地利用、环境保护、城乡规划、工程设计等方面的应用非常广泛。

第一节　地形图的识读

地形图上的主要内容是用各种线划符号和文字注记所表示的地物和地貌，通过这些符号和注记认识地球表面的自然形态，全面了解制图区域的地理概况、各要素的相互关系。为了正确应用地形图，首先必须看懂地形图。通过地形图的阅读分析获取全图区域内的地理环境的全面信息，找出事物之间的内在联系。

一、图廓外注记识读

通过地形图的图廓外注记识读，可全面了解地形图的基本情况。地形图图廓外注记的内容包括：图号、图名、接图表、比例尺、坐标系统和高程系统、图式版本、等高距、测图时间、测绘单位、图廓线、坐标格网、三北方向线和坡度尺等，它们分布在东、南、西、北四面图廓线外。

二、地物与地貌的识读

地形图上的地物、地貌是用不同的地物符号和地貌符号表示的。比例尺不同，地物、地貌的取舍标准也不同，随着社会的不断发展，地物、地貌也在不断改变。应用地形图应了解地形图所使用的地形图图式，熟悉一些常用的地物和地貌符号，了解图上文字注记和数字注记的确切含义。

识读地物通常按先主后次的顺序，并顾及取舍的内容与标准进行。按照地物符号先识别大的居民点、主要道路和用图需要的地物，然后再扩大到识别小的居民点、次要道路、植被和其他地物。通过分析，就会对主、次地物的分布情况，主要地物的位置和大小形成较全面的了解。

识读地貌主要是根据基本地貌的等高线特征和特殊地貌(如陡崖、冲沟等)符号进行。山区坡陡,地貌形态复杂,尤其是山脊和山谷等高线犬牙交错,不易识别。可先根据水系的江河、溪流找出山谷、山脊系列,无河流时可根据相邻山头找出山脊。再按照两山谷间必有一山脊、两山脊间必有一山谷的地貌特征,即可识别山脊、山谷地貌的分布情况。结合特殊地貌符号和等高线的疏密进行分析,就可以较清楚地了解地貌的分布和高低起伏情况。

第二节　地形图应用的基本内容

地形图应用的基本内容包括求解图上点的坐标、点的高程、直线的距离、方位角和坡度。可通过图解法或解析法在纸质地形图上量算,也可以在数字化成图软件的支持下,从数字地形图上查询、求解。在数字化成图软件环境下,可以方便地获取各种地形信息,如量测各个点的平面直角坐标、量测点与点之间的水平距离、确定直线的坐标方位角、确定点与点之间的高差、计算两点间的坡度等。

一、点的坐标和高程量测

如图 8-1 所示,在大比例尺地形图上,都绘有纵、横坐标方格网(或在方格的交会处绘制有一“十”字线),当从图上求 A 点的坐标时,可先通过 A 点作坐标格网的平行线 mn、pq,在图上量出 mA 和 pA 的长度,分别乘以数字比例尺的分母 M 即得实地水平距离,则有:

$$\begin{cases} x_A = x_0 + \overline{mA} \times M \\ y_A = y_0 + \overline{pA} \times M \end{cases} \tag{8-1}$$

式中,x_0、y_0 为 A 点所在方格西南角点的坐标。

为了检核量测结果,并考虑图纸伸缩的影响,则还需要量出 An 和 Aq 的长度,若 $\overline{mA}+\overline{An}$ 和 $\overline{pA}+\overline{Aq}$ 不等于坐标格网的理论长度 l(一般为 10 cm),则 A 点的坐标应按下式计算:

$$\begin{cases} x_A = x_0 + \dfrac{l}{\overline{mA}+\overline{An}} \times \overline{mA} \times M \\ y_A = y_0 + \dfrac{l}{\overline{pA}+\overline{Aq}} \times \overline{pA} \times M \end{cases} \tag{8-2}$$

利用数字化测图软件如 CASS 9.0 进行作业时,可以用鼠标点取“工程应用”菜单中的“查询指定点坐标”,用鼠标选取所要查询的点,屏幕下的命令行便会显示坐标的查询结果。

对于点的高程,如果所求点刚好位于某一根等高线上,则该点的高程就等于该等高线的高程,否则需要采用比例内插的方法进行量测。

如图 8-2 所示,图中 E 点的高程为 54 m,而 F 点位于 53 m 和 54 m 两根等高线之间,可过 F 点作一大致与两根等高线垂直的直线,交两根等高线于 m、n 点,从图上量得距离 $\overline{mn}=d$,$\overline{mF}=d_1$,设等高距为 h,则 F 点的高程为:

$$H_F = H_m + h\frac{d_1}{d} \tag{8-3}$$

利用数字化测图软件如 CASS 9.0 进行作业时,在具备数字地面模型(DTM)的建模数据文件“.SJW”的条件下,可以用鼠标点取“工程应用”菜单查询指定点的坐标,同时还可获得该点的高程。

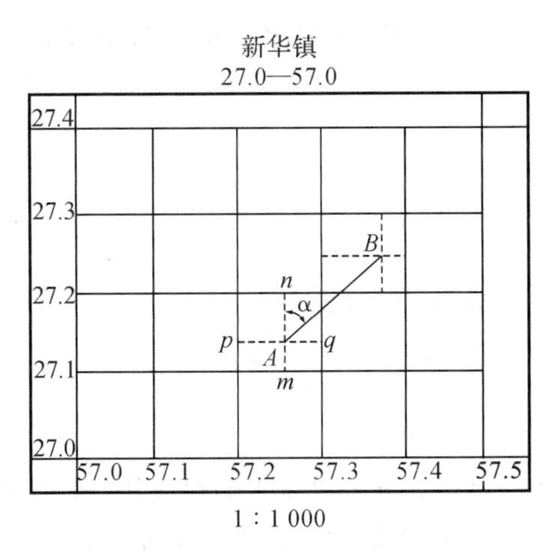

图 8-1　图上点的坐标量测

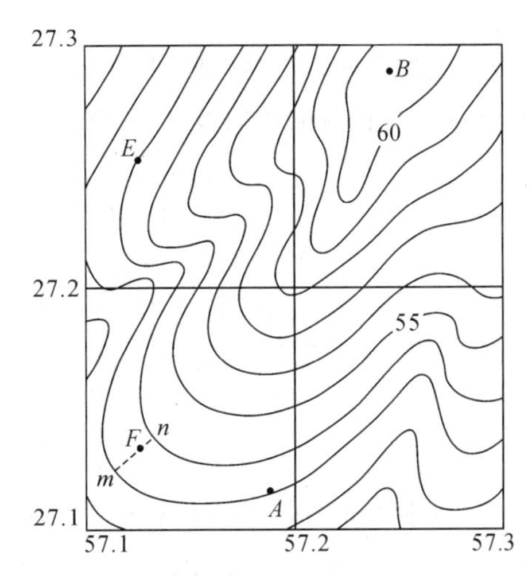

图 8-2　图上点的高程量测

二、图上直线水平距离、坐标方位角和坡度的量测

(一)确定图上直线的长度

如图 8-1 所示，若需要确定 A、B 两点间的水平距离 D_{AB}，可以根据已经量得的 A、B 两点的平面直角坐标(x_A，y_A)和(x_B，y_B)，按下式计算：

$$D_{AB}=\sqrt{(x_B-x_A)^2+(y_B-y_A)^2} \tag{8-4}$$

当量测距离的精度要求不高时，可直接在地形图上量取 A、B 两点间的长度 d_{AB}，再根据比例尺计算两点间的水平距离 D_{AB}：

$$D_{AB}=d_{AB}\times M \tag{8-5}$$

当量测距离的精度要求不高时，还可利用复式比例尺直接量取两点间的水平距离。

(二)确定直线的坐标方位角

如图 8-1 所示，若需要确定直线 AB 的坐标方位角 α_{AB}，可以根据已经量得的 A、B 两点的平面坐标(x_A，y_A)和(x_B，y_B)，用下式计算坐标方位角：

$$\alpha_{AB}=\arctan\frac{y_B-y_A}{x_B-x_A} \tag{8-6}$$

用式(8-6)求坐标方位角时，应注意直线所在象限。

当精度要求不高时，可以通过 A 点作平行于坐标纵轴的直线，用量角器直接在图上量取直线 AB 的坐标方位角 α_{AB}。

(三)量测两点间的坡度

在地形图上量得相邻两点间的水平距离 d 和高差 h 以后，可计算两点间的坡度：

$$i=\tan\alpha=\frac{h}{d\times M} \tag{8-7}$$

式中,α 为地面两点连线相对于水平线的倾角。两点间的坡度 i 一般用百分率(%)或千分率(‰)表示。

为了工作方便,可以在地形图上绘制坡度尺,利用坡度尺,根据图上相邻两条等高线的平距,可以求得相应的地面坡度(见图 8-3)。

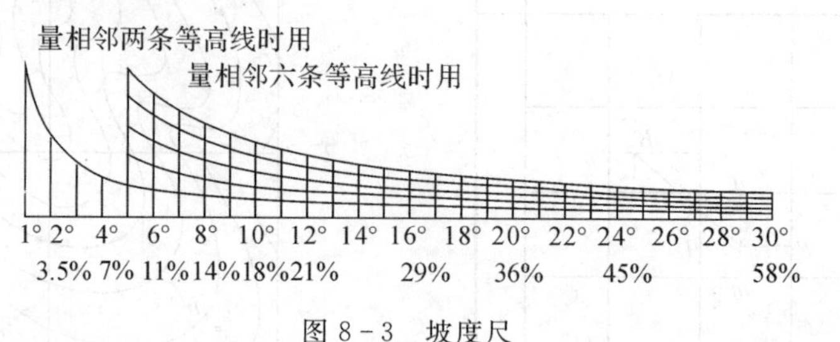

图 8-3　坡度尺

利用数字化测图软件如 CASS 9.0 进行作业时,可以用鼠标点取"工程应用"菜单中的"查询两点距离及方位",用鼠标选取所要查询的两点,屏幕下的命令行便会显示距离和方位角的查询结果。

第三节　图形面积量算

在工程建设、城市规划设计中常需要在地形图上量算一定轮廓范围的面积。图形面积的量算方法有透明方格纸法、平行线法、解析法、求积仪法和 CAD 法等。

一、透明方格纸法

如图 8-4 所示,要计算图中曲线内的面积,可先将毫米方格纸覆盖在图形上,然后数出图形内完整的方格数 n_1 和不完整的方格数 n_2,则曲线内面积 A 的计算公式为:

$$A=\left(n_1+\frac{1}{2}n_2\right)\frac{M^2}{10^6} \tag{8-8}$$

式中,M 为地形图比例尺分母;面积 A 的单位为平方米(m^2)。

二、平行线法

如图 8-5 所示,将绘制有平行线的透明纸覆盖在图形上,使两条平行线与图纸的边缘相切,则相邻两平行线间隔的图形面积近似视为梯形。梯形的高为平行线间距 h,图形截割各平行线的长度分别为 $l_1,l_2,\cdots,l_n$,则各梯形面积分别为:

$$A_1=\frac{1}{2}h(0+l_1),A_2=\frac{1}{2}h(l_1+l_2),\cdots,A_{n+1}=\frac{1}{2}h(l_n+0)$$

则总面积为:

$$A=A_1+A_2+\cdots+A_n+A_{n+1}=h\sum_{i=1}^{n}l_i \tag{8-9}$$

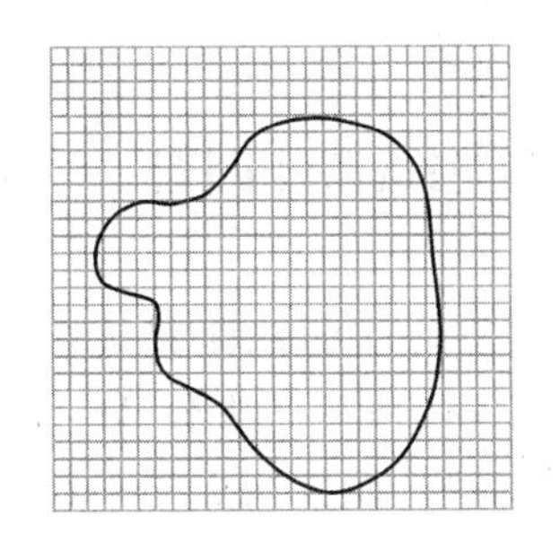

图 8－4　透明方格纸法量算面积

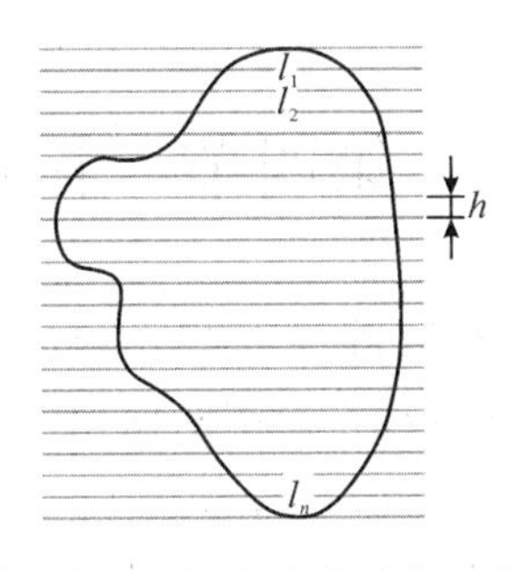

图 8－5　平行线法量算面积

三、解析法

如果图形边界为任意多边形，且各顶点的平面直角坐标已经在图上量出或已经在实地测定，则可以利用多边形各顶点的坐标，用解析法计算出图形面积。

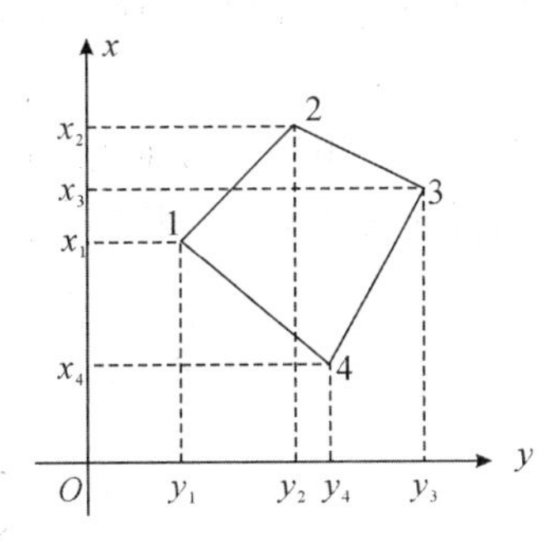

图 8－6　解析法量算面积

在图 8－6 中，点 1、2、3、4 为多边形的顶点，其平面坐标已知，则该多边形的每一条边及其向 y 轴的坐标投影线（图中虚线）和 y 轴都可以组成一个梯形，多边形的面积 A 就是这些梯形面积的和或差，其计算公式为：

$$A=\frac{1}{2}[(x_1+x_2)(y_2-y_1)+(x_2+x_3)(y_3-y_2)-(x_3+x_4)(y_3-y_4)-(x_4+x_1)(y_4-y_1)]$$

$$=\frac{1}{2}[x_1(y_2-y_4)+x_2(y_3-y_1)+x_3(y_4-y_2)+x_4(y_1-y_3)]$$

对于任意的 n 边形，可以写出下列按坐标计算面积的通用公式：

$$A=\frac{1}{2}\sum_{i=1}^{n}y_i(x_{i-1}-x_{i+1})\quad 或\quad A=\frac{1}{2}\sum_{i=1}^{n}x_i(y_{i+1}-y_{i-1})\tag{8-10}$$

使用式(8-10)时应注意如下几点：① 各顶点应按顺时针顺序编号；② 当 x 或 y 的下标为 0 时，应以 n 代替，出现 $n+1$ 时，以 1 代替；③ 作为检核，计算时各坐标差之和应等于零。

四、在数字地形图上量算面积

在数字化信息时代，纸质地形图均可通过数字矢量化技术转绘为数字地形图，因此量算应用便可在数字化软件的支持下完成。例如，利用 CASS 9.0 量算面积的具体操作如下。

(1)查询实体面积。利用 CASS 9.0 数字化成图软件，在“工程应用”菜单下，选择“查询实体面积”菜单，然后“选取实体边线”即可显示图形面积。

(2)计算地面表面积。当地形高低起伏较大时，其表面积很难测算，需要建立数字地面模型(DTM)。该模型是用大量的三维坐标点对连续地面的简单统计表示，是带有空间位置特征和地形属性特征的数字描述。通过建立 DTM，在三维空间内将高程点连接为带坡度的三角形，再通过对每个三角形面积的累加得到整个范围内不规则地区的表面积。

第四节 按设计线路绘制纵断面图

在进行道路、隧道、管线等工程设计时，需要了解两点之间的地面起伏情况，这时，可根据地形图中的等高线来绘制断面图。如图 8－7(a)所示，在地形图上作 M、N 两点的连线，与各等高线相交，各交点的高程即为交点所在等高线的高程，而各交点的平距可在图上用比例尺量得。在毫米方格纸上画出两条相互垂直的轴线，以横轴 MN 表示平距，以垂直于横轴的纵轴表示高程，在横轴上适当的位置标出 M 点，在地形图上量取 M 点至各交点及地形特征点的平距，并把它们分别转绘在横轴上，以相应的高程作为纵坐标，得到各交点在断面上的位置。用平滑的曲线连接相邻点，即得到 MN 方向的断面图。为了更明显地表示地面的高低起伏情况，断面图上的高程比例尺一般比平距比例尺大 5～20 倍。

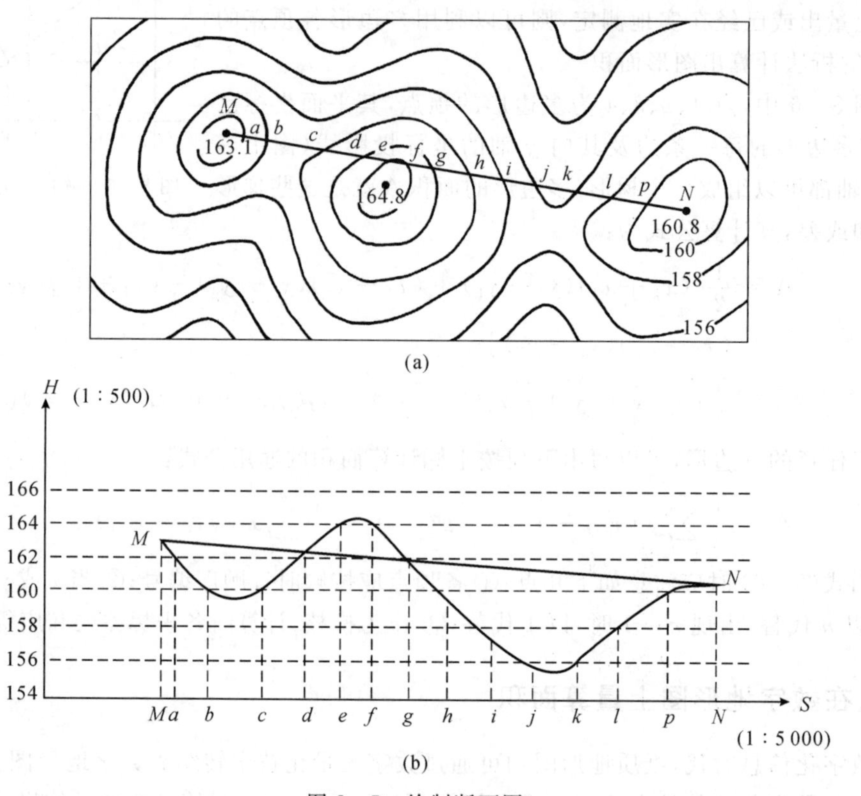

(a)

(b)

图 8－7 绘制断面图

若要判断地面上两点是否通视，只需在这两点的断面图上用直线连接两点，如果直线与断面线不相交，说明两点通视，否则两点不通视。

第五节 按限制坡度在地形图上选线

道路、管线、渠道等工程，通常都有纵坡度限制，也就是说，设计时要求在满足某一限制坡度条件下，选定一条最短线路或等坡线路。这在工程建设的前期显得相当重要。特别是在特殊地貌地段：如在山地或丘陵地区进行道路、管线等工程设计时，往往要求在不超过某一坡度的条件下选定一条最短路线，如图 8-8 所示，要从 A 点开始，向山顶选一条公路线，使坡度为 5%，从地形图上可以看出等高距为 5 m，限制坡度 $i=5\%$，则路线通过相邻等高线的最短距离应该是 $D=\frac{h}{i}=\frac{5}{5\%}=100$(m)。

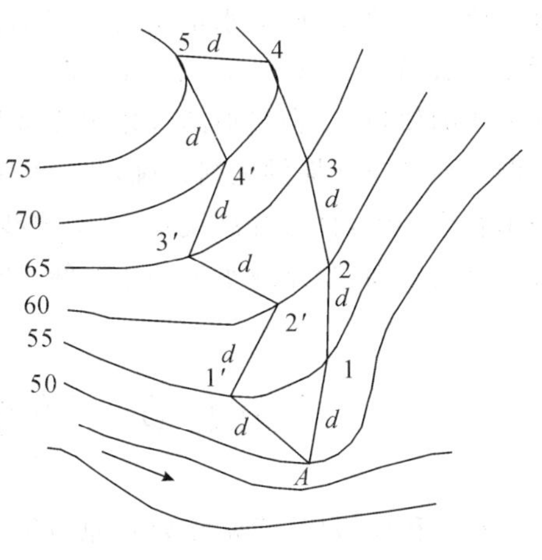

图 8-8　按设计坡度选线

在 1∶5 000 的地形图中，实地 $D=100$ m，图上 d 应为 2 cm。以 A 点为圆心，以 2 cm 为半径作圆弧，与 55 m 等高线相交于 1 和 1′两点，再分别以点 1 和 1′为圆心，仍用 2 cm 为半径作弧，交 60 m 等高线于 2 及 2′两点。依此类推，可在图上画出规定坡度的两条路线，然后再进行比较，要考虑整个路线不要过分弯曲，选取较理想的最短路线。如果等高线的平距大于最小平距，画弧时不能与高等线相交，这说明地面坡度小于限制坡度，在这种情况下，可根据最短路线敷设。

第六节　确定汇水面积

修筑道路时，有时要跨越河流或山谷，这时就必须建设桥梁或涵洞，兴修水库必须筑坝拦水。桥梁、涵洞孔径的大小，水坝的设计位置与坝高，水库的蓄水量等，需要根据汇集于这个地区的水流量来确定。汇集水流量的面积称为汇水面积。由于雨水是沿山脊线（分水线）向两侧山坡分流的，所以汇水面积的边界线是由一系列的山脊线连接而成的。

如图 8-9 所示，一条公路经过山谷，拟在 P 处架桥或修涵洞，其孔径大小应根据流经该

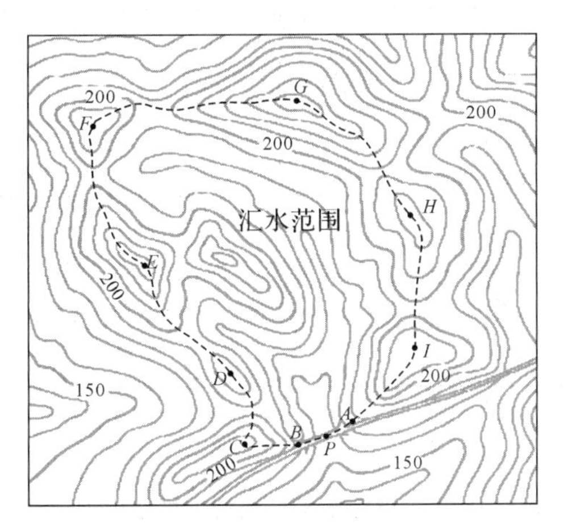

图 8-9　确定汇水面积

处的流水量决定,而流水量又与山谷的汇水面积有关。由山脊线和公路上的线段所围成的封闭区域 $A-B-C-D-E-F-G-H-I-A$ 的面积,就是这个山谷的汇水面积。量测出该面积的值,再结合当地的气象水文资料,便可进一步确定流经公路 P 处的水量,为桥梁或涵洞的孔径设计提供依据。确定汇水面积的边界线时,应注意:边界线(除公路 AB 段外)应与山脊线一致,且与等高线垂直;边界线是经过一系列的山脊线、山头和鞍部的曲线,并在河谷的指定断面(公路或水坝的中心线)闭合。

第七节　平整场地中的土方量计算

在工程建设中,常常需要对原地貌进行必要的改造,以便布置各类建筑物或构筑物。这种地貌改造称为平整场地。平整场地有两种情形,其一是平整为水平场地,其二是整理为倾斜面。填、挖土方量的计算常用方法有方格网法、等高线法和断面法等。下面仅介绍适用于地形起伏较小或地貌变化较有规律地区的方格网法。

8-1　平整为倾斜场地

一、平整为水平场地

图 8-10 为某场地的地形图,假设要求将原地貌按照挖填平衡的原则改造成水平场地,其步骤如下。

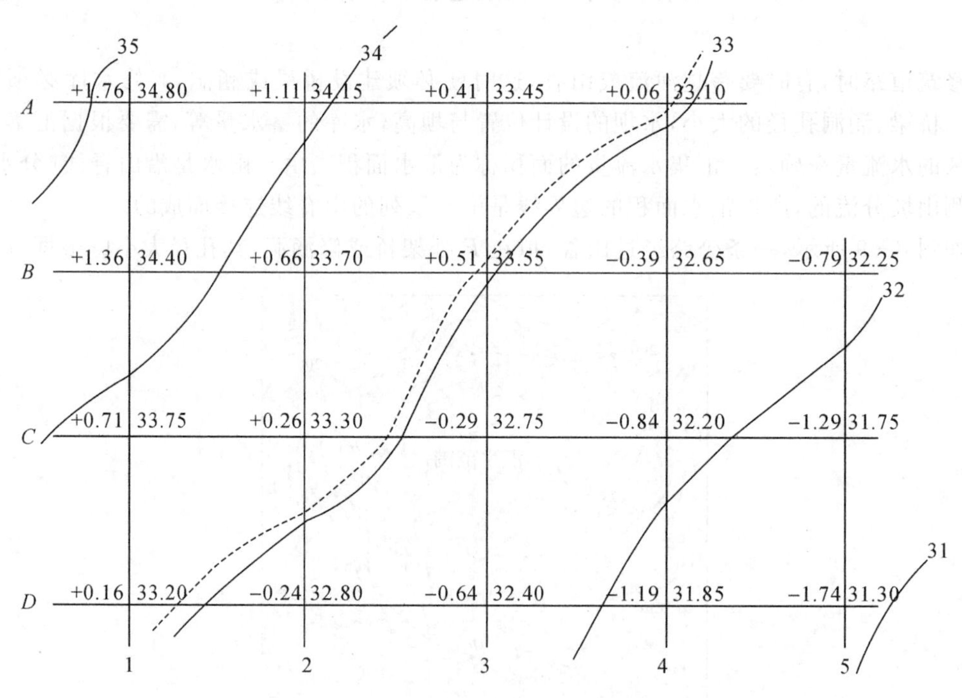

图 8-10　平整为水平场地的方格法土方计算

(一)在地形图上绘制方格网

方格网大小取决于地形的复杂程度、地形图比例尺的大小和土方计算的精度要求，一般情况下，方格边长为图上 2 cm。各方格顶点的高程用线性内插法求出，并注记在相应顶点的右上方。

(二)计算挖填平衡的设计高程

先将每一方格顶点的高程相加除以 4，得到各方格的平均高程，再将每个方格的平均高程相加除以方格总数 n，就得到挖填平衡的设计高程 H_0：

$$H_0 = \frac{1}{n}(H_1 + H_2 + \cdots + H_n) = \frac{1}{n}\sum_{i=1}^{n} H_i \tag{8-11}$$

方格网的角点 A_1、A_4、B_5、D_1、D_5 的高程只用了一次，边点 A_2，A_3，B_1，C_1，D_2，D_3，… 的高程用了两次，拐点 B_4 的高程用了三次，中点 B_2，B_3，C_2，C_3，… 的高程用了四次，因此，设计高程 H_0 的计算公式可以化为：

$$H_0 = \left(\sum H_{角} + 2\sum H_{边} + 3\sum H_{拐} + 4\sum H_{中}\right)/4n \tag{8-12}$$

将图 8－10 中各方格顶点的高程代入式(8－12) 中，即可计算出设计高程为 33.04 m。在图 8－10 中内插入 33.04 的等高线(图中虚线) 即为挖、填边界线。

(三)计算挖、填高度

将各方格顶点的高程减去设计高程 H_0，即得其挖、填高度，其值标注在各方格顶点的左上方。挖、填高度的计算公式为：

$$挖、填高度 = 地面高程 - 设计高程 \tag{8-13}$$

(四)计算挖、填土方量

可按角点、边点、拐点和中点分别计算，计算公式如下：

$$\begin{aligned} &角点：挖(填)高\times\frac{1}{4}方格面积 \qquad 边点：挖(填)\times\frac{2}{4}方格面积 \\ &拐点：挖(填)高\times\frac{3}{4}方格面积 \qquad 中点：挖(填)高\times\frac{4}{4}方格面积 \end{aligned} \tag{8-14}$$

将挖方和填方分别求和，即得总挖方和总填方。其结果理论上应相等，而实例计算一般有少量差别。挖、填土方量的计算一般在表格中进行，通常使用 Excel 进行计算。

在图 8－10 中，设每一方格面积为 400 m^2，则可按表 8－1 分别计算挖、填土方量。

表 8－1　计算挖、填土方量

点号	挖深/m	填高/m	所占面积/m^2	挖方量/m^3	填方量/m^3
A_1	＋1.76		100	176	
A_2	＋1.11		200	222	
A_3	＋0.41		200	82	
A_4		－0.06	100		6

续表

点号	挖深/m	填高/m	所占面积/m^2	挖方量/m^3	填方量/m^3
B_1	+1.36		200	272	
B_2	+0.66		400	264	
B_3	+0.51		400	204	
B_4		−0.39	300		117
B_5		−0.79	100		79
C_1	+0.71		200	142	
C_2	+0.26		400	104	
C_3		−0.29	400		116
C_4		−0.84	400		336
C_5		−1.29	200		258
D_1	+0.16		100	16	
D_2		−0.24	200		48
D_3		−0.64	200		128
D_4		−1.19	200		238
D_5		−1.74	100		174
$\sum$				1482	1500

二、利用数字地形图进行土方量计算

利用数字地形图进行土方量计算的方法有 DTM 法、方格网法和等高线法。

(一)DTM 法计算土方量

由数字地面模型(DTM)计算土方量是根据实地测定的地面点坐标(X,Y,H)和设计高程,通过生成三角网来计算每一个三棱锥的挖、填土方量,最后累计得到指定范围内的挖、填土方量,并绘出挖、填边界线。

(二)方格网法计算土方量

由方格网法计算土方量是根据实地测定的地面点坐标(X,Y,H)和设计高程,通过生成方格网来计算每一个方格内的土方量,最后累计得到指定范围内的挖、填土方量,并绘出挖、填边界线。

(三)等高线法计算土方量

由手扶跟踪数字化和扫描数字化两种方法进行图解地形图的数字化而得到的数字地形图,都没有高程数据文件,无法用前述方法计算土方量。此时,可用 CASS 中专为此类用户开发的等高线计算土方量。此功能可计算任意两条等高线之间的土方量，但所选等高线必须闭合。由于两条等高线所围面积可求，两条等高线之间高差已知，故可求出这两条等高线之间的土方量。

三、建筑设计中的地形图应用

现代建筑设计要求充分考虑现场的地形特点，不剧烈改变地形的自然形态，使设计的建筑物与周围景观环境比较自然地融为一体，这样既可以避免开挖大量的土方，节约建设资金，又可以不破坏周围的环境，如地下水、土层、植物生态和地区的景观环境。地形对建筑物布置的间接影响主要体现在自然通风和日照效果两方面。

由地形和温差形成的地形风，往往对建筑通风起主要作用。在不同地区布置建筑物，需结合地形特点并参照当地气象资料加以研究，合理进行布置。为达到良好的通风效果，在迎风坡，高建筑物应置于坡上；在背风坡，高建筑物应置于坡下。把建筑物斜列布置在鞍部两侧的迎风坡面，可充分利用垭口风，以取得较好的自然通风效果。建筑物布列在山堡背风坡面的两侧和正下坡，可利用绕流和涡流获得较好的通风效果。

在平地，日照效果与地理位置、建筑物朝向和高度、建筑物间隔有关；而在山区，日照效果除了与上述因素有关外，还与周围地形、建筑物处于向阳坡或背阳坡、地面坡度大小等因素密切相关，日照效果问题就比平地复杂得多，必须对建筑物进行具体分析。

在建筑设计中，既要珍惜良田好土，尽量利用薄地、荒地和空地，又要满足投资省、工程量少和使用合理等要求。如建筑物应适当集中布置，以节省农田，节约管线和道路；建筑物应结合地形灵活布置，以达到省地、省工、通风和日照效果好的目的；公共建筑应布置在小区的中心；对不宜建筑的区域，要因地制宜地利用起来，如在陡坡、冲沟、空隙地和边缘山坡上建设公园和绿化地；自然形成或由采石、取土形成的大片洼地或坡地，因其高差较大，可用来布置运动场和露天剧场；高地可设置气象台和电视转播站；等等。建筑设计中所需要的上述地形信息，大部分都可以在地形图中找到。

8-2　地形图应用

此外，地形图还可应用于给排水设计、线路勘察设计、城市用地分析等方面。

思考题与习题

1. 如何在地形图上确定一个点的平面直角坐标和高程？
2. 如何在地形图上确定一条直线的坐标方位角和坡度？
3. 地形图上面积量算的方法有哪几种？各适用于什么情况？
4. 如何按限制坡度在地形图上选择最短路线？
5. 若将某区域平整成水平场地，并保持土方平衡，应如何求出设计高程？

第九章

测设的基本工作

测设又称放样，是根据已有的控制点或地物点，按工程设计要求，将工程设计图纸上的建(构)筑物的特征点在实地标定出来的工作。测设首先要确定建(构)筑物的这些特征点与控制点或原有建(构)筑物之间的角度、距离和高程关系，这些位置关系称为测设数据；然后利用测量仪器，根据测设数据将这些特征点测设到实地，并用木桩等加以标定，以便施工。

测设的基本工作包括水平距离测设、水平角测设和高程测设。

第一节　水平距离、水平角和高程的测设

一、测设已知水平距离

测设已知水平距离，即从地面一个已知点开始，沿已知方向，根据给定的设计长度将其另一端点测设到地面上。

(一)钢尺测设法

当测设精度要求不高时，可从起始点开始，沿给定的方向和长度，用钢尺量距，定出水平距离的终点。为了检核可将钢尺移动 10～20 cm，再测设一次，若两次测设之差在允许范围内，则取平均值位置作为终点的最后位置。

(二)全站仪测设法

采用全站仪测设水平距离时，应备有带杆的反光棱镜，以便于在测设方向上前后移动。如图 9-1 所示，放样时，可先在 AB 方向线上目估安置反光棱镜，将用测距仪测出的水平距离设为 D'。若 D' 与欲测设的距离 D 相差 ΔD，则可前后移动反光棱镜，直到达到测出的水平距离为 D 为止。若测距仪有自动跟踪装置，可对反光棱镜进行跟踪，直到达到需测设的距离为止。

9-1　全站仪放样测站与镜站的手势配合

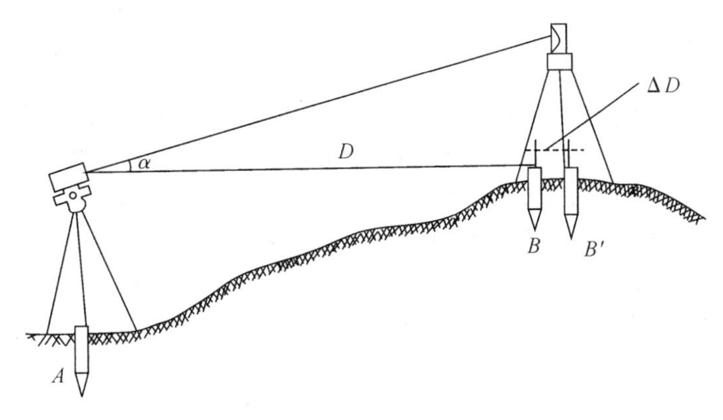

图 9－1　全站仪放样水平距离

以南方 NTS-332R5 免棱镜全站仪为例介绍距离放样方法(见表 9－1)。放样时可选择平距(HD)、高差(VD)和斜距(SD)中的任意一种放样模式。

表 9－1　南方 NTS-332R5 免棱镜全站仪距离放样

步骤	操作	操作过程	显示
第 1 步	按[F4](P1↓)键	在距离测量模式下按[F4](P1↓)键,进入第 2 页功能	PSM －30 PPM 4.6 V ： 95° 30′ 55″ HR： 155° 30′ 20″ SD： 156.320 m 测量 模式 S/A P1↓ 偏心 放样 m/ft P2↓
第 2 步	按[F2](放样)键	按[F2](放样)键,显示出上次设置的数据	
第 3 步	按[F2]～[F4]键	通过按[F2]～[F4]键选择测量模式:[F2],平距(HD);[F3],高差(VD);[F4],斜距(SD)	PSM －30 PPM 4.6 距离放样 SD： 350_ m 回退 平距 高差 斜距
第 4 步	输入要放样的距离	例:输入斜距放样距离 350 m	
第 5 步	照准目标	照准目标(棱镜)则测量开始,显示出测量距离与放样距离之差。移动目标(棱镜),直至距离差等于 0 为止	PSM －30 PPM 4.6 V ： 95° 30′ 55″ HR： 155° 30′ 20″ SD： 0.000 m 测量 模式 S/A P1↓

二、测设已知水平角

测设已知水平角是从一个已知方向出发放样出另一个方向,使它与已知方向的夹角等于已知水平角。

(一)一般方法

当角度测设精度要求不高时,可用盘左、盘右取中值的方法获得欲测设的角度。如图 9-2 所示,O 为已知点,OA 为已知方向,欲放样 β 角,标定 OC 方向。首先安置经纬仪于 O 点,先用盘左位置照准 A 点,使水平度盘读数为零,再转动照准部使水平度盘读数恰好为 β 值,在此视线上定出 C'。然后用盘右位置照准 A 点,重复上述步骤,测设 β 角,定出 C'' 点。最后取 $C'C''$ 的中点 C,则 $\angle AOC$ 就是要测设的 β 角。为了检核应重新测定 $\angle AOC$ 的大小,并与已知的水平角 β 值进行比较,若它们的相差值超过规定的范围,则应重新测设 β 角。

(二)精确方法

当角度测设精度要求比较高时,可用精确测设方法。如图 9-3 所示,设 OA 为已知方向,先用一般测设方法按欲测设的角值测设出 OC 方向并定出 C 点。然后用测回法测定 $\angle AOC$ 的大小(根据需要可测多个测回),测得其角值为 β',则角度差值为 $\Delta\beta=\beta-\beta'$[$\Delta\beta$ 以秒(″)为单位]。概量距离 OC,并按下式计算出垂直距离 CC_0:

$$CC_0=OC\cdot\tan\Delta\beta\approx OC\,\frac{\Delta\beta}{\rho} \tag{9-1}$$

式中,$\rho=206\ 265''$。

从 C 点沿 OC 垂直方向量取 CC_0,得 C_0 点,则 $\angle AOC_0$ 即为欲测设的 β 角。当 $\Delta\beta<0$ 时,C 点沿 OC 垂直方向往里调整垂直距离 CC_0 至 C_0 点。

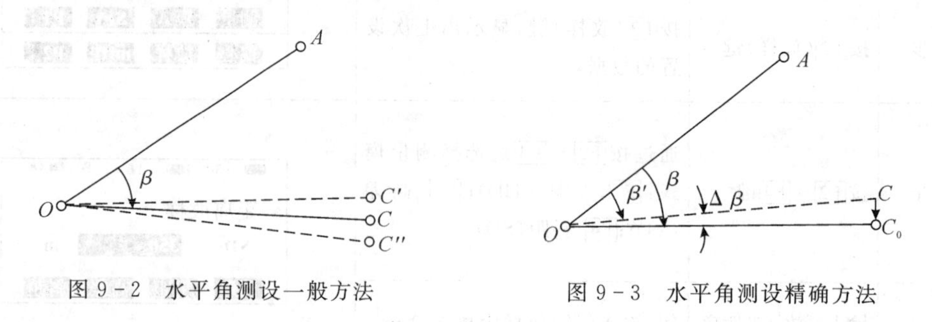

图 9-2 水平角测设一般方法　　　图 9-3 水平角测设精确方法

三、测设已知高程

根据附近的水准点,将设计的高程测设到现场作业面上,称为测设已知高程。在建筑设计和施工过程中,为了计算方便,一般把建筑物的室内地坪用±0.000 标高表示。此外,基础、门窗等的标高都是以±0.000 为依据相对测设的。

(一)视线高程测设法

如图 9-4 所示,为测设 B 点的设计高程 $H_{设}$,安置水准仪,以水准点 A 为后视点,若其水准尺上读数为 a,得视线高程 $H_i=H_A+a$,则前视 B 点标尺的读数应为:

$$b_{应}=H_i-H_{设} \tag{9-2}$$

然后将水准尺紧靠 B 点木桩侧面上下移动，直到水准尺读数为 $b_{应}$ 时，沿尺底在木桩侧面画线，即为 B 点测设的高程位置。若此时 B 点水准尺的读数与 $b_{应}$ 相差较大，应实测该木桩的桩顶高程，然后计算桩顶高程与设计高程 $H_{设}$ 的差值，并在木桩上加以标注说明。若差值为负，相当于桩顶应上填的高度；反之，则相当于桩顶应向下挖的深度。

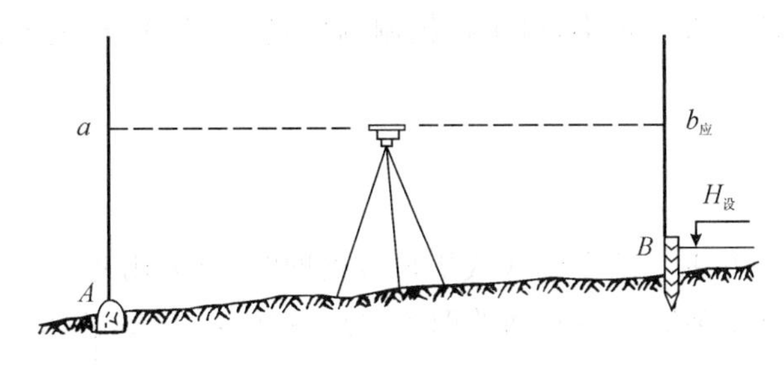

图 9-4　视线高程测设法

(二)上下高程传递法

在需要测设建筑物上部的标高或测设坑底部的标高时，需要进行上下高程的传递。

如图 9-5(a)所示，欲在深基坑内设置一点 B，使其高程为 $H_{设}$。设地面附近有一水准点 R，其高程为 H_R。测设时可在基坑一边架设吊杆，杆上吊一根零点向下的钢尺，尺端挂 10 kg的重锤，重锤放入油桶中。在地面和坑底各架设一台水准仪，设地面的水准仪在 R 点所立尺上的读数为 a_1，在钢尺上的读数为 b_1，坑底水准仪在钢尺上的读数为 a_2，则 B 点所立尺上的读数应为：

$$b_{应}=(H_R+a_1)-(b_1-a_2)-H_{设} \tag{9-3}$$

如图 9-5(b)所示，为将地面水准点 A 的高程传递到高层建筑物各层楼板上，其方法与上述相似，楼层 B 点的标高为：

$$H_B=H_A+a-b+c-d \tag{9-4}$$

式中，a、b、c、d 为标尺读数；H_A 为楼底层±0.000 室内地坪高程。

为了检核，可改变悬吊钢尺的位置再次读数，两次测得的高程差不应超过 3 mm。

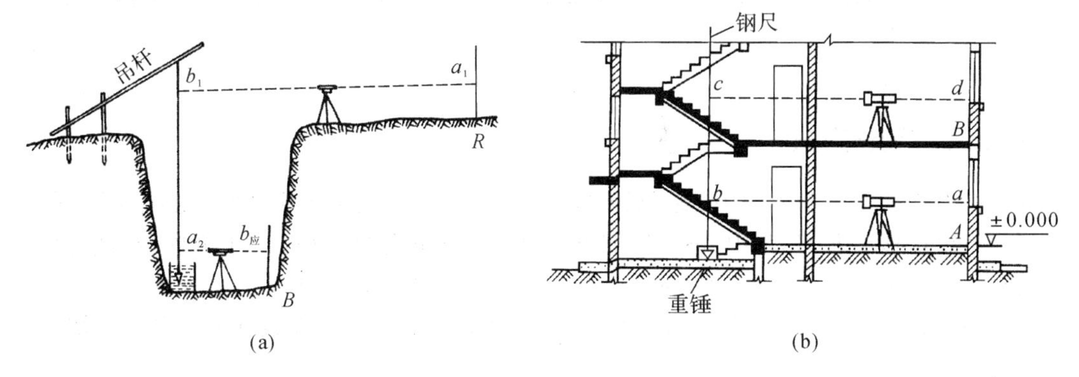

图 9-5　上下高程传递法

第二节　点的平面位置测设

点的平面位置的测设方法很多,可根据控制网形式、点位分布、地形、现场条件及要求等进行选择。

一、直角坐标法

当建筑场地已有相互垂直的主轴线或矩形方格网时,可采用此法。

如图 9-6 所示,已知某矩形控制网的四个角点 A、B、C、D 的坐标,下面以测设建筑物角点 1 为例,介绍直角坐标法。

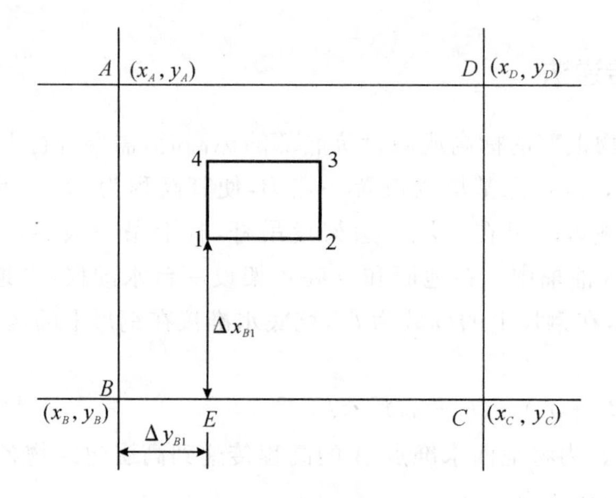

图 9-6　直角坐标法测设点位

(一)计算测设数据

图 9-6 中 1 点离 B 点较近,所以从 B 点测设 1 点较方便。B 点与 1 点的坐标差为:

$$\begin{cases}\Delta x_{B1}=x_1-x_B\\\Delta y_{B1}=y_1-y_B\end{cases}\tag{9-5}$$

(二)点位测设方法

(1)在 B 点安置经纬仪,对中、整平后照准 C 点,然后在 BC 方向上测设长度 Δy_{B1},得 E 点。

(2)经纬仪移至 E 点,对中、整平后照准 C 点,测设角度 90°,得到 $E1$ 方向,在此方向上测设长度 Δx_{B1},即得 1 点。用同样的方法可以测设出建筑物各角点 2、3、4。

(3)检查各边的边长是否等于设计长度,四个角是否等于 90°,误差在允许范围内即可。

二、极坐标法

极坐标法是根据一个角度和一段距离测设点的平面位置。此法适用于测设距离较短,且便于量距的情况。

如图 9－7 所示，A、B 为已知平面控制点，其坐标值分别为 $A(x_A,y_A)$、$B(x_B,y_B)$；P、Q、R、S 为设计的建筑物特征点，各点的设计坐标分别为 $P(x_P,y_P)$、$Q(x_Q,y_Q)$、$R(x_R,y_R)$、$S(x_S,y_S)$。现以 P 点为例说明测设方法。

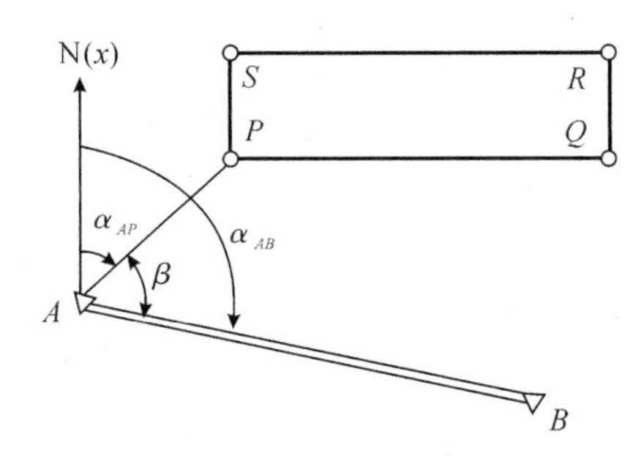

图 9－7　极坐标法测设点位

(一)计算测设数据

(1)计算 α_{AB} 和 α_{AP}。根据坐标反算公式，则：

$$\begin{cases} R_{AB}=\arctan\dfrac{|\Delta y_{AB}|}{|\Delta x_{AB}|} \\ \alpha_{AB}=180°-R_{AB} \end{cases} \tag{9-6}$$

$$\begin{cases} R_{AP}=\arctan\dfrac{|\Delta y_{AP}|}{|\Delta x_{AP}|} \\ \alpha_{AP}=R_{AP} \end{cases} \tag{9-7}$$

(2)计算 AP 与 AB 之间的夹角：

$$\beta=\alpha_{AB}-\alpha_{AP} \tag{9-8}$$

(3)计算 AP 间的水平距离：

$$D_{AP}=\sqrt{(x_P-x_A)^2+(y_P-y_A)^2} \tag{9-9}$$

(二)点位测设方法

(1)安置经纬仪于 A 点，对中、整平后照准 B 点，测设角度 β，标定出 AP 方向。

(2)沿 AP 方向自 A 点测设水平距离 D_{AP}，即得 P 点位置，并用同样方法测设 Q、R、S 点。

(3)量取 PR、SQ 的距离或测定各直角的大小来检查测设的准确性。

【例 9.1】 如图 9－8 所示，点 A、B 为建筑场地已有控制点，其坐标分别为 $x_A=813.150$ m，$y_A=658.786$ m；$x_B=876.833$ m，$y_B=623.250$ m。点 P 为待放样点，其坐标为 $x_P=840.000$ m，$y_P=600.000$ m。用极坐标法计算从点 B 测设点 P 所需的测设数据。

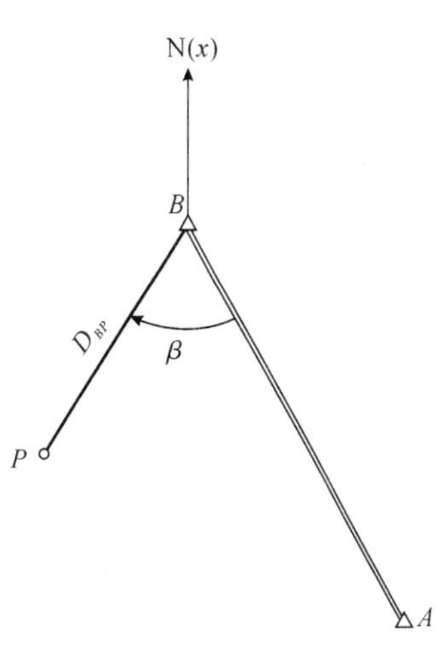

图 9－8　例 9.1 图

解：由控制点 B、A 的坐标进行坐标反算，可得直线 BA 的象限角：

$$R_{BA}=\arctan\frac{|\Delta y_{BA}|}{|\Delta x_{BA}|}$$

$$=\arctan\frac{|658.786-623.250|}{|813.150-876.833|}=29°09'44''$$

由坐标关系可以判断，直线 BA 位于第二象限，则直线 BA 的坐标方位角为：

$$\alpha_{BA}=180°-R_{BA}=180°-29°09'44''=150°50'16''$$

由控制点 B 及待放样点 P 的坐标进行坐标反算，可得直线 BP 的象限角：

$$R_{BP}=\arctan\frac{|\Delta y_{BP}|}{|\Delta x_{BP}|}=\arctan\frac{|600.000-623.250|}{|840.000-876.833|}=32°15'40''$$

由坐标关系可以判断，直线 BP 位于第三象限，则直线 BP 的坐标方位角为：

$$\alpha_{BP}=180°+R_{BP}=180°+32°15'40''=212°15'40''$$

则直线 BA 与 BP 之间的夹角为：

$$\beta=\alpha_{BP}-\alpha_{BA}=212°15'40''-150°50'16''=61°25'24''$$

直线 BP 与 BA 之间的距离为：

$$D_{BP}=\sqrt{(x_P-x_B)^2+(y_P-y_B)^2}$$

$$=\sqrt{(840.000-876.833)^2+(600.000-623.250)^2}=43.557(\text{m})$$

三、角度交会法

角度交会法是在两个或多个控制点上安置经纬仪，通过测设两个或多个已知角度交会出待定点的平面位置，故又称方向交会法。该法适用于待测设点位离控制点较远或不便于量距的情况。

如图 9-9 所示，A、B、C 为已知平面控制点，其坐标为 $A(x_A,y_A)$、$B(x_B,y_B)$、$C(x_C,y_C)$。P 为待测设点，其坐标为 $P(x_P,y_P)$。

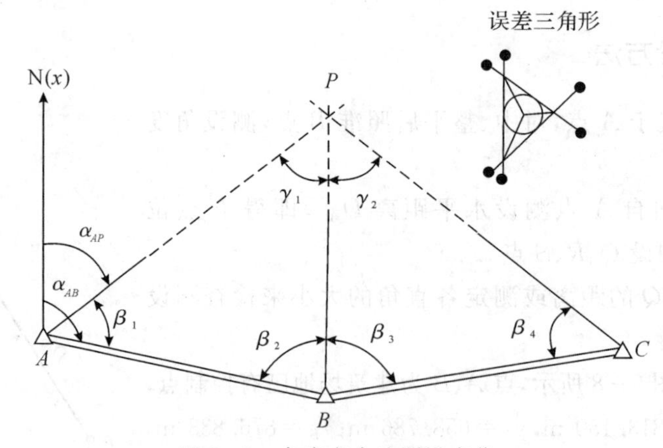

图 9-9　角度交会法测设点位

(一)计算测设数据

根据坐标反算公式计算出 α_{AB}、α_{AP}、α_{BP}、α_{CP}、α_{BC}，再计算出测设数据 β_1、β_2、β_3 和 β_4。

(二)点位测设方法

(1)分别从 A、B、C 三点处沿对应 β 角值定出 AP、BP、CP 三条方向线,并在 P 点附近各打两个小木桩,桩顶钉上小钉,以表示 AP、BP、CP 方向线。

(2)将各方向的两个方向桩上的小钉用细绳拉紧,即可交出 AP、BP、CP 三个方向的交点,此点即为所求的 P 点。由于测设误差的存在,当三条方向线不交于一点时,会出现一个小三角形,称为误差三角形。当误差三角形的最大边长不超过 1 cm 时,可取误差三角形的重心作为 P 点的点位。

四、距离交会法

距离交会法是由两个控制点测设两段已知距离,交会出待测设的平面位置。该法适用于施工场地平坦、量距方便且待测设点离控制点较近(一般不超过一尺段长)的地方。该法不需使用仪器,简单方便,但测设精度较低,只适用于普通工程的施工放样。

如图 9－10 所示,A、B、C 为已知平面控制点,1、2 为待测设点,坐标均已知。

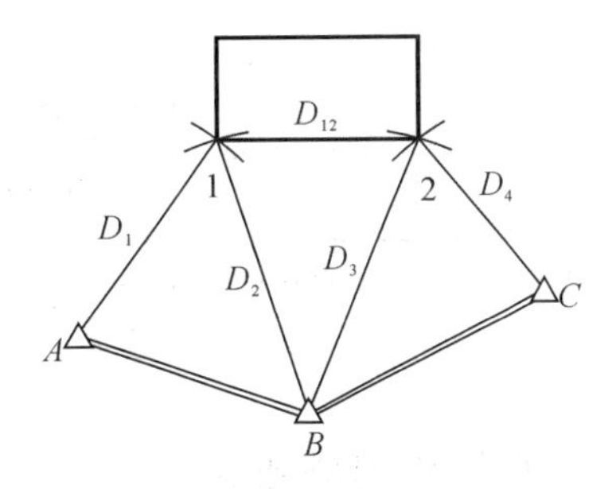

图 9－10　距离交会法测设点位

(一)计算测设数据

根据已知点 A、B、C 及待测点 1、2 的坐标计算出 D_1、D_2、D_3、D_4 和 D_{12}。

(二)点位测设方法

(1)用两根钢尺分别沿 $A1$、$B1$ 方向以 D_1、D_2 为半径在地面上画弧,两弧线的交点即为 1 点的位置。同样方法根据 B、C 两点交会出待测设点 2。

(2)量取 1 点与 2 点的水平距离并与已知设计长度 D_{12} 比较,误差应在允许范围内。

五、全站仪坐标放样法

全站仪坐标放样是通过将全站仪架设在已知点上,只要输入测站点、后视点以及待放样点的三点坐标,瞄准后视点定向后即可进行放样。以南方 NTS-332R5 免棱镜全站仪为例介绍坐标放样方法,坐标放样的过程包括以下几个步骤:①选择坐标数据文件,可进行测站坐标数据及后视坐标数据的调用;②设置测站点;③设置后视点,确定方位角;④输入或调用所需的放样坐标,开始放样。

9-2　全站仪坐标放样法

(一)选择坐标数据文件

运行放样模式首先要选择一个坐标数据文件,用于测站以及放样数据的调用,同时也可以将新点测量数据存入所选定的坐标数据文件中。其操作步骤如表 9－2 所示。

表 9-2 选择坐标数据文件

步骤	操作	操作过程	显示
第 1 步	按F1键	在“坐标放样(2/2)”菜单中按F1(选择文件)键	坐标放样 (2/2) F1: 选择文件 F2: 新点 F3: 格网因子
第 2 步	按F2键	按F2(调用)键,显示坐标数据文件目录①	
第 3 步	按▲或▼键	按▲或▼键可使文件表向上或向下滚动,选择一个工作文件②	选择一个文件 FN: 回退 调用 字母
第 4 步	按ENT键	按ENT(回车)键确认,返回到“坐标放样(2/2)”菜单	

注:①如果要直接输入文件名,可按F1键,然后输入文件名。

②如果菜单文件已被选定,则在该文件名右边显示一个“&”符号。

(二)设置测站点

测站点的设置方法有两种:一种是利用内存中已存储的坐标数据进行设置,另一种则是直接键入坐标数据。调用已存储的坐标数据设置测站点的方法如表 9-3(a)所示,直接输入测站点坐标的方法如表 9-3(b)所示。

表 9-3(a) 调用已存储的坐标数据设置测站点

步骤	操作	操作过程	显示
第 1 步	按F1键	在“坐标放样(1/2)”菜单中按F1(输入测站点)键,即显示原有数据	输入测站点 点名: TREE 01 回退 调用 字母 坐标
第 2 步	按ENT键	输入点名,按ENT(回车)键确认	
第 3 步	按F4键	按F4(是)键进入仪高输入界面	FN: FN N: 152.258 m E: 376.310 m Z: 2.362 m >OK? [否] [是]
第 4 步	输入仪高	输入仪器高,显示屏返回到“坐标放样(1/2)”菜单	

表 9－3(b)　直接输入测站点坐标

步骤	操作	操作过程	显示
第 1 步	按[F1]键	在“坐标放样(1/2)”菜单中按[F1](输入测站点)键，即显示原有数据	输入测站点 点名: TREE 01 回退 调用 字母 坐标
第 2 步	按[F4]键	按[F4](坐标)键	
第 3 步	按[ENT]键	输入坐标值，按[ENT](回车)键，进入仪高输入界面	
第 4 步	输入仪高	输入仪器高，显示屏返回到“坐标放样(1/2)”菜单	

(三)设置后视点

后视点的设置有三种方法：利用内存中的坐标数据文件设置后视点、直接键入坐标数据、直接键入设置角。每按一下[F4]键，输入后视定向角方法与直接键入后视点坐标数据依次更变。如图 9－11 所示为三种方法的变更方式。利用已存储的坐标数据输入后视点坐标的方法如表 9－4(a)所示，直接输入后视点坐标的方法如表 9－4(b)所示。

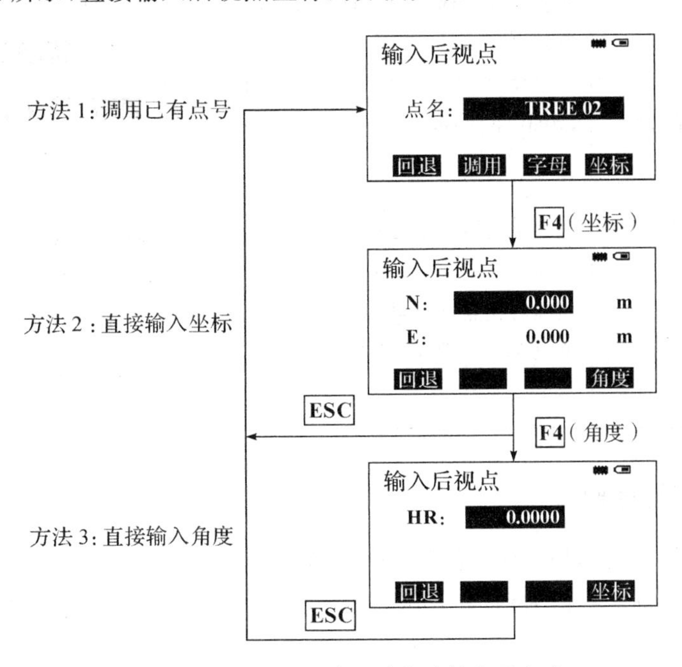

图 9－11　设置后视点三种方法的变更方式

表 9-4(a) 利用已存储的坐标数据输入后视点坐标

步骤	操作	操作过程	显示
第 1 步	按[F2]键	输入点名,按[ENT](回车)键确认	输入后视点 点名: TREE 02 回退 调用 字母 坐标
第 2 步	按[ENT]键	输入点名,按[ENT](回车)键确认	
第 3 步	按[F4]键	按[F4](是)键,仪器自动计算,显示后视点设置界面	FN: FN TREE N: 103.210 m E: 21.963 m Z: 1.012 m >OK? [否] [是]
第 4 步	按[F4]键	照准后视点,按[F4](是)键,显示屏返回到"坐标放样(1/2)"菜单	

表 9-4(b) 直接输入后视点坐标

步骤	操作	操作过程	显示
第 1 步	按[F2]键	在"坐标放样(1/2)"菜单中按[F2](输入后视点)键,即显示原有数据	输入后视点 点名: TREE 02 回退 调用 字母 坐标
第 2 步	按[F4]键	按[F4](坐标)键	
第 3 步	按[ENT]键	输入坐标值,按[ENT](回车)键	PSM -30 PPM 4.6 照准后视点 HB= 176° 22′ 20″ >照准? [否] [是]
第 4 步	按[F4]键	照准后视点,按[F4](是)键,显示屏返回到"坐标放样(1/2)"菜单	

(四)放样点坐标输入

放样点坐标输入有两种方法:通过点号调用内存中的坐标值和直接键入坐标值。以通过点号调用内存中的坐标值为例,其方法如表 9-5 所示。

表 9-5 通过点号调用内存中的坐标值

步骤	操作	操作过程	显示
第 1 步	按F3键	在"坐标放样(1/2)"菜单中按F3(输入放样点)键	输入放样点 点名: TREE 19 回退 调用 字母 坐标
第 2 步	按ENT键	输入点号,按ENT(回车)键,进入棱镜高输入界面	
第 3 步	输入反射镜高	按同样方法输入反射镜高,当放样点设定后,仪器就进行放样元素计算 HR:放样点的方位角计算值 HD:仪器到放样点的水平距离计算值	PSM -30 PPM 4.6 放样参数计算 HR: 155° 30′ 20″ HD: 122.568 m 继续
第 4 步	按F4键	照准棱镜,按F4(继续)键 dHR:当前方位角与放样点位的方位角之差,dHR=实际水平角-计算的水平角 当 dHR=0°00′00″时,即表明放样方向正确	PSM -30 PPM 4.6 角度差调为零 HR: 155° 30′ 20″ dHR: 0° 00′ 00″ 距离 坐标 换点
第 5 步	按F2键	按F2(距离)键 HD:实测的水平距离 dH:对准放样点高差的水平距离 dZ=实测高差-计算高差	PSM -30 PPM 4.6 HD: 169.355 m dH: -9.322 m dZ: 0.336 m 测量 角度 坐标 换点
第 6 步	按F1键	按F1(测量)键进行精测 当 dHR、dH 和 dZ 均为 0 时,则表明放样点的测设已经完成	PSM -30 PPM 4.6 N: 236.352 m E: 123.622 m Z: 1.237 m 测量 角度 换点
第 7 步	按F3键	按F3(坐标)键,即显示坐标值,可以和放样点值进行核对	PSM -30 PPM 4.6 HD* 169.355 m dH: 0.000 m dZ: 0.000 m 测量 角度 坐标 换点
第 8 步	按F4键	按F4(换点)键,进入下一个放样点的测设	

注:①若文件中不存在所需的坐标数据,则无须输入点名,直接按"坐标"键输入放样坐标。

②通过按"距离"和"角度"可以对放样距离、角度进行切换。

六、GNSS RTK 坐标放样法

GNSS RTK 通常需要一台基准站接收机和一台(或多台)流动站接收机,以及用于数据传输的电台。

GNSS RTK 的作业方法和作业流程为:

(1)收集测区的控制点资料。任何测量工程进入测区后,首先一定要收集测区的控制点坐标资料,包括控制点的坐标、等级、中央子午线、坐标系等。

(2)求定测区转换参数。GNSS RTK 测量是在 WGS-84 坐标系中进行的,而工程测量和定位则是在当地坐标系中进行的,这之间存在坐标转换的问题。GNSS RTK 是用于实时测量的,要求立即给出当地的坐标,因此,坐标转换工作更显重要。

(3)工程项目参数设置。根据 GNSS 实时动态差分软件的要求,应输入的参数有:当地坐标系的椭球参数、中央子午线、测区西南角和东北角的大致经纬度、测区坐标系间的转换参数、放样点的设计坐标。

(4)野外作业。将基准站 GNSS RTK 接收机安置在参考点上,打开接收机,除了将设置的参数读入 GNSS RTK 接收机外,还要输入参考点的当地施工坐标和天线高,基准站 GNSS RTK 接收机通过转换参数将参考点的当地施工坐标化为 WGS-84 坐标,同时连续接收所有可视 GNSS 卫星信号,并通过数据发射电台将其测站坐标、观测值、卫星跟踪状态及接收机工作状态发送出去。流动站接收机在跟踪 GNSS 卫星信号的同时,接收来自基准站的数据,进行处理后获得流动站的三维 WGS-84 坐标,再通过与基准站相同的坐标转换参数将 WGS-84 坐标转换为当地施工坐标,并在流动站的手控器上实时显示。接收机可将实时位置与设计值相比较,以达到准确放样的目的。

第三节　已知坡度直线的测设

在道路、管线、地下工程、场地平整等工程施工中,都需要设计已知坡度的直线。

一、水平视线法

当设计坡度不大时,可采用水平视线法。

如图 9-12 所示,A 为设计坡度的起始点,其设计高程为 H_A,欲向前测设设计坡度为 i 的坡度线。测设步骤如下:

(1)自 A 点起,每隔一定距离 d 打一木桩,桩号 $n=1,2,3,\cdots$;

(2)在 A 点附近安置水准仪,望远镜水平,读取 A 点水准尺读数为 a,依次在各木桩立尺,使各后视点的读数分别为(注意式中 i 作为设计坡度,其本身具有正负号):

$$b_n=a-n\cdot d\cdot i \tag{9-10}$$

并在木桩侧面沿水准尺底部标注,即为设计坡度线所在位置。

各桩标注位置的设计高程为:

$$H_n=H_A+n\cdot d\cdot i \tag{9-11}$$

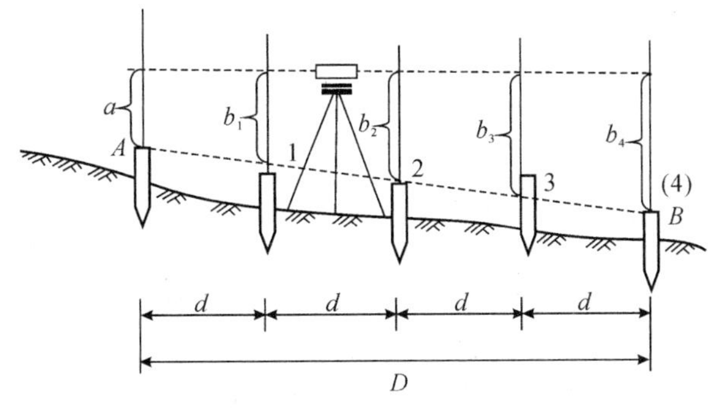

图 9-12　水平视线法

二、倾斜视线法

当设计坡度较大时，可采用经纬仪倾斜视线法。

如图 9-13 所示，A 为设计坡度的起始点，其设计高程为 H_A，AB 间的距离为 D，由 A 点向 B 点测设设计坡度为 i 的坡度线，其步骤如下：

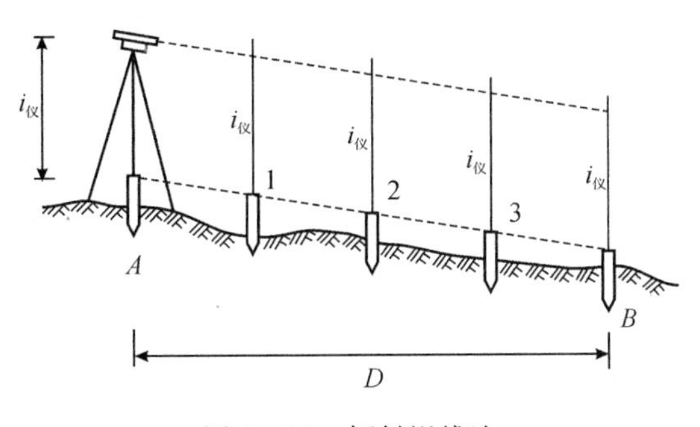

图 9-13　倾斜视线法

(1)根据 i 和 D 计算 B 点的设计高程为：

$$H_B = H_A + i \cdot D \tag{9-12}$$

(2)按高程测设的方法测设出 B 点，此时 AB 直线就构成坡度为 i 的坡度线。

(3)在 A 点安置经纬仪，使仪器的一个角螺旋位于 AB 方向线上，另两个角螺旋的连线大致与该方向相互垂直，量取仪高 $i_{仪}$。

(4)瞄准 B 点水准尺，转动在 AB 方向线上的角螺旋，使 B 点桩上水准尺的读数为 $i_{仪}$，此时仪器的视线即为平行于设计坡度的直线。

(5)在 AB 方向线上测设中间各点，分别在点 1、2、3 处打下木桩，使各木桩上水准尺的读数均为 $i_{仪}$。

这样各桩桩顶的连线即为所需测设的坡度线。

思考题与习题

1. 测设的基本工作包括哪些?

2. 测设点位的方法有哪些? 各适用于什么场合?

3. 设水准点 A 的高程为 216.000 m,欲测设 B 点,使其高程为 216.430 m,将水准仪安置在 A、B 两点中间,读得 A 点尺上的读数为 1.363 m,问 B 点尺上的读数应为多少?

4. 已知 $\alpha_{MN}=300°04'00''$,$x_M=14.23$ m,$y_M=86.71$ m;$x_P=42.30$ m,$y_P=85.03$ m,仪器安置在 M 点,计算用极坐标法测设 P 点所需的测设数据。

5. 测设出直角后,实测其角值为 $90°00'33''$,已知其边长为 152 m,问在垂线方向上向内移动多少距离才能得到 $90°$的角?

6. 已知 A 点坐标 $x_A=285.684$ m,$y_A=162.345$ m,AB 的坐标方位角 $\alpha_{AB}=296°44'30''$,又知 P、Q 两点的设计坐标分别为 $x_P=198.324$ m,$y_P=86.425$ m;$x_Q=198.324$ m,$y_Q=238.265$ m,以 A 点为测站,B 为后视方向,按极坐标法测设 P、Q 两点,试分别计算测设数据 $\angle BAP$、D_{AP} 和 $\angle BAQ$、D_{AQ}。

第十章

建筑施工测量

第一节 施工测量概述

一、施工测量的目的和内容

在施工过程中进行的一系列测量工作称为施工测量。施工测量的目的是把设计的建筑物、构筑物的平面位置和高程,按设计要求以一定的精度测设在地面上,作为施工的依据,以衔接和指导各工序间的施工。施工测量的过程与地形测量相反。

施工测量的内容主要包括:施工控制网的建立;建筑物主要轴线的测设;建筑物的细部测设,如基础模板的测设、构件与设备的安装测量等;工程竣工测量;施工过程中以及工程竣工后的建筑物变形监测。总之,施工测量贯穿于工程建设的全过程。

二、施工测量的特点

一般来说,施工测量的精度比测绘地形图的精度要求高,而且根据建筑物或构筑物的重要性、结构及施工方法等不同,对施工测量的精度要求也有所不同。通常,工业建筑的测设精度应高于民用建筑,钢结构建筑物的测设精度应高于钢筋混凝土结构的建筑物,装配式建筑物的测设精度应高于非装配式建筑物,高层建筑物的测设精度应高于低层建筑物。

由于施工测量贯穿于工程建设的全过程,施工测量工作直接影响工程的质量及施工进度,所以,测量人员必须熟悉有关图纸,了解设计内容、性质及对测量工作的要求,了解施工的全过程,密切配合施工进度进行测设工作。另外,建筑施工现场多为立体交叉作业,且有大量的重型动力机械,这对施工控制点的稳定和施工测量工作带来一定的影响。因此,测量标志的埋设应特别稳固,并要妥善保护,经常检查,对于已发生位移或遭到破坏的控制点应及时重测和恢复。

三、施工测量的原则

虽然施工现场上有各种建筑物、构筑物,且分布较广,但它们往往不是同时开工兴建的。因此为了保证各建筑物、构筑物的平面和高程位置都符合设计要求,互相连成统一的整体,施工测量和测绘地形图一样,也要遵循“从整体到局部,先控制后碎部”的原则,即先在施工场地建立统一的平面控制网和高程控制网,然后以此为基础,测设出各个建筑物、构筑物的位置。施工测量的检核工作也很重要,必须采用各种不同的方法加强外业和内业的检核工作。

在此应特别提出的是,施工测量不同于地形测量,在施工测量中出现的任何差错都有可能造成严重的质量事故和巨大的经济损失。因此,测量人员应严格执行质量管理规程,仔细复核放样数据,力争将错误率降到最低。

第二节　施工控制测量

为工程施工所建立的控制网称为施工控制网,施工控制网的布设应密切结合工程施工的需要及建筑场地的地形条件,选择适当的控制网形式和合理的布网方案。

一、施工控制网的特点

与测图控制网相比,施工控制网具有以下一些特点。

(一)控制范围小,精度要求高,布网等级宜采用两级布设

测图控制点是为了满足测图要求,其精度要求一般较低,而施工控制网的精度是为了满足工程放样要求,精度要求一般较高。因此,工程施工控制网的精度要比一般测图控制网高。因此在布设建筑工地施工控制网时,采用两级布网的方案是比较合适的。

(二)控制点使用频繁,受施工干扰大

大型工程在施工过程中,不同的工序和不同的高程上往往要频繁地进行放样,施工控制点反复被应用,有的可能要多达数十次。与此同时,工程的现代化施工,经常采用立体交叉作业的方法,施工机械频繁调动,对施工放样的通视等条件产生了严重影响。因此,施工控制点应位置恰当、坚固稳定、使用方便、便于保存,且密度也应较大,以便使用时有灵活选择的余地。设计点位时应充分考虑建筑物的分布、施工的程序、施工的方法以及施工场地的布置情况,将施工控制点画在施工总平面图相应的位置上。

(三)采用独立的建筑坐标系

在工业建筑场地,还要求施工控制点连线与施工坐标系的坐标轴相平行或相垂直,而且,其坐标值尽量为米的整倍数,以利于施工放样的计算工作。如以厂房主轴线、大坝主轴线、桥中心线等作为施工控制网的坐标轴线。

当施工控制网与测图控制网联系时,应进行坐标换算,以便于以后的测量工作,换算方法如图 10-1 所示:点的施工坐标为(x'_P,y'_P),如将其换算为测量坐标(x_P,y_P),可以

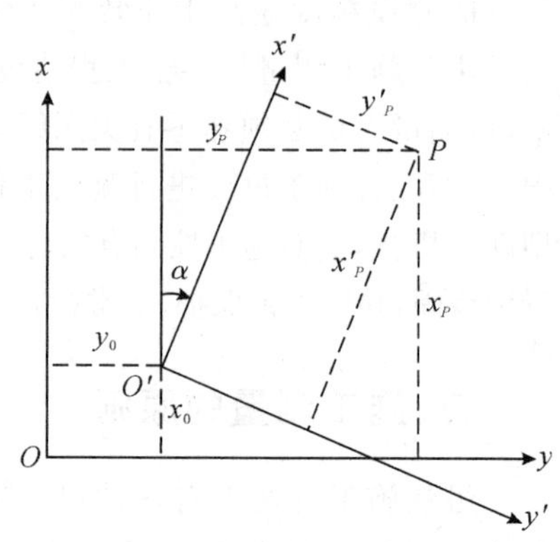

图 10-1　坐标系的换算

按下式计算：

$$\begin{cases} x_P = x_0 + x'_P\cos\alpha - y'_P\sin\alpha \\ y_P = y_0 + x'_P\sin\alpha + y'_P\cos\alpha \end{cases} \tag{10-1}$$

如已知 P 的测量坐标(x_P, y_P)，而将其换算为施工坐标(x'_P, y'_P)时，则按下式计算：

$$\begin{cases} x'_P = (x_P - x_0)\cos\alpha + (y_P - y_0)\sin\alpha \\ y'_P = -(x_P - x_0)\sin\alpha + (y_P - y_0)\cos\alpha \end{cases} \tag{10-2}$$

式中，α 为坐标系旋转角。这些数据一般由设计文件给定。

二、平面控制网的建立

大型工程的施工控制网一般分两级布设，以首级控制点控制整体工程及与之相关的重要附属工程，以二级加密网对工程局部位置进行施工放样。在通常情况下，首级施工控制网在工程施工前就应布设完毕，而二级加密网一般在施工过程中，根据施工的进度和工程施工的具体要求布设。

施工控制网的布设形式，应根据建筑物的总体布置、建筑场地的大小以及测区地形条件等因素来确定。在大中型建筑施工场地上，施工控制网一般布置成正方形或矩形的格网，称为建筑方格网。在面积不大又不十分复杂的建筑施工场地上，常布置一条或几条相互垂直的基线，称为建筑基线。当在山区或丘陵地区建立方格网或建筑基线有困难时，宜采用导线网或三角网来代替建筑方格网或建筑基线，下面分别介绍建筑基线和建筑方格网这两种控制形式。

(一)建筑基线

建筑基线的布置应临近建筑场地中主要建筑物并与其主要轴线平行，以便用直角坐标法进行放样。通常，建筑基线可布置成三点直线形、三点直角形、四点“丁”字形和五点“十”字形等，如图 10-2 所示。

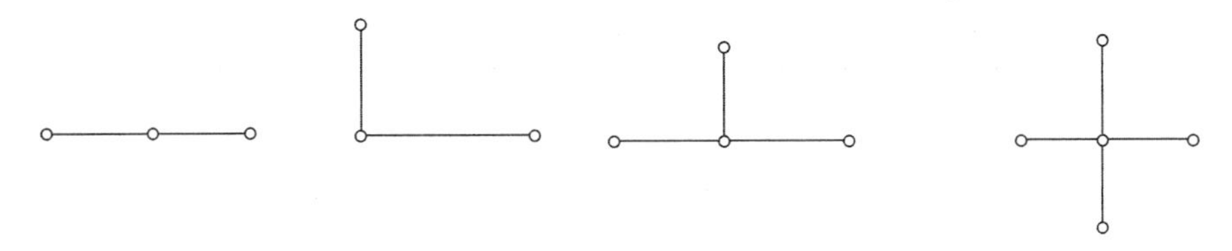

图 10-2　建筑基线

为了便于检查建筑基线点有无变动，一般基线点不应少于 3 个。在城建地区，由于建筑用地的边界要经规划部门和设计单位商定，并由规划部门的拨地单位在现场标定出边界点，它们的连线通常是正交的直线，称为建筑红线，如图 10-3 所示的 A、B、C 三点连线 AB、BC。在此基础上，可用平行线推移法来建立建筑基线 ab、bc。

当把 a、b、c 三点在地面上用木桩标定后，再安置经纬仪于 b 点检查$\angle abc$ 与 $90°$之差不得超过$\pm 20''$，否则需要进一步检查推平行线时的测设数据，并对点位做相应调整。

在非建筑区，一般没有建筑红线，这就需要根据建筑物的设计坐标和附近已有的控制点，来建立建筑基线并在地面上标定出来。如图 10-4 所示，A、B 为附近已有的控制点，a、b 和 c 为选定的建筑基线点，A、B 坐标已知，a、b 和 c 坐标可算出，这样就可以采用极坐

标法分别放样出 a、b、c 三点。然后把经纬仪安置于 b 点检查 $\angle abc$ 与 $90°$ 之差是否在 $\pm 20''$ 之内,并丈量 ab、bc 两段距离与计算数据相比较,相对误差应在 1/10 000 以内,否则应进行调整。

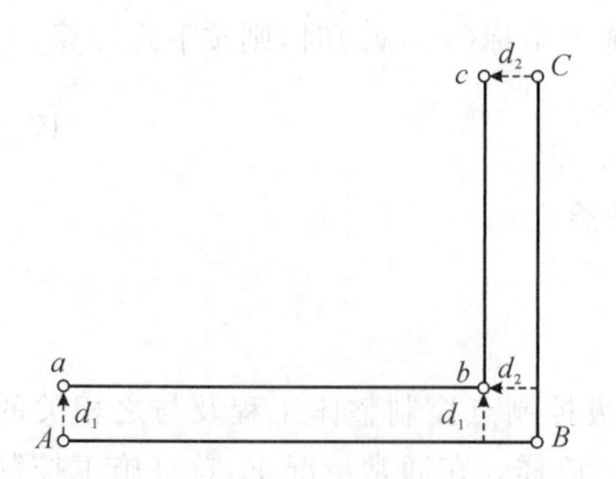

图 10-3　利用建筑红线建立建筑基线

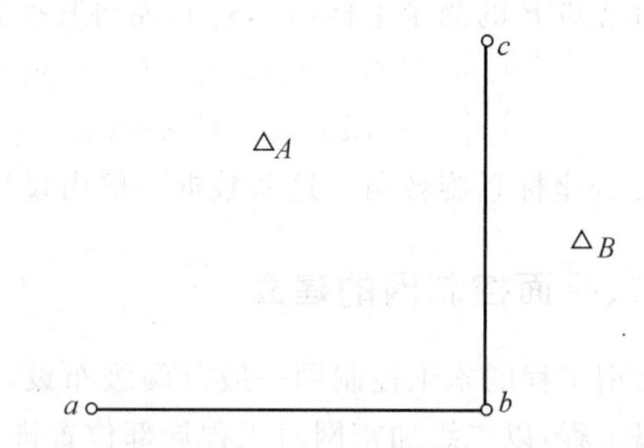

图 10-4　利用附近已有控制点建立建筑基线

(二)建筑方格网

1. 建筑方格网的布置和主轴线的选择

建筑方格网的布置一般是根据建筑设计总平面图并结合现场情况来拟定的。布网时应首先选定方格网的主轴线,如图 10-5 中的 AOB 和 COD,然后再布置其他的方格点。格网可布置成正方形或矩形。当场地面积较大时方格网常分两级布设,首级为基本网,可采用"十"字形、"口"字形或"田"字形,然后再加密方格网。当场地面积不大时,尽量布置成全面方格网。

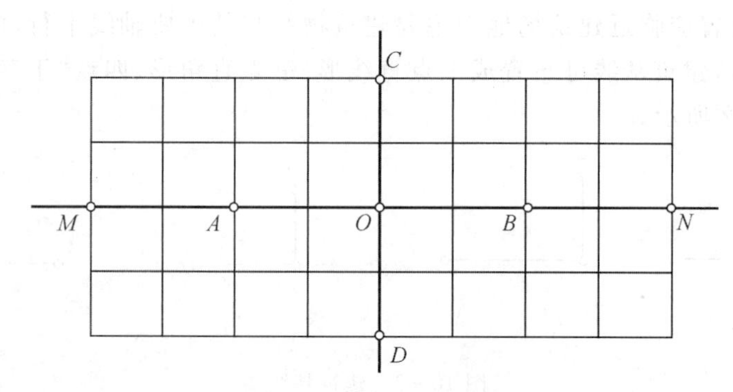

图 10-5　建筑方格网

布网时应注意以下几点:

(1)方格网的主轴线与主要建筑物的基本轴线平行,并使控制点接近测设的对象。

(2)方格网的边长一般为 100～200 m,边长的相对精度一般为 1/10 000～1/20 000。为了便于设计和使用,方格网的边长尽可能为 50 m 的整数倍。

(3)相邻方格点应保持通视,各桩点应能长期保存。

(4)选点时应注意便于测角、量距,点数应尽量少。

2. 网主轴线的测设

如图 10-6 所示,1、2、3 为测量控制点,A、O、B 为主轴线上的主点。首先将 A、O、B 三点的施工坐标换算为测量坐标,再根据它们的测量坐标算出放样数据 D_1、D_2、D_3 和 β_1、β_2、

β_3，然后按极坐标法分别测设出 A、O、B 三个主点的概略位置，以 A'、O'、B'表示，如图 10－6 所示。

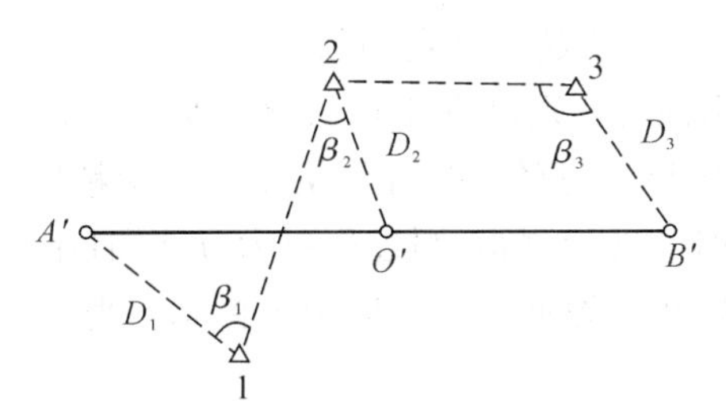

图 10－6　极坐标法测设网主轴线

由于误差的原因，三个主点一般不在一条直线上，因此要在 O'点上安置经纬仪，如图 10－7 所示，精确地测量$\angle A'O'B'$的值，如果它和 180°之差超过规定的限差，则应进行调整。调整时将各主点沿垂直方向移动一个改正值 d，但 O'与 A'、B'两点移动的方向相反。d 值可按下式计算：

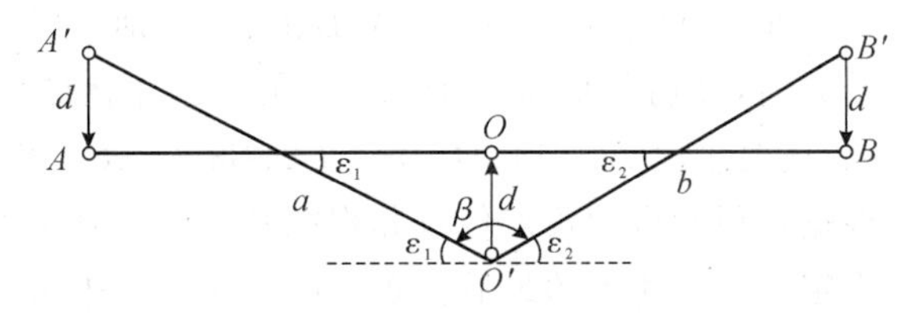

图 10－7　网主轴线的精确测设

$$\varepsilon_1=\frac{d}{a/2}=\frac{2d}{a} \tag{10-3}$$

同理有：

$$\varepsilon_2=\frac{2d}{b} \tag{10-4}$$

则：

$$\varepsilon_1+\varepsilon_2=2d\left(\frac{1}{a}+\frac{1}{b}\right)=(180^\circ-\beta)\frac{1}{\rho} \tag{10-5}$$

所以：

$$d=\frac{ab}{a+b}\left(90^\circ-\frac{\beta}{2}\right)\frac{1}{\rho} \tag{10-6}$$

式中，ρ 为常数，其值为 206 265″。

移动过 A'、O'、B'三点以后再测量$\angle AOB$，如测得结果与 180°之差仍然超过限差，则应再进行调整，直到误差控制在容许范围内为止。

定好 A、O、B 三个主点后，将仪器安置在 O 点来测设与 AOB 轴线相垂直的另一主轴线 COD，如图 10－8 所示。测设时瞄准 A 点，分别向右、向左转 90°，在地上定出 C'和 D'点，再精确地测出$\angle AOC'$和$\angle AOD'$，分别计算出它们与 90°之差 ε_1 和 ε_2，然后再计算出改正值 d_1、d_2，计算公式如下：

$$d=\frac{S\varepsilon}{\rho} \tag{10-7}$$

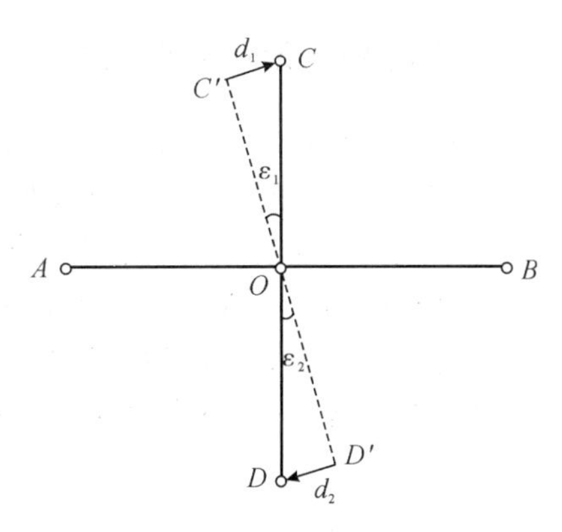

图 10－8　垂直方向主轴线

式中,S 为 OC' 或 OD' 的距离。

将 C' 点沿垂直方向移动距离 d_1 定出 C 点,同样的方法定出 D 点。最后再实测改正后的 $\angle COD$,其角值与 $180°$ 之差不应超过规定的限差。

最后,分别自 O 点起,用钢尺分别沿直线 OA、OC、OB 和 OD 量取主轴线的距离。主轴线的量距必须用经纬仪定线,用检定过的钢尺往返丈量。丈量精度一般为1/10 000～1/20 000,若用测距仪或全站仪代替钢尺进行测距,则过程更为方便,且结果精度更高。

主轴线点 A、O、B、C、D 要在地面上用混凝土桩标志出来。

3. 建筑方格网的测设

在主轴线测设出后,就要测设方格网,具体做法如下。

在主轴线的四个端点 A、B、C、D 分别安置经纬仪,如图 10－9 所示,每次都以 O 点为起始方向,分别向左、向右侧设 90°角。这样就交会出方格网的 4 个角点 1、2、3、4。为了进行检核,还要量出 $A1$、$A4$、$D1$、$D2$、$B2$、$B3$、$C3$、$C4$ 各段距离,量距精度要求和主轴线相同。如果根据量距所得的角点位置和根据角度交会法所得的角点位置不一致,则可适当进行调整,以确定 1、2、3、4 点的最后位置,并用混凝土桩标定上述构成"田"字形的各方格点作为基本点。为了便于以后进行厂房细部的施工放线工作,在测设矩形方格网的同时,还要每隔 24 m 埋设一个距离指标桩。

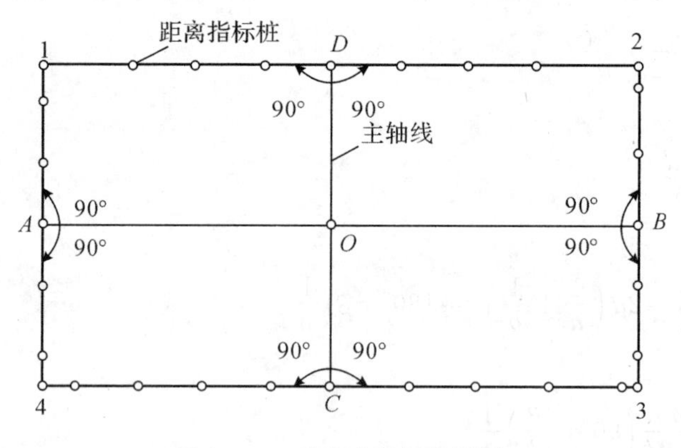

图 10－9　建筑方格网的测设

三、高程控制网的建立

场地高程控制点一般附设在方格点的标桩上,但为了便于长期检查这些水准点高程是否有变化,还应布设永久性的水准主点。大型企业建筑场地除埋设水准主点外,在要建的大型厂房或高层建筑等区域还应布置水准基点,以保证整个场地有一可靠的高程起算点控制每个区域的高程。水准主点和水准基点的高程用精密水准仪测定,在此基础上用三等水准测量的方法测定方格网的高程。对于中小型建筑场地的水准点,一般用三、四等水准测量的方法测其高程。最后包括临时水准点在内,水准点的密度应尽量满足放样要求。

第三节　建筑施工中的测量工作

一、施工测量的准备工作

（一）熟悉设计图纸

设计图纸是施工放样的主要依据，在施工测量前，应核对设计图纸，检查总尺寸和分尺寸是否一致，总平面图和大样详图尺寸是否相符，不符之处要向设计单位提出，及时进行修正。与测设有关的图纸主要有：建筑总平面图、建筑平面图（底层）、基础平面图和基础剖面图。

根据建筑总平面图可以了解设计建筑物与原有建筑物的平面位置和高程的关系，是测设建筑物总体位置的依据。从建筑平面图（包括底层和楼层平面图）上可以查明建筑物的总尺寸和内部各定位轴线间的尺寸关系，它是放样的基础资料。从基础平面图上可以获得基础边线与定位轴线的关系尺寸，以及基础布置与基础剖面的位置关系，以确定基础轴线放样的数据。从基础剖面图上则可以查明基础立面尺寸、设计标高，以及基础边线与定位轴线的尺寸关系，从而确定开挖边线和基坑底面的高程位置。

图 10－10、图 10－11、图 10－12 和图 10－13 分别为某建筑物的建筑总平面图、建筑平面图（底层）、基础平面图和基础剖面图。

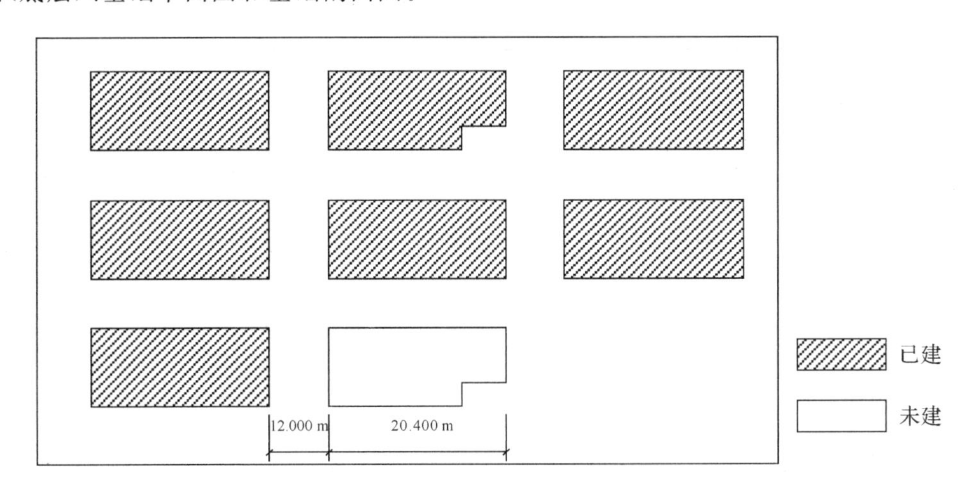

图 10－10　建筑总平面图

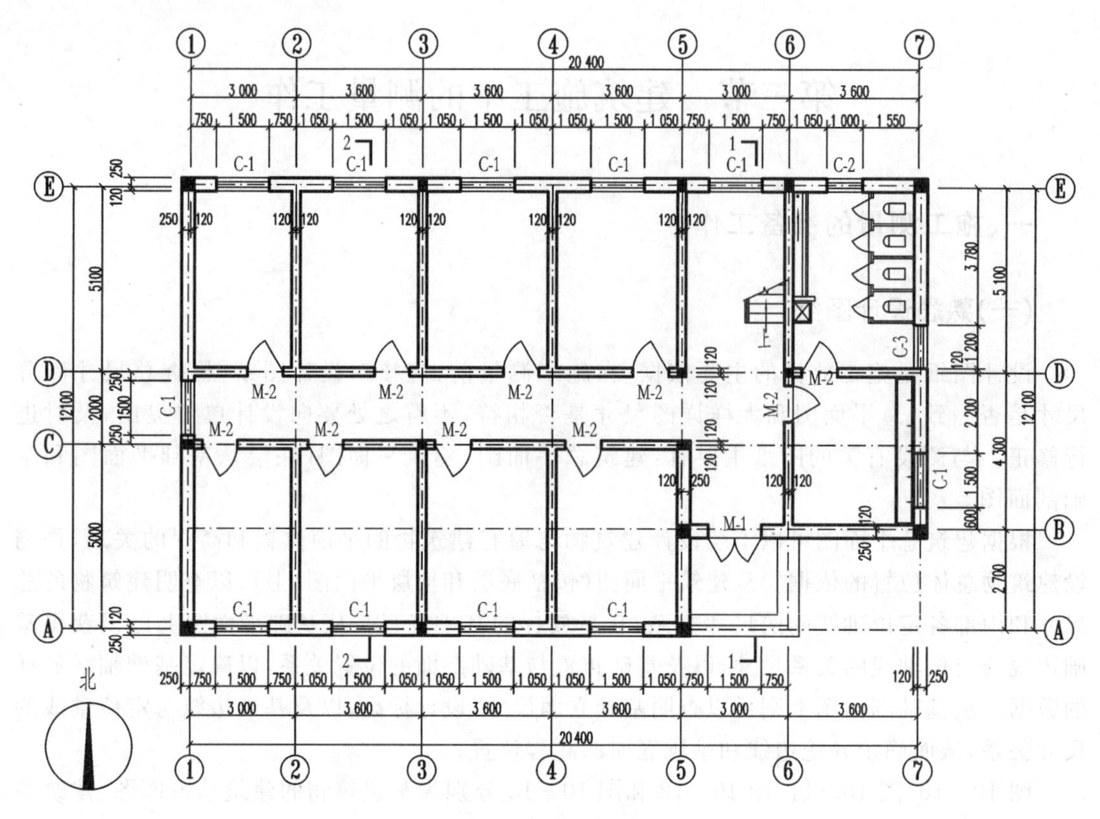

图 10－11　建筑平面图(底层)

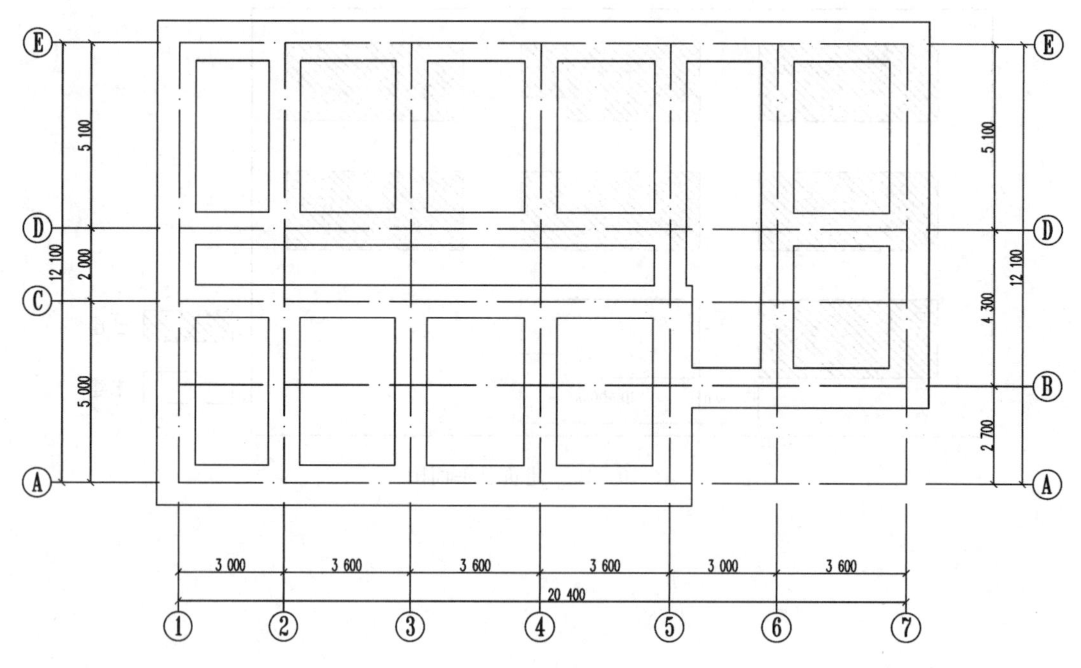

图 10－12　基础平面图

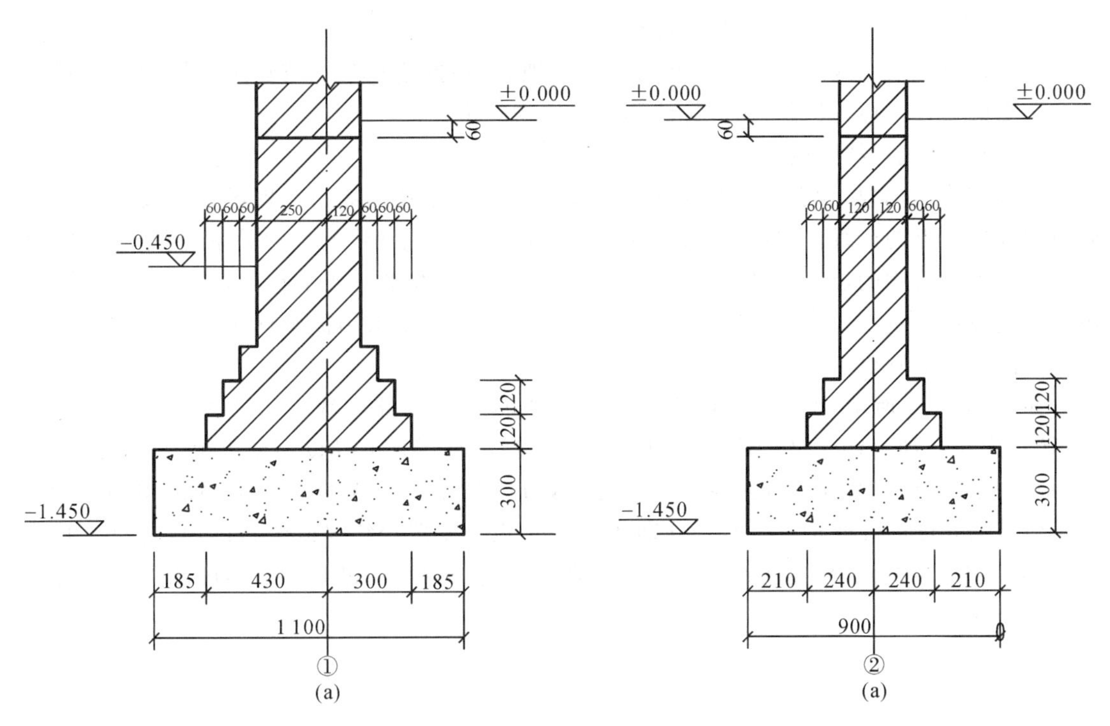

图 10－13　基础剖面图

(二)了解施工放样精度

由于建筑物的结构特征不同,施工放样的精度要求也有所不同。在施工放样前,应熟悉相应的技术参数,合理选用放样方法。

(三)拟订测设方案

在了解设计参数、技术要求和施工进度计划的基础上,对施工现场进行实地踏勘,清理施工现场,检测原有测量控制点,根据实际情况拟订测设方案,准备测设数据,绘制测设略图。还应根据测设的精度要求,选择相应等级的仪器、工具,并对所用的仪器、工具进行严格的检验和校正,确保仪器、工具的正常使用。

二、多层建筑施工测量

(一)建筑物定位

建筑物定位就是在实地标定建筑物外廓轴线的工作。根据施工现场情况及设计条件,建筑物定位的方法主要有以下几种。

(1)根据测量控制点测设

当设计建筑物附近有测量控制点时,可根据原有控制点和建筑物各角点的设计坐标,采用极坐标法、角度交会法、距离交会法等方法测设建筑物的位置。

(2)根据建筑基线或建筑方格网测设

在布设有建筑基线或建筑方格网的建筑场地,可根据建筑基线或建筑方格网点和建筑物各角点的设计坐标,采用直角坐标法测设建筑物的位置。

(3)根据建筑红线测设

建筑红线又称规划红线,是经规划部门审批并由国土管理部门在现场直接放样出来的建筑用地边界点的连线。测设时,可根据设计建筑物与建筑红线的位置关系,利用建筑用地边界点测设建筑物的位置。当设计建筑物边线与建筑红线平行或垂直时,采用直角坐标法测设。当设计建筑物边线与建筑红线不平行或不垂直时,则采用极坐标法、角度交会法、距离交会法等方法测设。

如图 10-14 所示,A、BC、MC、EC、D 点为城市规划道路红线点,IP 为两直线段的交点,转角为 90°,BC、MC、EC 为圆曲线上的三点,设计建筑物 $MNPQ$ 与城市规划道路红线间的距离注于图上。测设时,首先在建筑红线上从 IP 点沿 IP—A 的方向量 15 m 得到 N' 点,再量建筑物长度 l 得到 M' 点;然后分别在 M'、N' 点上安置经纬仪或全站仪,测设 90°,并量 12 m 得到 M、N 两点,再量建筑物长度 d 分别得到 Q、P 两点;最后检查角度和边长是否符合限差要求。

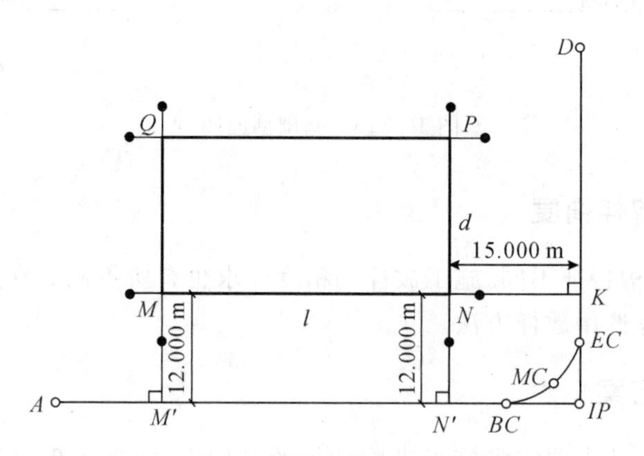

图 10-14　根据建筑红线测设建筑物轴线

(4)根据与原有建筑物的关系测设

在原有建筑群中增建房屋时,设计建筑物与原有建筑物一般保持平行或垂直关系,因此,可根据原有建筑物,利用延长直线法、直角坐标法、平行线法等方法测设建筑物的位置。

图 10-15 为几种常见的设计建筑物与附近原有建筑物的相互关系,绘有斜线的为原有建筑物,没有斜线的表示设计建筑物。

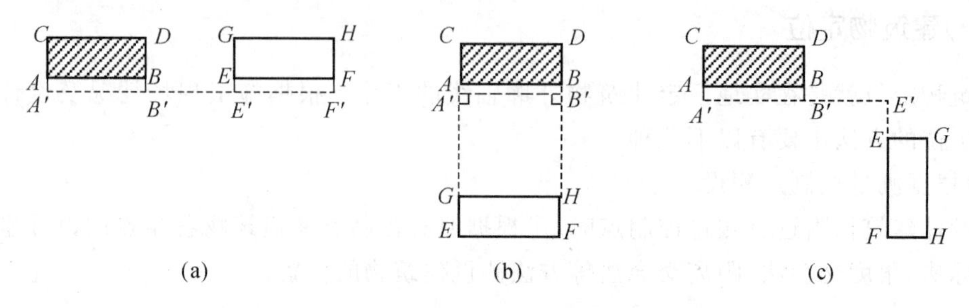

图 10-15　根据原有建筑物测设建筑物轴线

如图 10－15(a)所示，可用延长直线法测设建筑物的位置，即先通过等距延长 CA、DB 获得 AB 边的平行线 $A'B'$，然后在 B' 点安置经纬仪或全站仪，作 $A'B'$ 的延长线 $E'F'$，再分别安置仪器于 E' 点和 F' 点测设 90°，并根据设计尺寸定出 E、G 和 F、H 四点。

如图 10－15(b)所示，可用平行线法定位，即在 AB 边的平行线上的 A' 点和 B' 点安置经纬仪或全站仪，分别测设 90°，并根据设计尺寸定出 G、E 和 H、F 四点。

如图 10－15(c)所示，可用直角坐标法定位，即在 AB 边的平行线上的 B' 点安置经纬仪或全站仪，作 $A'B'$ 的延长线至 E' 点，然后安置仪器于 E' 点测设 90°，并根据设计尺寸定出 E、F 两点，再在 E 点和 F 点安置仪器测设 90°，并根据设计尺寸定出 G、H 两点。

建筑物定位后，应进行角度和长度的检核，确认符合限差要求，并经规划部门验线后，方可进行施工。

(二)龙门板和轴线控制桩设置

建筑物定位后，所测设的轴线交点桩(或称角桩)在基槽开挖时将被破坏。因此，基槽开挖前，应将轴线引测到基槽边线以外的安全地带，以便施工时能及时恢复各轴线的位置。引测轴线的方法有龙门板法和轴线控制桩法。

1. 龙门板法

龙门板法适用于一般民用建筑物，为了方便施工，可在基槽开挖边线以外一定距离处(根据土质情况和挖槽深度确定)钉设龙门板。

如图 10－16 所示，首先在建筑物四角与隔墙两端基槽开挖边线以外 1.5～2 m 处钉设龙门桩，使桩的侧面与基槽平行，并将其钉直、钉牢；然后根据建筑场地的水准点，用水准仪在龙门桩上测设建筑物±0.000 标高线(建筑物底层室内地坪标高)，再将龙门板钉在龙门桩上，使龙门板的顶面与±0.000 标高线齐平；最后用经纬仪或全站仪将各轴线引测到龙门板上，并钉上小钉表示，称为轴线钉。龙门板设置完毕后，利用钢尺检查各轴线钉的间距，使其符合限差要求。

龙门板法虽然使用方便，但占用场地多、对交通影响大，在机械化施工时，一般只测设轴线控制桩，不设置龙门桩和龙门板。

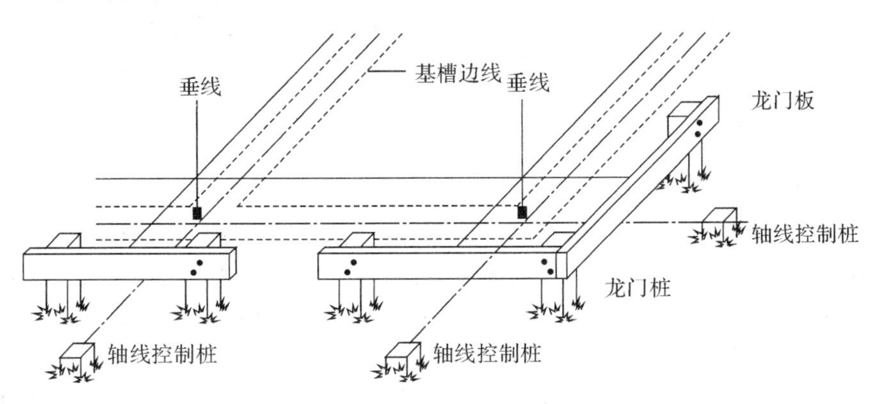

图 10－16　龙门板与轴线控制桩测设

2. 轴线控制桩法

设置在基槽外建筑物轴线延长线上的桩称为轴线控制桩(或引桩)。它是开槽后各施工阶段确定轴线位置的依据,如图 10-16 所示。轴线控制桩离基槽外边线的距离根据施工场地的条件而定,以不受施工干扰、便于引测和保存桩位为原则。如果附近有已建建筑物,最好将轴线引测到建筑物上。为了保证轴线控制桩的精度,施工中一般将控制桩与定位桩一起测设,也可先测设控制桩,再测设定位桩。

(三)基础施工测量

建筑物±0.000 以下的部分称为建筑物的基础,按构造方式可分为:条形基础、独立基础、片筏基础和箱形基础等。基础施工测量的主要内容有:基槽开挖边线放线、基础开挖深度控制、垫层施工测设和基础放样。

1. 基槽开挖边线放线

基础开挖前,先按基础剖面图的设计尺寸,计算基槽开挖边线的宽度,然后由基础轴线桩中心向两边各量基槽开挖边线宽度的一半,做出记号,在两个对应的记号点之间拉线并撒上白灰,就可以按照白灰线的位置开挖基槽。

2. 基础开挖深度控制

为了控制基槽的开挖深度,当基槽挖到一定的深度后,用水准测量的方法,在基槽壁上每隔 2～3 m 及拐角处,测设离槽底设计高程为一整分米数(0.3～0.5 m)的水平桩,并沿水平桩在槽壁上弹墨线,作为控制挖深和铺设基础垫层的依据,如图 10-17 所示。建筑施工中,将高程测设称为抄平或找平。

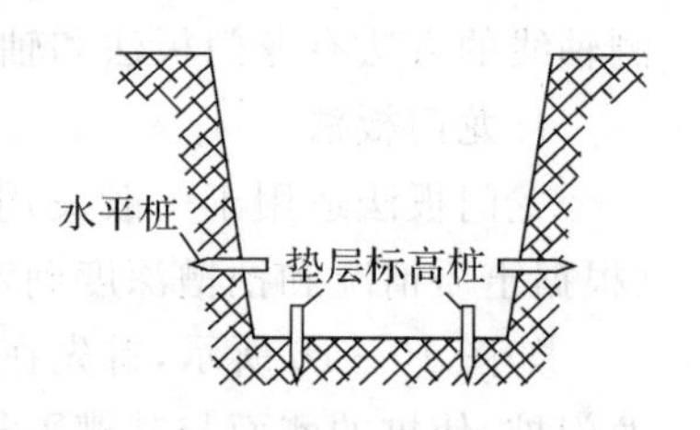

图 10-17　基础开挖深度控制

基槽开挖完成后,应根据轴线控制桩或龙门板,复核基槽宽度和槽底标高,合格后方可进行垫层施工。

3. 垫层施工测设

基槽开挖完成后,可根据龙门板或轴线控制桩的位置和垫层的宽度,在槽底层测设出垫层的边线,并在槽底设置垫层标高桩,使桩顶面的高程等于垫层设计高程,作为垫层施工的依据,如图 10-17 所示。

4. 基础放样

垫层施工完成后,根据龙门板或轴线控制桩,用拉线吊垂球的方法将墙基轴线投测到垫层上,用墨斗弹出墨线,用红油漆画出标记。墙基轴线投测完成后,应按设计尺寸严格检核。

(四)主体施工测量

1. 楼层轴线投测

建筑物轴线投测的目的是保证建筑物各层相应的轴线位于同一竖直面内。多层建筑物轴线投测最简便的方法是吊垂线法,即将垂球悬吊在楼板或柱顶边缘,当垂球尖对准基础上的定位轴线时,垂球线在楼板或柱顶边缘的位置即为楼层轴线端点位置,并画出标志线,经检查合格后,即可继续施工。

当风力较大或楼层较高,用垂球投测误差较大时,可用经纬仪或全站仪投测轴线。如图 10-18(a)所示,③和Ⓒ分别为某建筑物的两条中心轴线,在进行建筑物定位时应将轴线控制桩 3、3′、C、C'设置在距离建筑物尽可能远(建筑物高度的 1.5 倍以上)的地方,以减小投测时的仰角,提高投测的精度。

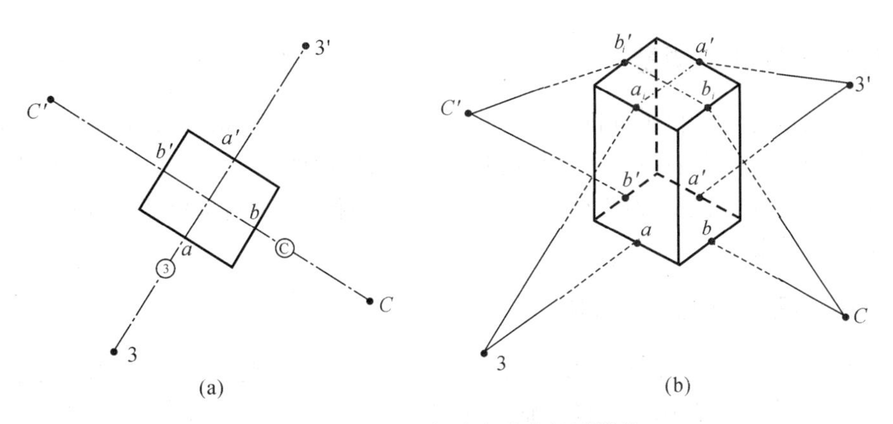

图 10－18 经纬仪或全站仪投测轴线

随着建筑物的不断升高，应将轴线逐层向上传递。如图 10－18(b)所示，将经纬仪或全站仪分别安置在轴线控制桩 3、3′、C、C′点上，分别瞄准建筑物底部的 a、a'、b、b'点，采用正倒镜分中法，将轴线③和©向上投测到每一层楼的楼板上，得 a_i、a_i'、b_i、b_i'点，并弹墨线标明轴线位置，其余轴线均以此为基准，根据设计尺寸进行测设。

2. 楼层高程传递

墙体标高可利用墙身皮数杆来控制。墙身皮数杆是根据设计尺寸按砖、灰缝厚度从底部往上依次标明±0、门、窗、过梁、楼板预留孔，以及其他各种构件的位置。同一标准楼层的皮数杆可以共用，不同标准楼层则应分别制作皮数杆。砌墙时，将皮数杆竖立在墙角处，使杆端±0 的刻划线对准基础墙上的±0 位置，如图 10－19 所示。楼层高程传递则用钢尺和水准仪沿墙体或柱身向楼层传递，作为过梁和门、窗口施工的依据。

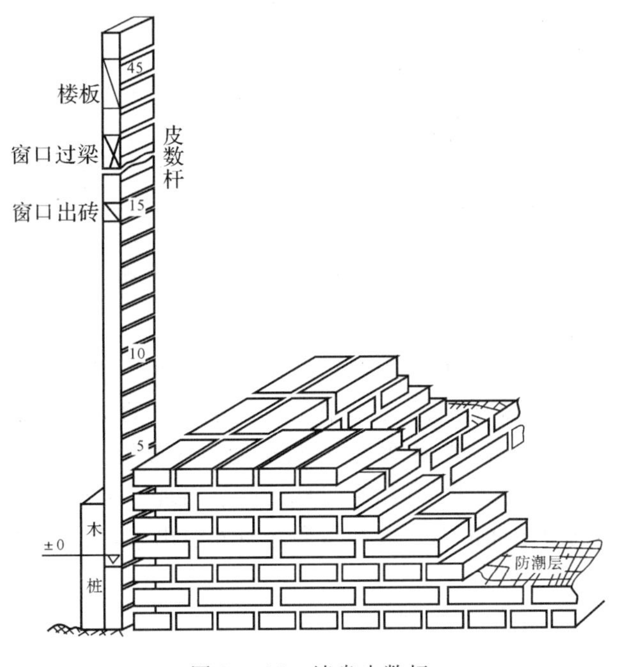

图 10－19 墙身皮数杆

三、高层建筑施工测量

随着现代城市的发展和建筑技术的不断进步,高层建筑日益增多。由于建筑层数多、高度大、施工场地狭窄,且多采用框架结构、滑模施工和先进的施工器械,故在施工过程中,对于垂直度偏差、水平度偏差及轴线尺寸偏差都必须严格控制,对测量仪器的选用和观测方案的确定都有一定的要求。

(一)基础及基础定位轴线测设

由于高层建筑物轴线的测设精度要求高,为了控制轴线的偏差,基础及基础定位轴线的测设,一般采用工业厂房控制网和柱列轴线的测设方法进行。

(二)高层建筑轴线投测

高层建筑轴线投测的方法主要有经纬仪或全站仪引桩投测法和激光垂准仪投测法等。

1. 经纬仪或全站仪引桩投测法

在多层建筑物轴线投测中,利用经纬仪或全站仪可将建筑物的轴线向上投测到每一层楼的楼板上,但随着建筑物的增高,望远镜的仰角也不断增大,投测精度将随仰角的增大而降低。为了保证投测精度,应将轴线控制桩引测到更远的安全地点,或附近建筑物的屋顶上。如图 10-20 所示,将经纬仪或全站仪分别安置在某楼层的投测点(如 a_{10}、a'_{10})上,瞄准地面上的轴线控制桩 3、3′,以正倒镜分中法分别将轴线投测到附近楼顶的 3-1 点或远处的 3′-1 点,其余各层即可在新引测的轴线控制桩上进行投测。

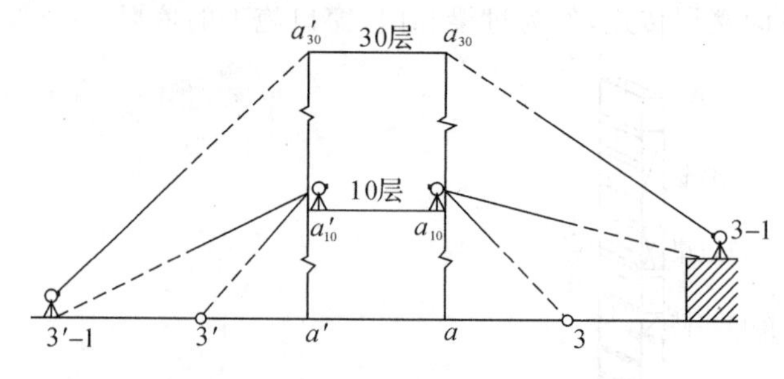

图 10-20　经纬仪或全站仪引桩投测

2. 激光垂准仪投测法

激光垂准仪是一种专用的铅直定位仪器,适用于高层建筑、烟囱和高塔架的铅直定位测量。图 10-21 为 DZJ2 型激光垂准仪,它是在光学垂准系统的基础上添加了半导体激光器,可以分别给出上下同轴的两根激光铅垂线,并与望远镜视准轴同心、同轴、同焦。安置仪器后,接通激光电源,当望远镜照准目标时,在目标处就会出现一个红色光斑,并可以从目镜中观察到;另一个激光器通过下面的对点系统将激光束发射出来,利用激光束照射到地面的光斑进行对中操作。

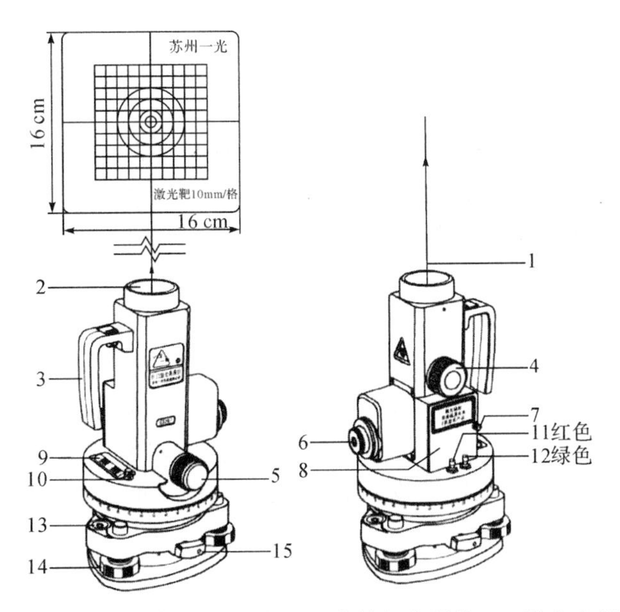

1—望远镜端激光束；2—物镜；3—手柄；4—物镜调焦螺旋；5—激光光斑调焦螺旋；
6—目镜；7—电池盒盖固定螺丝；8—电池盒盖；9—管水准器；10—管水准器校正螺丝；
11—电源开关；12—对点/垂准激光切换开关；13—圆水准器；14—脚螺旋；15—轴套锁定钮

图 10-21　DZJ2 型激光垂准仪

如图 10-22 所示，利用激光垂准仪向上投测轴线控制点进行铅直定位时，先应根据建筑物的轴线分布和结构情况设计好投测点位，投测点位离最近轴线的距离一般为 0.5～0.8 m。基础施工完成后，将设计投测点位准确地测设到地坪层上，以后每层楼板施工时，都应在投测点位处预留 30 cm×30 cm 的垂准孔。轴线投测时，将激光垂准仪安置在首层投测点位上，打开电源，在投测楼层的垂准孔上，就可以看见一束可见激光，转动激光光斑调焦螺旋，使激光光斑聚焦于目标面上的一点，用压铁拉两根细线，使其交点与激光束重合，在垂准孔旁的楼板面上弹出墨线标记。也可以使用专用的激光接收靶，移动该接收靶，使靶心与激光光斑重合，拉线将投测上来的点位标记在垂准孔旁的楼板面上，从而方便地将轴线从底层传至高层。

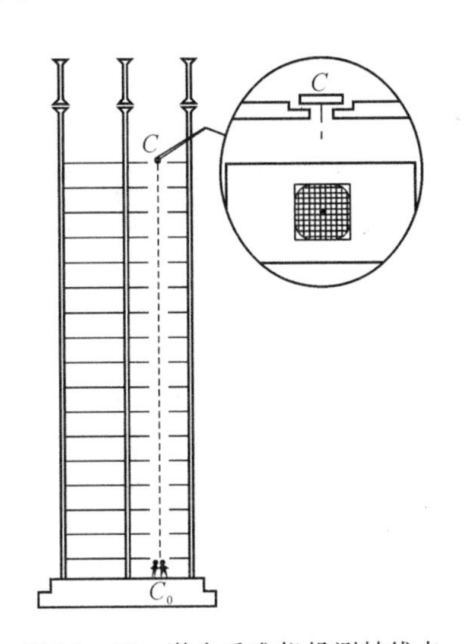

图 10-22　激光垂准仪投测轴线点

若利用具有自动安平补偿器的全自动激光垂准仪，只需通过圆水准器粗平后，就可以提供向上或向下的激光铅垂线，其投测精度优于普通激光垂准仪。

由于激光具有方向性好、发散角小、亮度高、适合夜间作业等特点，因此，激光垂准仪在高层建筑物轴线投测中得到了广泛的应用。

3. 光学垂准仪投测法

光学垂准仪是一种能够瞄准铅垂方向的仪器。整平仪器后,仪器的视准轴指向铅垂方向,目镜则用转向棱镜设置在水平方向,以便进行观测。

投点时,将仪器安置在首层投测点位上,根据指向天顶的垂准线,在相应楼层的垂准孔上设置标志,就可以将轴线从底层传递到高层。有些光学垂准仪具有自动补偿装置,使用时只需使圆水准器气泡居中,就可以提供竖直光线,实现向上或向下的铅垂投点。

(三)高层建筑高程传递

1. 钢尺测量法

首先根据附近水准点,用水准测量方法在建筑物底层内墙面上测设一条+0.5 m的标高线,作为底层地面施工及室内装修的标高依据;然后用钢尺从底层+0.5 m的标高线沿墙体或柱面直接垂直向上测量,在支承杆上标出上层楼面的设计标高线和高出设计标高+0.5 m的标高线。

2. 水准测量法

在高层建筑的垂直通道(楼梯间、电梯间、垃圾道、垂准孔等)中悬吊钢尺,钢尺下端挂一重锤,用钢尺代替水准尺,在下层与上层各架一次水准仪,根据底层+0.5 m的标高线将高程向上传递,从而测设出各楼层的设计标高线和高出设计标高+0.5 m的标高线。如图10-23所示,第二层+0.5 m的标高线的水准尺读数应为:

$$b_2 = a_2 - l_1 - (a_1 - b_1) \tag{10-8}$$

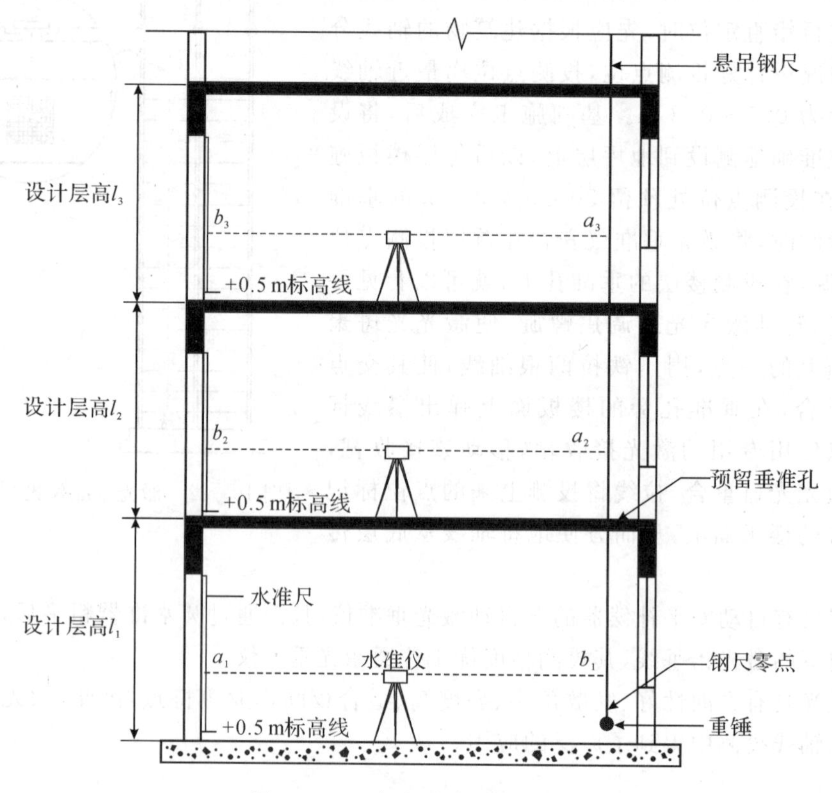

图10-23　水准测量法传递高程

通过上下移动水准尺使其读数为 b_2，沿水准尺底部在墙面划线，即可得到第二层+0.5 m 的标高线，依次进行各楼层的高程传递，并注意在进行相邻楼层的高程传递时，应保持钢尺上下稳定。

3. 全站仪天顶测距法

对于超高层建筑，悬吊钢尺有困难时，可以在底层投测点或电梯井安置全站仪，通过对天顶方向测距的方法引测高程。如图 10－24 所示，首先将望远镜置于水平位置，读取竖立在底层+0.5 m 标高线上水准尺的读数 a_1，测出全站仪的仪器标高。然后将望远镜指向天顶，在需传递高程的第 i 层楼面垂准孔上放置一块预制的圆孔铁板，并将棱镜平放在圆孔上，测出全站仪至棱镜的垂直距离 d_i，预先测出棱镜常数 k，再按式(10－9)获得第 i 层楼面铁板的顶面标高 H_i。最后通过安置在第 i 层楼面的水准仪测设出设计标高线和高出设计标高+0.5 m 的标高线。

$$H_i = a_1 + d_i - k \tag{10-9}$$

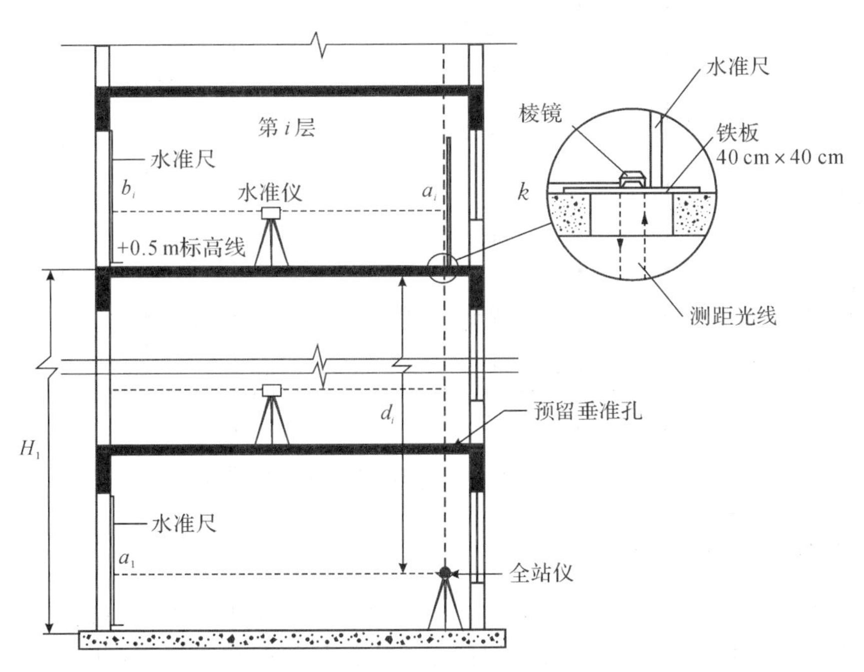

图 10－24　全站仪天顶测距法传递高程

四、工业厂房施工测量

工业建筑是指各类生产用房和为生产服务的附属用房，以生产厂房为主体。工业厂房有单层厂房和多层厂房。厂房的柱子按其结构与施工的不同可分为预制钢筋混凝土柱子、钢结构柱子及现浇钢筋混凝土柱子，目前使用较多的是钢结构及装配式钢筋混凝土结构的单层厂房。各种厂房由于结构和施工工艺的不同，其施工测量方法亦略有差异。下面以装配式钢筋混凝土结构的单层厂房为例，着重介绍厂房柱列轴线测设、基础施工测量、厂房构件安装测量及设备安装测量等。

10-1　工业厂房

(一)工业厂房矩形控制网测设

在图 10－25 中,M、N、Q、P 四点是工业厂房最外沿四条轴线的交点,从设计图纸上已知 M、N、Q、P 四点的坐标。$RSUT$ 为布置在基坑开挖范围以外的厂房矩形控制网,R、S、U、T 四点的坐标可以通过计算获得或在 AutoCAD 中量出。

根据厂房矩形控制网点 R、S、U、T 的坐标和厂区已建立的建筑方格网,通常采用直角坐标法测设 R、S、U、T 点的位置,并进行检查测量。对于一般厂房,角度测设误差不应超过 ±10″,边长相对误差不应超过 1/10 000。

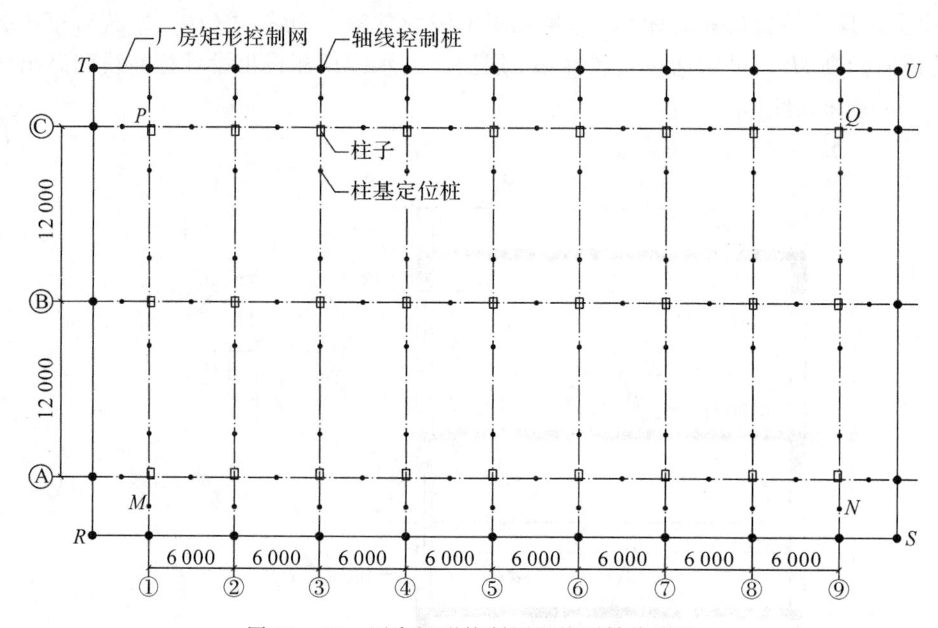

图 10－25　厂房矩形控制网和柱列轴线测设

(二)工业厂房柱列轴线测设

图 10－25 中的ⒶⒷⒸ及①～⑨等轴线称为柱列轴线。厂房矩形控制网建立之后,根据设计柱间距和跨间距,用钢尺沿矩形控制网逐段测设柱间距和跨间距,以定出各轴线控制柱,并在桩顶钉小钉,作为柱列轴线和柱基放样的依据。

(三)工业厂房柱基施工测量

1. 柱基测设

柱基测设就是在柱基坑开挖范围以外测设每个柱子的四个柱基定位桩,作为放样柱基坑开挖边线、修坑和立模板的依据。测设时,用两架经纬仪分别安置在两条互相垂直的柱列轴线控制桩上,沿轴线方向交会出柱基定位点(定位轴线交点),再根据定位点和定位轴线,按如图 10－26 所示的基础大样图上的平面尺寸和基坑放坡宽度,用特制角尺放出基坑开挖边线,并撒上白灰;同时在基坑外的轴线上,离开挖边线约 2 m 处,各打下一个基坑定位小木桩,桩顶钉小钉作为修坑和立模的依据,如图 10－27 所示。

桩基测设时,应注意定位轴线不一定都是基础中心线。如图 10－26 中的Ⓑ及②～⑧柱列轴线是基础的中心线，而其他柱列轴线则是柱子的边线。

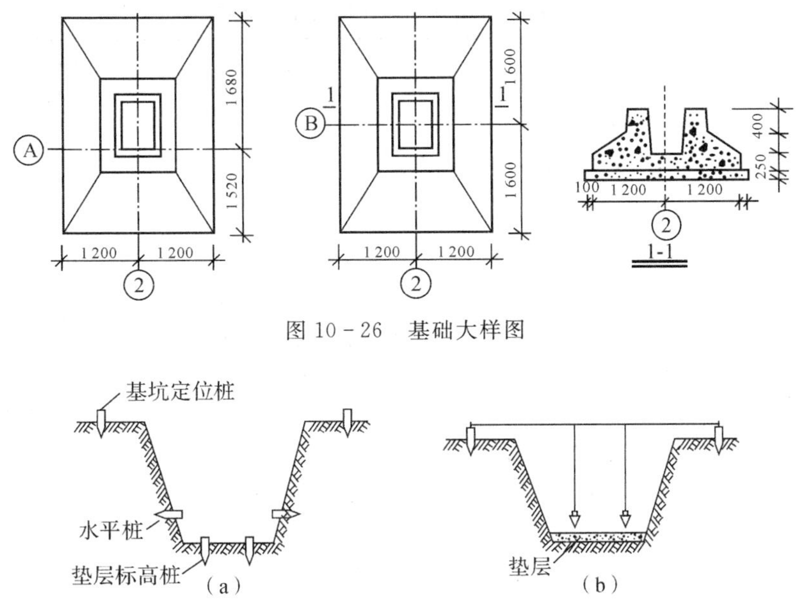

图 10-26　基础大样图

图 10-27　柱基放样

2. 基坑施工测量

如图 10-27(a)所示，当基坑开挖到一定深度时，应在坑壁四周离坑底设计高程 0.3～0.5 m 处设置几个水平桩，作为基坑修坡和清底的高程依据。另外，还应在基坑底设置垫层标高桩，使桩顶面的高程等于垫层的设计高程，作为垫层施工的依据。

3. 基础模板定位

如图 10-27(b)所示，当垫层施工完成后，根据基坑边的柱基定位桩，用拉线吊垂球的方法，将柱基定位线投测到垫层上，用墨斗弹出墨线，用红油漆画出标记，作为柱基立模板和布置基础钢筋的依据。立模板时，将模板底线对准垫层上的定位线，并用垂球检查模板是否竖直，同时注意使杯内底部标高低于其设计标高 2～5 cm，作为抄平调整的余量。拆模后，在杯口面上定出柱轴线，在杯口内壁上定出设计标高。

(四)工业厂房构件安装测量

装配式钢筋混凝土结构的单层工业厂房主要由柱子、吊车梁、屋架、天窗架和屋面板等主要构件组成。在吊装每个构件时，有绑扎、起吊、就位、临时固定、校正和最后固定等几道操作工序。下面主要介绍柱子、吊车梁及吊车轨道等构件在安装时的测量工作。

1. 构件安装测量技术要求

工业厂房构件安装测量前应熟悉设计图纸，详细制定作业方案，了解限差要求，以确保构件的精度。表 10-1 为构件安装测量的允许偏差。

表 10-1 构件安装测量的允许偏差

测量项目	测量内容	测量允许偏差/mm
柱子、桁架或梁安装测量	钢柱垫板标高	±2
	钢柱±0 标高检查	±2
	混凝土柱(预制)±0 标高	±3
	混凝土柱、钢柱垂直度①	±3
	桁架和实腹梁、桁架和钢架的支承结点间相邻高差的偏差	±5
	梁间距	±3
	梁面垫板标高	±2
构件预装测量	平台面抄平	±1
	纵横中心线的正交度	$\pm 0.8\sqrt{l}$②
	预装过程中的抄平工作	±2
附属构筑物安装测量	栈桥和斜桥中心线投点	±2
	轨面的标高	±2
	轨道跨距测量	±2
	管道构件中心线定位	±5
	管道标高测量	±5
	管道垂直度测量	$H/1\ 000$③

注:①当柱高大于 10 m 或一般民用建筑的混凝土柱、钢柱垂直度,可适当放宽;

②l 为自交点起算的横向中心线长度,不足 5 m 时,以 5 m 计;

③H 为管道垂直部分的长度(mm)。

2. 柱子安装测量

(1)吊装前的准备工作

柱子吊装前,应根据轴线控制桩把定位轴线投测到杯形基础的顶面上,并用墨线标明,如图 10-28 所示。同时在杯口内壁测设一条标高线,使从该标高线起向下量取一整分米数即到杯底的设计标高。另外,应在柱子的三个侧面弹出柱中心线,并作小三角形标志,以便安装校正,如图 10-29 所示。

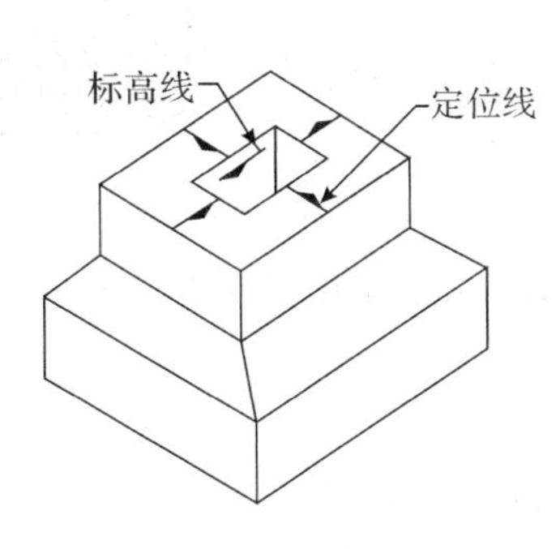

图 10－28　杯形柱基

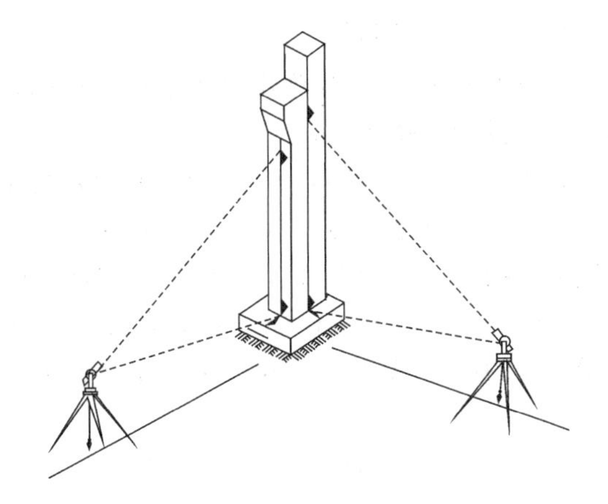

图 10－29　柱子垂直度校正

(2)柱长检查与杯底找平

柱子吊装前，还应进行柱长的检查与杯底找平，由于柱底到牛腿面的设计长度加上杯底高程应等于牛腿面的高程，如图 10－30 所示（$H_2 = H_1 + l$）。但柱子在预制时，由于模板制作和模板变形等原因，不可能使柱子的实际尺寸与设计尺寸一样。为了解决这个问题，往往在浇铸基础时把杯形基础底面高程降低 2～5 cm，然后用钢尺从牛腿顶面沿柱边量到柱底，根据这根柱子的实际长度，用 1：2 水泥砂浆在杯底进行找平，使牛腿面符合设计高程。

(3)柱子安装时的垂直度校正

柱子插入杯口后，首先应使柱身基本竖直，再使其侧面所弹的中心线与基础轴线重合，用木楔或钢楔初步固定，即可进行竖直校正。校正时将两架经纬仪分别安置在柱基纵、横轴线附近，离柱子的距离约为柱高的 1.5 倍，如图 10－29 所示。先瞄准柱中线底部，固定照准部，仰视柱中线顶部，如重合，则柱子在此方向是竖直的；如不重合，则应进行调整，直到柱子两侧面的中心线都竖直为止。

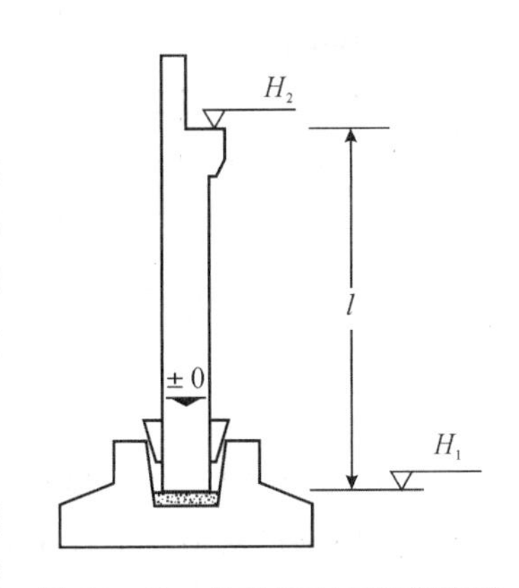

图 10－30　柱长检查与杯底找平

柱子校正时应注意以下几点：

①校正用的经纬仪事前应经过严格检校，因为校正柱子竖直时，往往只能用盘左或盘右一个盘位观测，仪器误差影响较大。操作时还应使照准部水准管气泡严格居中。

②柱子在两个方向的垂直度校正好后，应复查平面位置，检查柱子下部的中线是否仍对准基础轴线。

③当校正变截面的柱子时，经纬仪应安置在轴线上校正，否则容易出错。

④在烈日下校正柱子时，柱子受太阳光照射后，容易向阴面弯曲，使柱顶有一个水平位移，因此，应在早晨或阴天时校正。

⑤当安置一次仪器校正几根柱子时，仪器偏离轴线的角度最好不超过 15°。

3. 吊车梁安装测量

吊车梁安装前,应先弹出吊车梁顶面和两端的中心线,再将吊车轨道中心线投到牛腿面上。

图10-2 吊车梁

如图 10-31(a)所示,利用厂房中心线 A_1A_1,根据设计轨距在地面上测设出吊车轨道中心线 $A'A'$ 和 $B'B'$。然后,分别安置经纬仪于吊车轨道中心线的一个端点 A' 上,瞄准另一端点 A',仰起望远镜,即可将吊车轨道中心线投测到每根柱子的牛腿面上并弹以墨线。最后,根据牛腿面上的中心线和吊车梁端面的中心线,将吊车梁安装在牛腿面上。

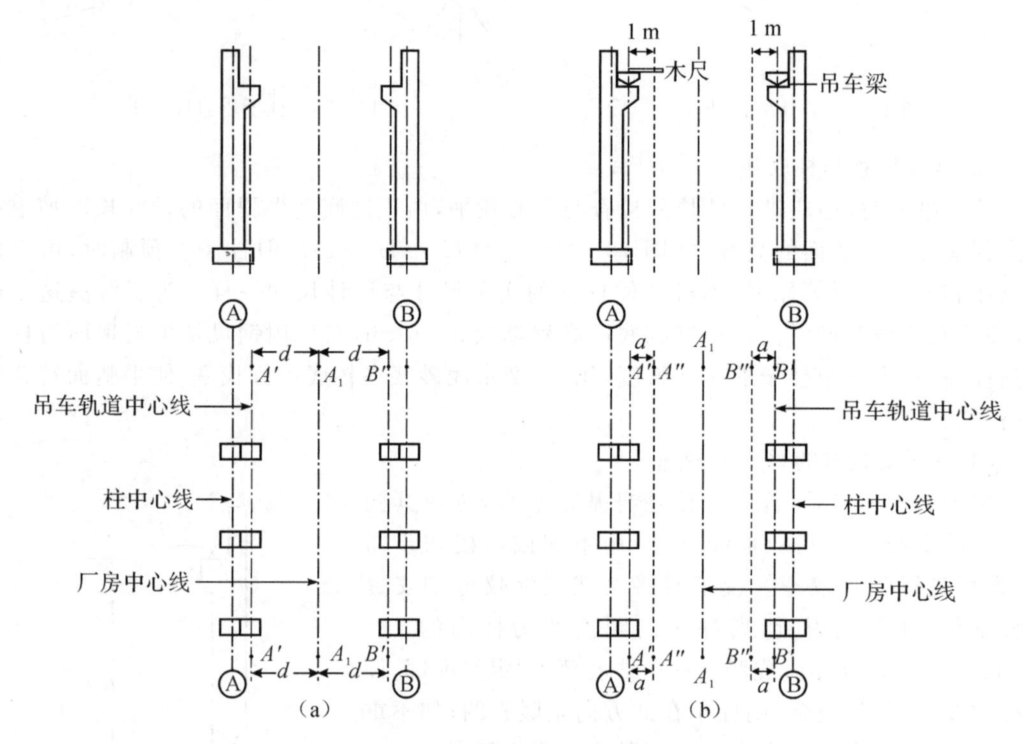

图 10-31 吊车梁和吊车轨道安装测量

吊车梁安装完后,还需检查其高程,将水准仪安置在地面上,在柱子侧面测设+50 m 的标高线,再用钢尺从该线沿柱子侧面向上量出至吊车梁顶面的高度,检查吊车梁顶面的高程是否正确,然后在吊车梁下用钢板调整梁面高程,使之符合设计要求。

4. 吊车轨道安装测量

吊车轨道安装前,通常采用平行线法先检测吊车梁顶面的中心线是否正确。如图 10-31(b)所示,首先在地面上从吊车轨道中心线向厂房中心线方向量出长度 $a=1$ m,得平行线 $A''A''$ 和 $B''B''$;安置经纬仪于平行线一端的 A'' 点上,瞄准另一端点 A'',固定照准部,仰起望远镜投测;此时另一人在吊车梁上左右移动横放的木尺,当视线正对准尺上 1 m 刻划时,尺的零点应与吊车梁顶面上的中线重合。如不重合,应予以改正,可用撬杠移动吊车梁,使吊车梁中线至 $A''A''$(或 $B''B''$)的间距等于 1 m 为止。

吊车轨道按中心线安装就位后,应进行高程和距离两项检测。高程检测时,将水准仪安置在吊车梁上，水准尺直接放在吊车轨道顶上进行高程检测，每隔 3 m 测一点的高程，并与设计高程相比较，误差不超过相应的限差。距离检测可用钢尺丈量两吊车轨道间的跨距，与设计跨距比较，误差应符合相应要求。

第四节　建(构)筑物变形观测

由于工程地质、外界条件等因素的影响，建(构)筑物及其设备在施工和运营过程中都会产生一定的变形。这种变形常常表现为建(构)筑物整体或局部发生沉陷、倾斜、扭曲、裂缝等。如果这种变形在允许的范围之内，则认为是正常现象。如果超过了一定的限度，就会影响建(构)筑物的正常使用，严重的还可能危及建(构)筑物的安全。因此，在建(构)筑物的施工和运营期间，都必须对它们进行变形观测，以保证其安全状态。为了合理评估工程建设项目的施工质量，保证观测数据的可靠性，变形观测的任务应由业主和承建单位以外的第三方最好是测绘单位来承担。

建(构)筑物的变形观测主要包括沉降观测、水平位移观测、倾斜观测、裂缝观测和挠度观测等，本节将分别阐述。

一、建(构)筑物的沉降观测

建(构)筑物的沉降是地基、基础和上层结构共同作用的结果。沉降观测就是测量建(构)筑物上所设观测点与水准点之间随时间推移的高差变化量。通过此项观测，研究解决地基沉降问题和分析相对沉降是否有差异，以检测建(构)筑物的安全。

(一)水准点和观测点的设置

建(构)筑物的沉降观测是根据埋设在建(构)筑物附近的水准点进行的，所以水准点的布设要综合考虑水准点的稳定性、观测方便和精度等因素，并合理地埋设。沉降观测所布设的水准点分为高程基准点、工作基点和沉降观测点三种。

高程基准点(亦称水准基点)是沉降观测的基准，它的构造与埋设必须保证能稳定不变和长久保存。为了相互检核并防止由于个别水准点的高程变动造成差错，一般要求布设三个水准基点，它们应埋设在受压、受震范围以外，埋设深度在冻土线以下 0.5 m，以保证水准点的稳定性，但又不能离观测点太远(不应大于 100 m)，以便提高观测精度。

工作基点可根据需要设置，当高程基准点离所测建(构)筑物距离较远而致使沉降观测工作不方便时，宜设置工作基点。高程基准点和工作基点之间应便于进行水准测量，并形成闭合或附合路线。

沉降观测点是能直接反映建(构)筑物沉降情况的点，其数目和位置与建(构)筑物的大小、荷重、基础形式和地质条件有关。一般情况下，沿房屋四周每隔 10～15 m 布置一点。另外，在最容易变形的地方，如设备基础、柱子基础、伸缩缝两旁、基础形式改变处、地质条件改变处等也应设立观测点。观测点的埋设要求结构稳固，通常

10-3　沉降点标志

采用角钢、圆钢或铆钉作为观测点的标志,分别埋设在砖墙上、钢筋混凝土柱子上和设备基础上。

(二)观测时间、方法和精度要求

一般在增加荷重前后,如基础浇灌、回填土、安装柱子和屋架、砌筑砖墙、设备运转等都应进行沉降观测,当基础附近地面荷重突然增加,周围大面积积水及暴雨后,或周围大量挖方等均应观测。工程完工以后,应连续进行观测,观测时间的间隔可按沉降量大小及速度确定,在开始时可每隔1～2月观测一次,以后随着沉降速度的减慢,可逐渐延长观测时间间隔,直到沉降稳定为止。

水准点是比较观测点沉降量的依据,因此要求它必须以永久水准点为根据而精确测定。观测时应往返观测,并经常检查有无变动。

对于重要厂房和重要设备基础的观测,要求能反映出1～2 mm的沉降量。因此,必须应用S_1级以上精密水准仪和精密水准尺进行往返观测,其观测的闭合差不应超过$\pm 1\sqrt{n}$ mm(n为测站数),观测应在成像清晰、稳定的时间内进行。

对于一般厂房建筑物,精度要求可适当放宽些,可以使用四等水准测量的水准仪进行往返观测,观测闭合差不超过$\pm 2\sqrt{n}$ mm。沉降观测水准测量等级可分为特级、一级、二级,在观测时应符合表10-2的相关规定。

表10-2　各级水准测量视线长度、前后视距差和实现高要求

级别	视线长度/m	前后视距差/m	前后视距差累积/m	视线高度/m
特级	≤10	≤0.3	≤0.3	≥0.8
一级	≤30	≤0.7	≤1.0	≥0.5
二级	≤50	≤2.0	≤3.0	≥0.3
三级	≤75	≤5.0	≤8.0	≥0.2

注:①表中视线高度为下丝读数;

②当采用数字水准仪观测时,最短视线长度不宜小于3 m,最低水平视线高度不应低于0.6 m。

(三)沉降观测的成果整理

每次观测结束后,应检查观测手簿中的数据和计算是否合理、正确,精度是否合格等。然后把历次各观测点的高程列入表10-3中,计算两次观测之间的沉降量和累积沉降量,并注明观测日期。

为了更加直观地反映观测点的沉降情况,预估观测点下一次沉降的趋势或判断沉降是否已经稳定,可以绘制沉降曲线(PTS曲线)。如图10-32所示,沉降曲线分为两部分,即时间T与沉降量S关系曲线、时间T与荷载P关系曲线。

表 10-3　沉降观测成果

观测次数	观测时间	各观测点的沉降情况							施工进展情况	荷载情况 /(t·m^{-2})
		1			2			…		
		高程 /m	本次下沉 /mm	累积下沉 /mm	高程 /m	本次下沉 /mm	累积下沉 /mm	…		
1	2015-02-23	50.454	0	0	50.473	0	0	…	一层平口	
2	2015-03-16	50.448	−6	−6	50.467	−6	−6	…	三层平口	40
3	2015-04-14	50.443	−5	−11	50.462	−5	−11	…	五层平口	60
4	2015-05-14	50.440	−3	−14	50.459	−3	−14	…	七层平口	70
5	2015-06-04	50.438	−2	−16	50.456	−3	−17	…	九层平口	80
6	2015-07-10	50.434	−4	−20	50.452	−4	−21	…	主体完工	110
7	2015-08-30	50.429	−5	−25	50.447	−5	−26	…	竣工	
8	2015-11-06	50.425	−4	−29	50.445	−2	−28	…	使用	
9	2016-02-28	50.423	−2	−31	50.444	−1	−29	…		
10	2016-05-06	50.422	−1	−32	50.443	−1	−30	…		
11	2016-08-05	50.421	−1	−33	50.443	0	−30	…		
12	2016-12-25	50.421	0	−33	50.443	0	−30	…		

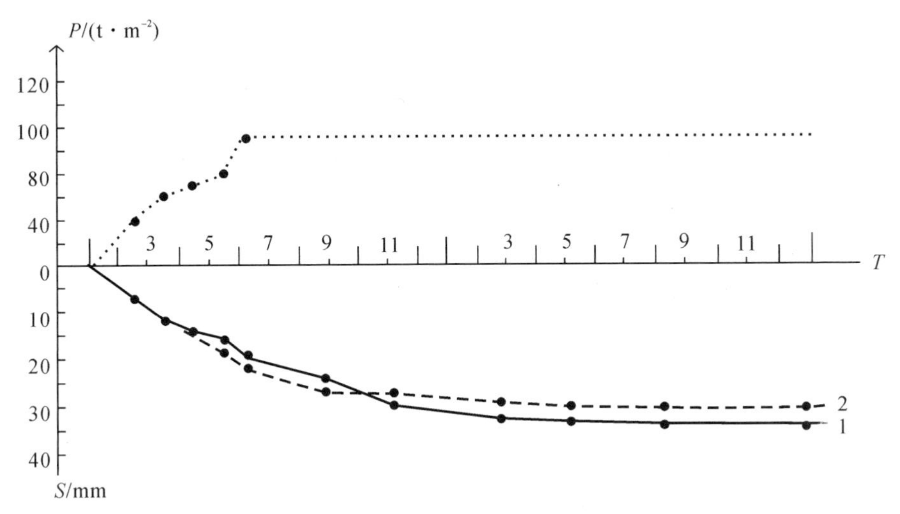

图 10-32　沉降曲线图

二、水平位移观测

水平位移观测就是根据平面控制点测定建(构)筑物的平面位置随时间而移动的大小和方向。有时只要求测定建(构)筑物在某特定方向上的位移量。观测时,可在垂直于移动方向上建立一条基线,在建(构)筑物上埋设一些观测标志,定期测量各标志偏离基准线的距离,即可了解建(构)筑物随时间的位移情况。位移观测的方法可以采用小角法、活动觇牌法、前方交会法和极坐标法等。下面简要介绍小角法。

小角法的基本原理是通过测定基准线方向与观测点视线方向之间的微小角度,从而计算观测点相对于基准线的偏离值,并根据偏离值在各观测周期中的变化确定位移量。

采用小角法进行视准线测量时,视准线应平行于待测建筑边线布置,观测点偏离视准线的偏角不应超过30″,目的在于观测时固定仪器照准部于基准线方向,而只旋进微动螺旋就可以照准观测目标进行读数,从而提高测角精度。如图10-33所示,A、B为基准点,观测点偏离视准线的距离为:

$$d=\frac{\alpha}{\rho}D \tag{10-10}$$

式中,d为偏移距离(m);D为测站点到观测点在基准线方向上的距离(m);ρ为常数,其值为206 265″;α为偏角(″)。

由于距离越短,仪器对中误差对角度观测的影响越大,故在应用小角法进行位移观测时,对于精度要求较高的监测项目,应使用强制对中装置。

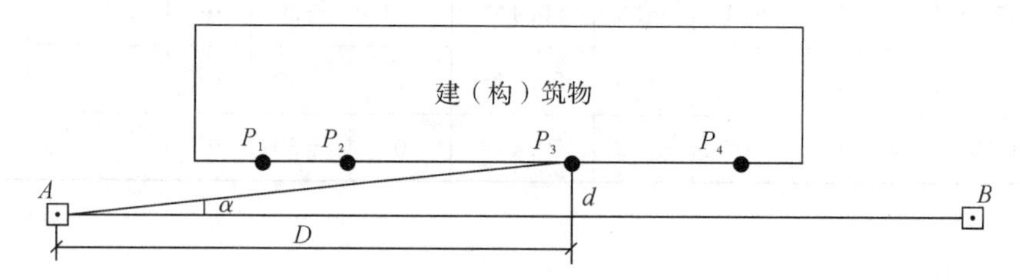

图10-33 小角法观测水平位移

三、建(构)筑物的倾斜观测

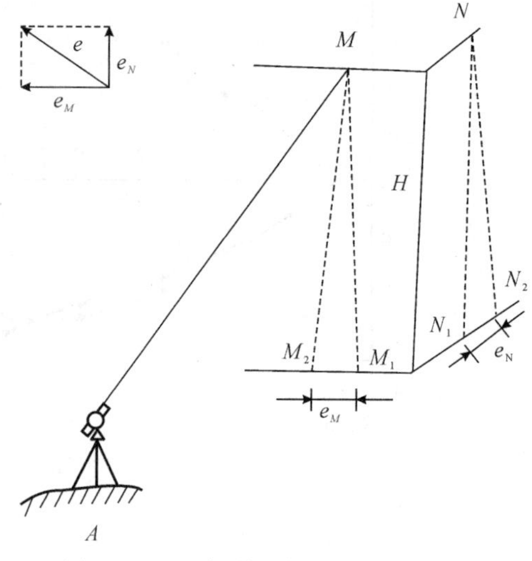

图10-34 建(构)筑物的倾斜观测

基础不均匀的沉降将使建(构)筑物倾斜,对于高大建(构)筑物影响更大,严重的不均匀沉降会使建(构)筑物产生裂缝甚至倒塌。因此,必须及时观测、处理,以保证建(构)筑物的安全。

对需要进行倾斜观测的一般建(构)筑物,要在几个侧面进行观测。如图10-34所示,在离墙距离大于墙高的地方选一点A安置经纬仪后,分别用正、倒镜瞄准墙顶一固定点M,向下投影取其中点M_1。过一段时间再用经纬仪瞄准同一点M,向下投影得点M_2。若建(构)筑物沿侧面发生倾斜,M点已经移位,则M_2与M_1不重合，于是得到偏移量 e_M。同时，在另一侧也可以得到偏移量 e_N，利用矢量加法可求得建(构)筑物的总偏移量 e：

$$e=\sqrt{e_M^2+e_N^2} \tag{10-11}$$

以 H 代表建(构)筑物高度，则建(构)筑物的倾斜度为：

$$i=\frac{e}{H} \tag{10-12}$$

当测定圆形建(构)筑物，如烟囱、水塔等的倾斜度时，首先应求出顶部中心 O' 点对底部中心 O 点的偏心距。如图 10－35 中的 OO'，其做法如下。

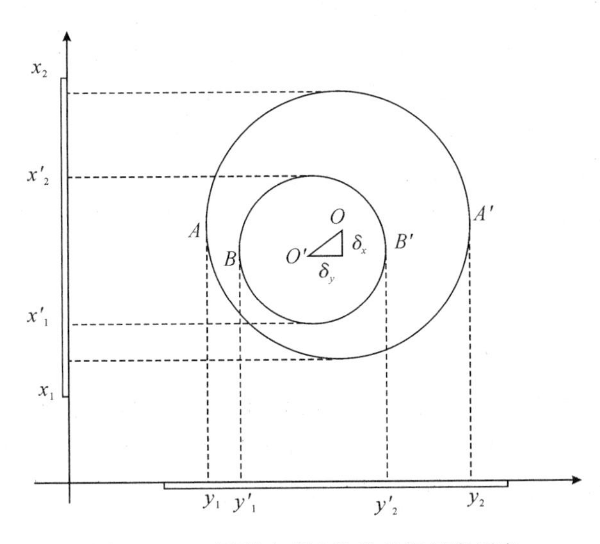

图 10－35　圆形建(构)筑物的倾斜度测定

如图 10－35 所示，在靠烟囱底部所选定的方向平放一根标尺，使尺与方向线垂直。安置经纬仪在标尺的垂直平分线上，并距烟囱的距离小于烟囱高度的 1.5 倍。用望远镜分别瞄准底部边缘两点 A、A' 及顶部边缘两点 B、B'，并分别投点到标尺上，设读数分别为 y_1、y_2 和 y'_1、y'_2，则横向倾斜量为：

$$\delta_y=\frac{y'_1+y'_2}{2}-\frac{y_1+y_2}{2} \tag{10-13}$$

用同样的方法再安置经纬仪及标尺于烟囱的另一垂直方向，测得底部边缘和顶部边缘在标尺上投点的读数为 x_1、x_2 和 x'_1、x'_2，则纵向倾斜量为：

$$\delta_x=\frac{x'_1+x'_2}{2}-\frac{x_1+x_2}{2} \tag{10-14}$$

烟囱的总倾斜量为：

$$OO'=\sqrt{\delta_x^2+\delta_y^2} \tag{10-15}$$

烟囱的倾斜方向为：

$$\alpha_{OO'}=\arctan\frac{\delta_y}{\delta_x} \tag{10-16}$$

式中，α 是以 x 轴为标准方向线所示的方向角。

以上观测要求仪器的水平轴严格水平，否则应用正、倒镜观测两次取平均数。

四、裂缝观测

当建(构)筑物发生裂缝时,应系统地进行裂缝变化的观测,并画出裂缝的分布图,量出每一裂缝的长度、宽度和深度。

为了观测裂缝的发展情况,要在裂缝处设置标志,如图 10-36 所示,观测标志可用两片白铁皮制成:一片为 150 mm×150 mm,固定在裂缝的一侧,并使其一边和裂缝的边缘对齐;另一片为 50 mm×200 mm,固定在裂缝的另一侧,并使其一部分紧贴在对侧的一片上,两片白铁皮的边缘应彼此平行。标志固定好后,在两片白铁皮露在外面的表面涂上红色油漆,并写上编号和日期。标志设置好以后,如果裂缝继续发展,白铁皮逐渐被拉开,露出正方形白铁皮上没有涂油漆的部分,它的宽度就是裂缝加大的宽度,可以用尺子直接量出。

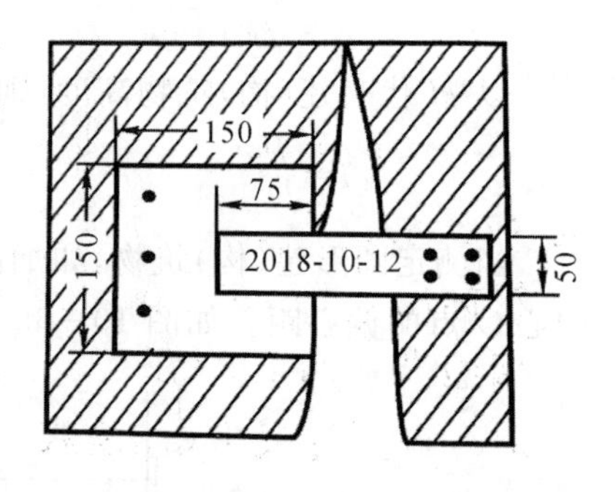

图 10-36 裂缝观测

五、挠度观测

建(构)筑物在应力的作用下产生弯曲和扭曲时,应进行挠度观测。

对于平置的构件,在两端及中间设置三个沉降点进行沉降观测,可以测得在某时间段内三个点的沉降量,分别为 h_a、h_b、h_c,则构件的挠度值为:

$$\tau=\frac{1}{2S_{ac}}(h_a+h_c-2h_b) \tag{10-17}$$

式中,h_a、h_b 为构件两端点的沉降量;h_c 为构件中间点的沉降量;S_{ac} 为构件两端点间的平距。

对于直立的构件,要设置上、中、下三个位移观测点进行位移观测,利用三点的位移量求出挠度大小。在这种情况下,我们把在建(构)筑物垂直面内各不同高程点相对于底点的水平位移称为挠度。

挠度观测常采用正垂线法,即从建(构)筑物顶部悬垂一根铅垂线,直通至底部或基岩上,在铅垂线的不同高程上设置观测点,借助光学式或机械式的坐标仪表量测出各点与铅垂线最低点之间的相对位移。如图 10-37 所示,任意点 N 的挠度 S_N 按下式计算:

$$S_N=S_0-S'_N \tag{10-18}$$

式中,S_0 为铅垂线最低点与顶点之间的相对位移;S'_N 为任一点 N 与顶点之间的相对位移。

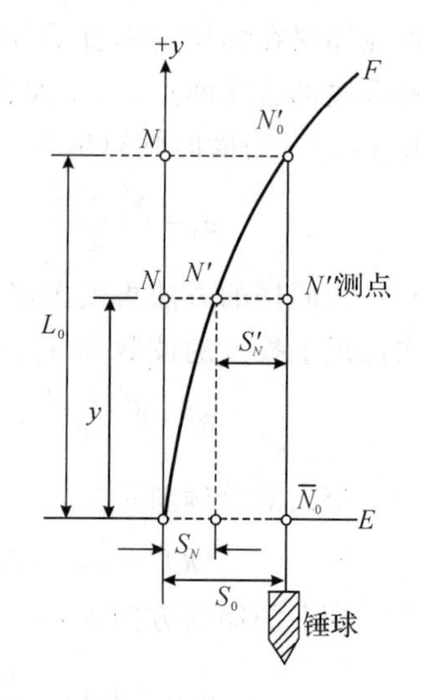

图 10-37 挠度观测

思考题与习题

1. 施工测量包括哪些内容？它有哪些特点？
2. 民用建筑施工中的主要测量工作有哪些？
3. 龙门板和轴线控制桩的作用是什么？分别如何设置？
4. 民用建筑物和工业厂房的施工放样有什么不同？
5. 柱子安装过程中如何进行柱子的竖直校正？校正时应注意哪些问题？
6. 试述高层建筑施工测设的主要工作。
7. 吊车梁的安装测量应达到什么目的？
8. 建(构)筑物沉降观测的目的是什么？

第十一章

道路、桥梁工程测量

道路是地面交通的主要设施，桥梁是道路的重要组成部分。测量工作贯穿道路、桥梁建筑设计和施工、运营管理的各个阶段，道路、桥梁设计是否合理，造价、质量、效益的高低，都需要测量提供保障。

第一节　道路测量概述

道路主要是指公路和铁路。道路工程属于线型工程，一般把线型工程的中线称为线路。道路工程测量的内容，在工程建设的不同阶段，有其不同的内容。

在勘测设计阶段，测量工作包括以下三方面的内容。

(1)草测。在道路给定的起、终点间，收集必要的地理环境、经济技术现状等方面的有关资料。比如，各种比例尺地形图，航空、遥感图片，农田水利，交通运输，城市建设规划以及水文地质等资料。对个别特殊地区或没有现成资料的地区，应做现场调研。这一切工作，都是为制订方案和进行方案比较提供必要的技术、经济等方面的依据。

(2)初测。根据初步方案，到现场进行踏勘选线，并做初测导线测量。水准测量和带状地形图测绘，目的是为设计人员室内图上定线(确定线路走向、坡度、曲线半径等)、制定初步设计提供依据。

(3)定测。定测就是把初步设计的道路，按设计要求测设于地面上，作为施工的依据。定测工作主要包括：中线测量，曲线测设，纵、横断面图测量。其目的是为编制施工图提供依据。

在施工阶段，测量工作包括：中桩加密、路基放样、中桩控制桩测设、竖曲线测设、土方量计算等。

第二节　道路控制测量

一、道路平面控制测量

道路工程平面控制测量应采用GNSS、导线测量等方法进行，控制点靠近线路而贯通布设。公路平面控制测量常采用二、三、四等和一、二级，基本可以满足不同等级公路测量的需要。

平面控制中心点距中心线的距离应大于50 m，小于300 m，每一点至少应有一个相邻通视点。特大型构筑物的每一端应布设2个以上的平面控制点。一级以上平面控制测量平差计算应采用严密平差法，二级可采用近似平差法。平差后应提供最弱点点位中误差、最弱相邻点边长相对中误差、单位权中误差、测角中误差，附(闭)合导线应提供坐标方位角闭合差、坐标闭合差、全长相对闭合差等精度数据。

各级平面控制测量，其最弱点点位中误差均不得大于±5 cm，最弱相对点位中误差均不得大于±5 cm，平面控制点最弱边相对中误差不得大于如表11－1所示的规定。四等及以上平面控制网边长不得小于500 m；一、二级平面控制网边长在平原、微丘区不得小于200 m，重丘、山岭区不得小于100 m，最大边长不应大于平均边长的2倍。

表11－1　道路工程平面控制测量主要精度要求

项目	二等	三等	四等	一级	二级
控制网平均边长/km	3.0	2.0	1.0	0.5	0.3
最弱边相对中误差	1/100 000	1/70 000	1/35 000	1/20 000	1/10 000

二、道路高程控制测量

道路高程控制测量又称基平测量，通常沿线路附近布设高程控制点，采用水准测量或全站仪三角高程测量的方法施测。同一道路项目应采用同一高程系统，控制点的高程应引自国家等级水准点，水准路线应每隔30 km与高级水准点联测一次，形成附合水准路线。高程控制点间距以1～1.5 km为宜，特大型构筑物每一端应布设2个(含2个)以上的高程控制点。高程控制点距道路中线的距离应大于50 m，小于300 m。

高速公路和一级公路的高程控制测量应布设成附合路线，一般采用四等水准测量技术施测。四等水准测量的闭合差限差在平原、微丘区为$20\sqrt{L}$，重丘、山岭区为$25\sqrt{L}$或$6\sqrt{N}$。二级及以下等级公路的高程控制测量可采用五等水准，主要技术指标应符合表11－2的规定。

表 11-2　二级以下等级公路的高程控制测量主要技术要求

等级	每千米高差全中误差/mm	路线长度/km	往返较差或闭合差/mm
五等	15	30	$30\sqrt{L}$

注:L 为水准点间的路线长度,以 km 计。

全站仪三角高程测量的主要技术要求应符合表 11-3 的规定,观测的主要技术指标应符合表 11-4 的规定。仪器高和棱镜高应使用仪器配置的测尺和专用测杆于测前、测后各测量一次,两次较差应不大于 2 mm。

表 11-3　全站仪三角高程测量的主要技术要求

测量等级	测回内同向高差较差/mm	测回间同向高差较差/mm	对向观测高差较差/mm	附合或环线闭合差/mm
四等	$\leqslant 8\sqrt{D}$	$\leqslant 10\sqrt{D}$	$\leqslant 40\sqrt{D}$	$\leqslant 20\sqrt{\sum D}$
五等	$\leqslant 8\sqrt{D}$	$\leqslant 15\sqrt{D}$	$\leqslant 60\sqrt{D}$	$\leqslant 30\sqrt{\sum D}$

注:D 为测距边长度,以 km 计。

表 11-4　全站仪三角高程测量观测的主要技术指标

测量等级	仪器	边长测回数	边长/m	竖直角测回数(中丝法)	指标差较差/″	竖直角较差/″
四等	DJ2	往返均≥2	≤600	≥4	≤5	≤5
五等	DJ2	≥2	≤600	≥2	≤10	≤10

第三节　道路中线测量

道路的平面线形常因地形、地物、水文、地质及其他因素的限制而改变路线方向。在直线转向处要用曲线连接起来,这种曲线称为平曲线。平曲线包括圆曲线和缓和曲线两种,如图 11-1 所示。圆曲线是具有一定曲率半径的圆弧。缓和曲线是在直线与曲线之间加设的,曲率半径由无穷大逐渐变化为圆曲线半径的曲线。我国公路采用辐射螺旋线,亦称回旋线。

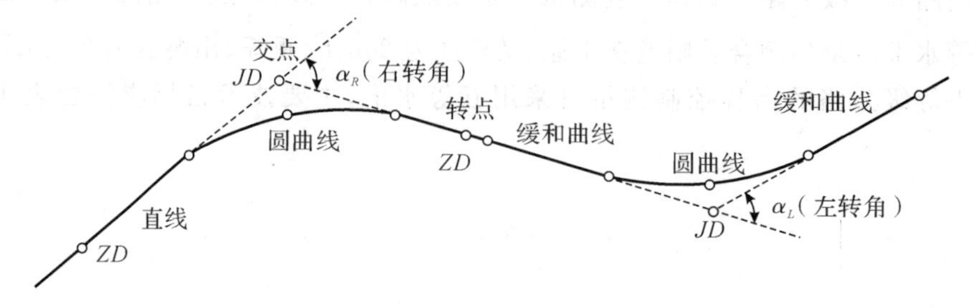

图 11-1　路线中线

道路中线测量的主要工作包括：中线交点（JD）和转点（ZD）测设、转角测定、里程桩设置等。

一、交点的测设

线路测设时，应先定出路线的转折点，这些转折点称为交点，也叫转向点，它是中线测量的控制点，如图 11-1 中所示的 JD 点。交点的测设可采用现场标定的方法，即根据既定的技术标准，结合地形、地质等条件，在现场反复比较，直接定出路线交点的位置。这种方法不需测地形图，比较直观，但只适用于等级较低的公路。对于高等级公路或地形复杂、现场标定困难的地段，应采用纸上定线的方法，先在实地布设导线，测绘大比例尺地形图，在图上定出路线，再到实地放线，把交点在实地标定下来。其一般有如下几种方法。

（一）根据与已有地物的关系测设

在一些有固定建筑物的地区，可根据设计交点与建筑物的位置，利用距离交会法或直角坐标法测设出交点的位置。如图 11-2 所示，首先在地形图上量出交点 JD_6 至房角点和电杆的水平距离，然后在现场按距离交会法测设出交点的实地位置。

（二）根据平面控制点测设

根据线路初测阶段布设的平面控制点坐标以及道路交点的设计坐标，如图 11-3 所示，计算出有关测设数据，按极坐标法、距离交会法、角度交会法等方法测设交点。根据控制点和交点的坐标，利用 GNSS RTK 坐标放样法或全站仪坐标放样法测设交点也是目前比较常见的方法。

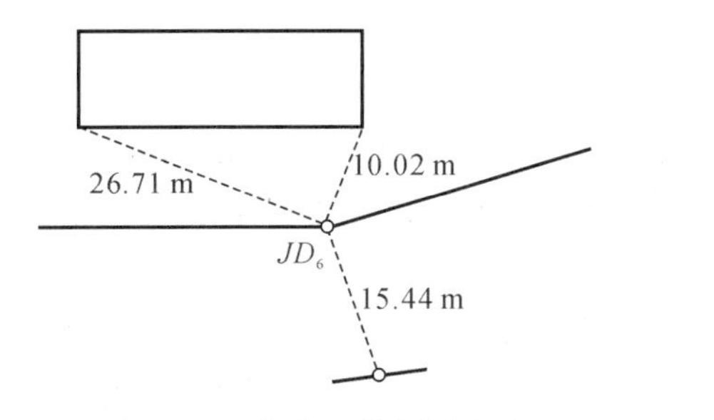

图 11-2　根据地物测设交点

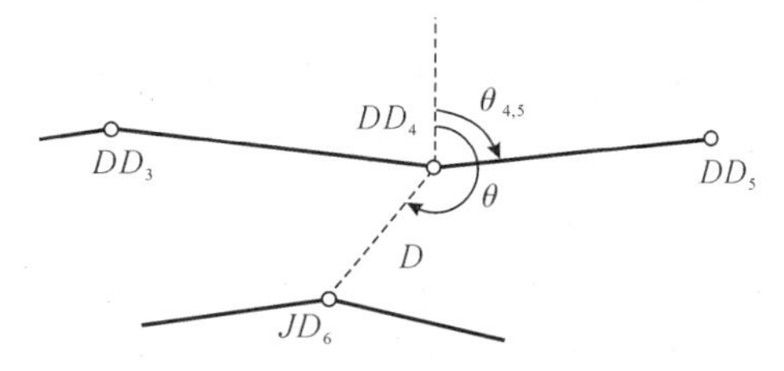

图 11-3　根据平面控制点测设交点

（三）穿线交点法

穿线交点法是利用就近的控制点或地物点与道路中线直线段之间的角度和距离关系，把道路中线直线段独立测设到地面上，然后将相邻两直线段延长相交，定出交点的实地位置。该方法的主要步骤为：放点、穿线、定交点。该方法适用于地形不太复杂，线路主点不能直接测设且定测中线离控制点不远的情况。

1. 放点

可采用极坐标法或支距法（垂直于导线边的距离）测设路线的临时点。为了便于检查和比较，一条直线应测设至少 3 个临时点，这些点应选在地势较高、通视良好、离控制点较近、便于测设的地方。

以支距法为例,如图 11-4 所示,欲将 P_1、P_2、P_3、P_4 作为临时点测设于实地,在图上量取支距 l_1、l_2、l_3、l_4。利用点位放样的方法在实地标定出路线临时点 P_1、P_2、P_3、P_4。

2. 穿线

测设的临时点理论上应在一条直线上,但由于图解数据和测设误差的影响,实际上这些点并不严格在一条直线上,这时可采用目估法或经纬仪穿线法穿线,即通过选择和比较,定出一条尽量靠近各临时点的直线 AB,如图 11-5 所示。在 A、B 点或其方向线上打下两个(或多个)木桩,定出直线的位置。

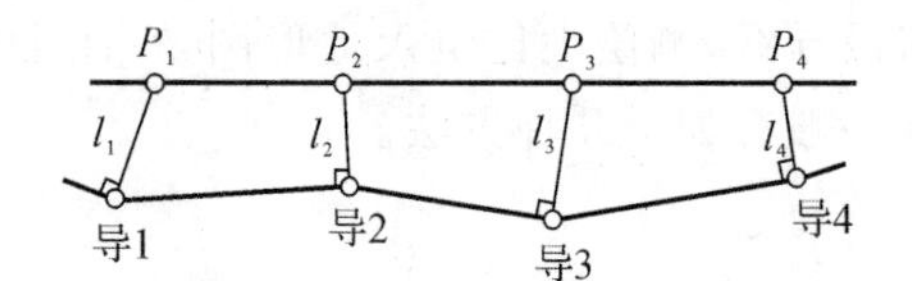

图 11-4 穿线交点法放支距

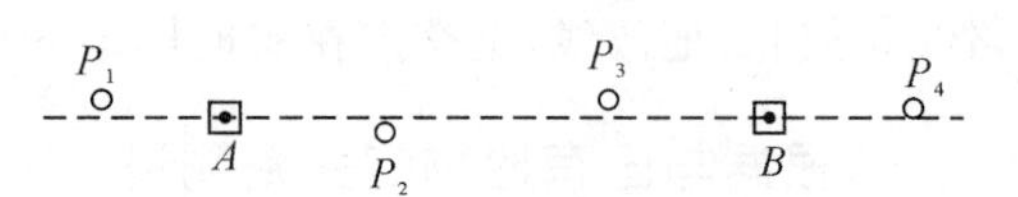

图 11-5 穿线交点法穿线

3. 定交点

如图 11-6 所示,当相邻直线 AB 和 CD 测设于实地后,即可延长直线进行交会确定交点。将测角仪器安置在 B 点,后视 A 点,倒镜在交点 JD 附近打下两个骑马桩,采用正倒镜分中法在两桩上定出 a、b 两点,以同样方法定出 c、d 两点,拉上细线,在两线交点处打下木桩,并钉上小钉,即为交点 JD。

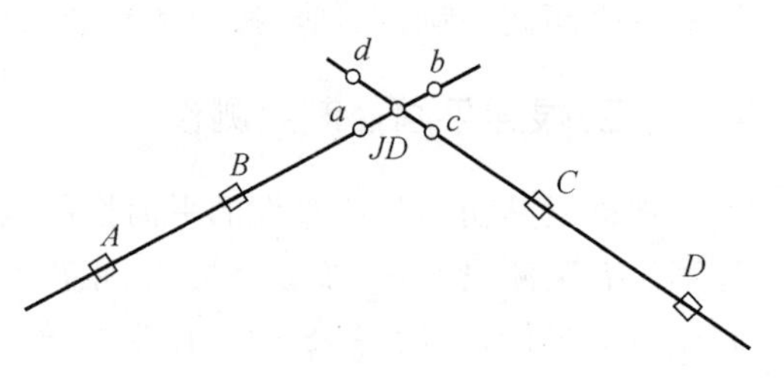

图 11-6 穿线交点法定交点

(四)拨角放线法

根据在地形图上定线所设计的交点坐标,反算出每一段直线的距离和坐标方位角,从而算出交点上的转向角,从路线中线起点开始,用经纬仪在现场直接拨角量距定出交点位置的方法称为拨角放线法。

如图 11-7 所示,N_1,N_2,…为导线点,在 N_1 安置经纬仪,拨角 β_1,量距离 S_1,定出交点 JD_1。在 JD_1 安置经纬仪,拨角 β_2,量距离 S_2,定出交点 JD_2。依次可定出其他交点。

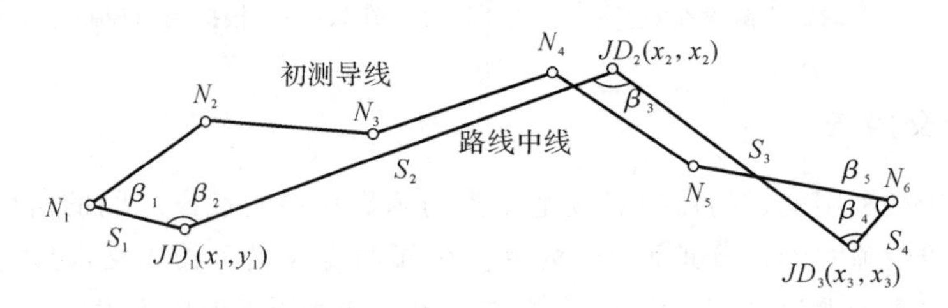

图 11-7 拨角放线法

这种方法工作效率高,适用于测量控制点较少的线路,如用航测图进行纸上定线,因控制点少,只能用此法放线。其缺点是放线误差容易积累,因此一般连续放出若干个点后应与初测导线点闭合,以检查误差是否过大,然后重新由初测导线点开始放出以后的交点。

二、转点的测设

当相邻两交点直线较长或互不通视时，需在其连线方向上测定一个或数个点，以便在交点上测定转角、在直线上量距或延长直线时作为照准和定线的目标，这种点称为转点（见图 11－1）。通常情况下，交点至转点或转点至转点间的距离，不应小于 50 m 或大于 500 m，一般为 200～300 m。另外，在不同线路交叉处，以及线路上需设置桥涵等构筑物处也应设置转点。

当相邻两交点间相互通视时，可利用经纬仪或全站仪直接定线，或采用正倒镜分中法测设转点。当相邻两交点间互不通视时，通常有如下两种情况。

（一）在两交点间测设转点

如图 11－8(a)所示，JD_5、JD_1 为相邻而互不通视的两个交点，可在其连线上初定转点 ZD'。将测角仪器置于 ZD'上，用正倒镜分中法延长直线 JD_5ZD'至 JD'_1。设 JD'_1与 JD_1 的偏差为 f，用视距法测定 a、b，则 ZD'应横向移动的距离 e 可按下式计算：

$$e=\frac{a}{a+b}f \tag{11-1}$$

将 ZD'点按 e 值移至 ZD 点。在 ZD 点架设仪器，检查三点是否在一条直线上；若不在，则需要按上述方法逐步趋近，直至符合要求为止。

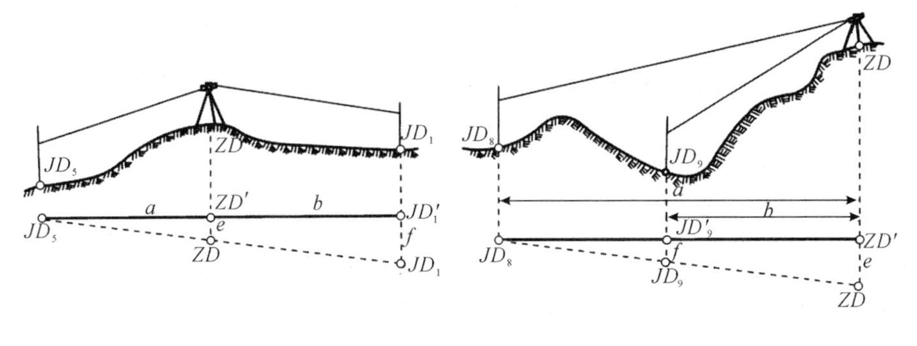

(a)在两交点间测设转点　　(b)在两交点延长线上测设转点

图 11－8　转点测设

（二）在两交点延长线上测设转点

如图 11－8(b)所示，JD_8、JD_9 互不通视，可在其延长线上初定转点 ZD'。将测角仪器安置于 ZD'上，用正倒镜分中法照准 JD_8，并以相同竖盘位置俯视 JD_9，取两次照准的中点得 JD'_9。若 JD'_9与 JD_9 重合或偏差值 f 在容许范围之内，即可将 ZD'点作为转点，否则应将 ZD'横向移动至 ZD 点，移动值 e 可按下式计算：

$$e=\frac{a}{a-b}f \tag{11-2}$$

最后，在 ZD 点架设仪器，检查三点是否在一条直线上；若不在，则重复上述方法，直至偏差 f 符合要求为止。

当相邻两交点间互不通视时，也可根据附近的平面控制点坐标以及相邻两交点的设计坐标,计算出转点的坐标及相应的测设数据,然后利用全站仪或 GPS 定位方法在附近的平面控制点或交点直接测设转点。

三、转角的测定

线路的转角是指线路由一个方向偏转至另一个方向时,偏转后的方向与原方向间的夹角。在线路转折处,为了曲线设计和测设的需要,应测定转角。如图 11－9 所示,当偏转后的方向在原方向的右侧时,称为右转角 $\alpha_{右}$,反之为左转角 $\alpha_{左}$。转角通常是通过观测路线的右角 β 计算得到的,即当 $\beta<180°$时,为右转角,$\alpha_{右}=180°-\beta$;当 $\beta>180°$时,为左转角,$\alpha_{左}=\beta-180°$。

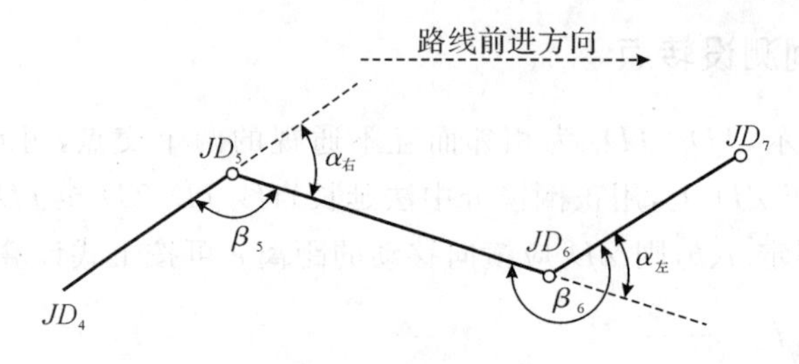

图 11－9　路线的转角

转角通常采用测角仪器用测回法观测一测回。上、下半测回的角值差限值随公路等级不同而定,取其平均值作为一测回的观测角值。对于高速公路、一级公路,半测回限差为 ±20″;二级及以下公路半测回限差为 ±60″。

测定完转折角 β 后,为了便于日后测设路线圆曲线中点,应定出分角线方向,并钉临时分角桩。

四、里程桩的设置

里程桩又称中桩。在线路中线上测设中桩的工作称为中桩测设,其作用是标定线路中线的位置、形状和长度,是施测线路纵横断面的依据。

里程桩分为整桩和加桩两种。整桩是由线路起点开始,每隔 10 m、20 m 或 50 m 的整倍数桩号而设置的里程桩。加桩分为地形加桩、地物加桩、曲线加桩和关系加桩。地形加桩是于中线地形变化点设置的桩;地物加桩是在中线上桥梁、涵洞等人工构造物处,以及公路、铁路交叉处设置的桩;曲线加桩是在曲线起点、中点、终点等处设置的桩;关系加桩是在转点和交点上设置的桩。在书写曲线加桩和关系加桩时,应在桩号之前,加写其缩写名称,目前我国采用如表 11－5 所示的桩名缩写。图 11－10 为里程桩及桩号。

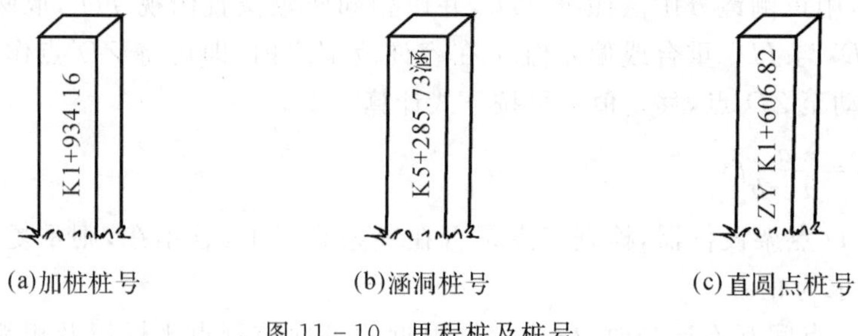

(a)加桩桩号　(b)涵洞桩号　(c)直圆点桩号

图 11－10　里程桩及桩号

表 11－5　线路主要标志名称表

标志点名称	简称	缩写	标志点名称	简称	缩写
交点		*JD*	公切点		*GQ*
转点		*ZD*	第一缓和曲线起点	直缓点	*ZH*
圆曲线起点	直圆点	*ZY*	第一缓和曲线终点	缓圆点	*HY*
圆曲线中点	曲中点	*QZ*	第二缓和曲线起点	圆缓点	*YH*
圆曲线终点	圆直点	*YZ*	第二缓和曲线终点	缓直点	*HZ*

里程桩应先编号后标定，其编号为该桩至线路起点的里程，称为桩号。桩号的书写方式为"K 千米数＋不足千米的尾数"，如线路起点桩号为 K0＋000。如图 11－10(a)所示，表示该桩距线路起点的距离为 1 934.16 m。

里程桩的设置是在中线丈量的过程中进行的，由线路起点开始，可采用全站仪技术或 GNSS RTK 技术边实测边设置。低等级道路也可采用钢尺、皮尺等，边丈量距离边设置。

五、圆曲线的测设

在道路工程中，当线路方向改变时，在转向处需用曲线将两直线连接起来，该曲线称为平曲线。平曲线的形式通常有圆曲线和缓和曲线两种。而在一些大型民用建筑如宾馆、娱乐中心、商业中心、体育场等也较多设计由圆曲线、双曲线等组成的平面图形。圆曲线是指由一定半径的圆弧所构成的曲线，由于圆曲线的广泛应用，下文着重介绍圆曲线的测设方法。

如图 11－11 所示，圆曲线的测设通常分为两步：

第一步，根据圆曲线的测设元素，测设曲线的主点，即曲线的起点(直圆点 *ZY*)、曲线的中点(曲中点 *QZ*)和曲线的终点(圆直点 *YZ*)；

第二步，根据主点按规定的桩距进行加密点测设，详细标定圆曲线的形状和位置，即进行圆曲线细部点的测设。

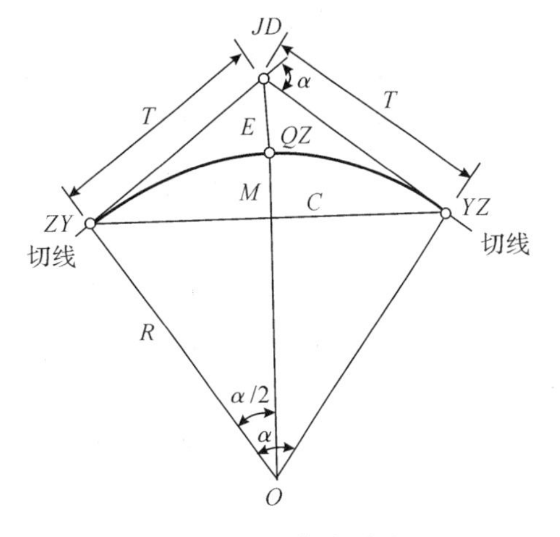

图 11－11　圆曲线测设

(一)圆曲线主点测设

1. 圆曲线要素计算

如图 11－11 所示，道路转折点即交点 JD 的转角为 α，曲线设计半径为 R，则曲线测设要素为：

$$\begin{cases}切线长: & T=R\tan\frac{\alpha}{2} \\ 曲线长: & L=R\alpha\frac{\pi}{180^\circ} \\ 外矢距: & E=R\left(\sec\frac{\alpha}{2}-1\right) \\ 切曲差: & D=2T-L \\ 弦长: & C=2R\sin\frac{\alpha}{2} \\ 中央纵距: & M=R\left(1-\cos\frac{\alpha}{2}\right)\end{cases} \tag{11-3}$$

式中,T、E 用于主点测设;T、L、D 用于计算里程;C、M 用于测设检核。

在道路工程中,通常根据交点 JD 的里程和曲线要素计算曲线主点的里程:

$$\begin{cases}ZY\text{ 里程}=JD\text{ 里程}-T \\ YZ\text{ 里程}=ZY\text{ 里程}+L \\ QZ\text{ 里程}=YZ\text{ 里程}-\frac{L}{2} \\ JD\text{ 里程}=QZ\text{ 里程}+\frac{D}{2}\end{cases} \tag{11-4}$$

经计算得到的交点 JD 里程与实际值相同,则说明计算无误。

2. 主点测设方法

(1)安置测角仪器于交点 JD,望远镜后视 ZY 方向(相邻交点或转点),自 JD 点沿此方向量切线长 T,即得曲线起点 ZY,在此点上打桩。同样方法可打下曲线终点桩。

(2)以 YZ 为零方向,测设水平角$\frac{180-\alpha}{2}$,可得两切线的分角线方向,沿此方向从 JD 量外矢距 E,打下曲线中点桩。

测设完毕,还应通过测定 ZY 与 YZ 之间的距离(即弦长 C),以及中央纵距 M 进行检核,误差不应超过相应工程的规范要求。

【例 11.1】 设某线路圆曲线的设计半径 $R=300$ m,交点的桩号为 K3+182.76,测得转角 $\alpha_R=25°48'10''$,试计算圆曲线测设要素及主点桩号。

解:由式(11-3)计算的圆曲线测设要素和由式(11-4)计算的主点桩号列于表 11-6 中。

表 11-6 圆曲线测设要素及主点桩号

已知参数	转角 $\alpha_R=25°48'10''$	JD 桩号为 K3+182.76	设计半径 $R=300$ m	—
测设要素	切线长 $T=68.72$ m	曲线长 $L=135.10$ m	外矢距 $E=7.77$ m	切曲差=2.34 m
主点桩号	ZY 桩号=K3+114.04	QZ 桩号=K3+181.59	YZ 桩号=K3+249.14	JD 桩号=K3+182.76(检核)

(二)圆曲线细部点测设

圆曲线主点测设只标定了曲线起点、中点和终点。当地形变化不大，圆曲线长度小于 40 m 时，测设三个主点已能满足设计和施工需要。如果曲线较长或地形变化较大，为了满足工程施工的要求，还需要按照一定的里程桩间距，在圆曲线上测设整桩和加桩。详细测设所采用的桩距 l_0 与曲线半径有关，一般规定为：当 $R \geqslant 150$ m 时，间距 20 m；当 50 m $\leqslant R < 150$ m 时，间距 10 m；当 $R < 50$ m 时，间距 5 m。

按相同间距 l_0 在圆曲线上测设中桩，通常有两种方法。一种为整桩号法，即将曲线上靠近 ZY 点的第一个桩的桩号设成整桩号，然后按间隔间距 l_0 连续向 YZ 点设桩，这样设桩均为整桩号。另一种方法为整桩距法，即从曲线起点和终点开始，分别以桩距 l_0 连续向曲线中点设桩，或从曲线的起点，按桩距 l_0 设桩至终点。由于这样设置的桩均为零桩号，因此应注意加设百米桩和公里桩。中线测量中，通常采用整桩号法。

圆曲线的详细测设方法很多，可根据地形条件加以选用。

1. 偏角法

偏角法是以圆曲线起点 ZY 或终点 YZ 至曲线任一待定点 P_i 的弦线与切线 T 之间的弦切角(这里称为偏角)和弦长 C_i 来确定点 P_i 的。

如图 11－12 所示，圆曲线半径为 R，求得待测设点 P_i 所对应的弦切角 Δ_i、弦长 C_i 后，即可按极坐标法来测设。

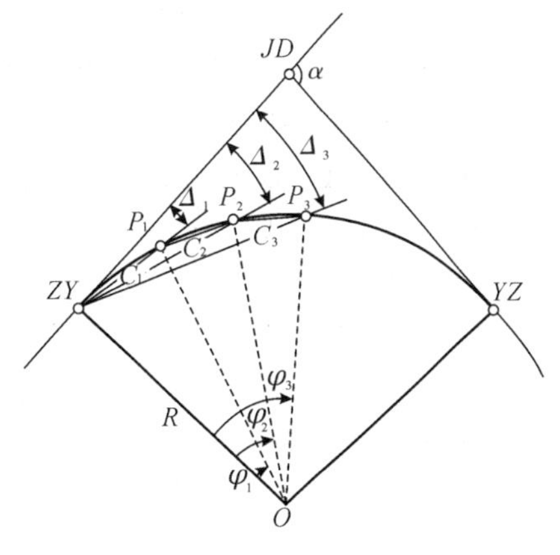

图 11－12　偏角法(极坐标法)测设圆曲线

(1)计算测设数据

根据平面几何原理，弦切角 Δ 和弦长 C 的计算公式为：

$$\Delta = \frac{\varphi}{2} = \frac{l}{2R} \cdot \frac{180}{\pi} \tag{11-5}$$

$$C = 2R\sin\frac{\varphi}{2} \tag{11-6}$$

若每隔一定的弧长 l 测设一点，则曲线上各点的偏角应为第一点偏角的整倍数：

$$\Delta_1 = \frac{\varphi}{2} = \frac{l}{2R} \cdot \frac{180}{\pi}$$

$$\Delta_2 = 2\Delta_1$$

$$\Delta_3 = 3\Delta_1$$

$$\vdots$$

$$\Delta_n = n\Delta_1$$

$$\begin{cases} \Delta_{终} = \Delta_{YZ} = \dfrac{\alpha}{2} \\ \Delta_{曲中} = \Delta_{QZ} = \dfrac{\alpha}{4} \end{cases} \tag{11-7}$$

$\Delta_{终}$ 可作为偏角计算和曲线详细测设时的检核，$\Delta_{曲中}$ 可作为曲线测设时的检核。

(2)测设方法

①安置经纬仪于 ZY 点上，瞄准交点 JD，并使水平度盘读数为 $0°00'00''$。

②顺时针转动照准部，设置度盘读数为偏角值 Δ_1，沿该方向测设弦长 C_1，即得细部点 P_1。

③继续转动照准部，将度盘读数对准偏角值 Δ_2，沿该方向测设弦长 C_2，即得细部点 P_2，依次测设出曲线的各桩点，直至 YZ 点闭合。

④检查细部点测设的准确性，当测设至 QZ 点和 YZ 点时，应与原来设置的 QZ 点和 YZ 点位置重合，若不重合，其闭合差一般不超过如表 1-7 所示的规定。

表 11－7　距离偏角测量闭合差

公路等级	纵向相对闭合差		横向闭合差/cm		角度闭合差/″
	平原、微丘	重丘、山岭	平原、微丘	重丘、山岭	
高速公路，一、二级公路	1/2 000	1/1 000	10	10	60
三级及三级以下公路	1/1 000	1/500	10	15	120

若闭合差超限，应查明原因，并进行调整或重新测设。

偏角法适用于曲线内侧障碍少的场合。此法应用灵活，测设数据计算简单，并有可靠的检核条件，但也存在误差逐点积累的缺点。因此，在一个测站上不宜连续测设过多点位，或可在曲线两端分别向中间测设，或在中点设站分别向两端测设。

【例 11.2】 根据例 11.1 中线路圆曲线的设计参数和主点桩号，若曲线详细测设时桩距为 20 m，试计算用极坐标法在曲线起点 ZY 测设圆曲线细部点的测设数据。

解：根据式(11－5)～式(11－7)，在 ZY 点用极坐标法测设圆曲线细部点的数据列于表 11－8。

表 11－8　极坐标法测设圆曲线细部点数据

点名及桩号	各点至 ZY 点弧长/m	偏角 ° ′ ″	各点至 ZY 点弦长/m	相邻桩间弧长/m	相邻桩间弦长/m
ZY　K3＋114.04	0.00	0　00　00	0.00		
				5.96	5.96
P1　K3＋110	5.96	0　34　09	5.96		
				20	19.99
P2　K3＋140	25.96	2　28　44	25.95		
				20	19.99
P3　K3＋160	45.96	4　23　20	45.92		
				20	19.99
P4　K3＋180	65.96	6　17　55	65.83		
				1.59	1.59
QZ　K3＋181.59	67.55	6　27　02	67.41		
				18.41	18.41
P5　K3＋200	85.96	8　12　31	85.67		
				20	19.99
P6　K3＋220	105.96	10　07　06	105.41		
				20	19.99
P7　K3＋240	125.96	12　01　42	125.04		
				9.14	9.14
YZ　K3＋249.14	135.10	12　54　05	133.96		

2. 切线支距法

该法以曲线起点（对于前半曲线）或终点（对于后半曲线）作为坐标原点，以切线方向作为坐标纵轴 x，以过原点的半径方向作为坐标横轴 y，如图 11－13 所示。根据圆曲线的设计半径 R，待测设点 P_i 至 ZY（或 YZ）的曲线长 l_i，以及 l_i 所对的圆心角 φ_i，求得各待测设点 P_i 的坐标 x_i、y_i，然后按直角坐标法测设各细部点。

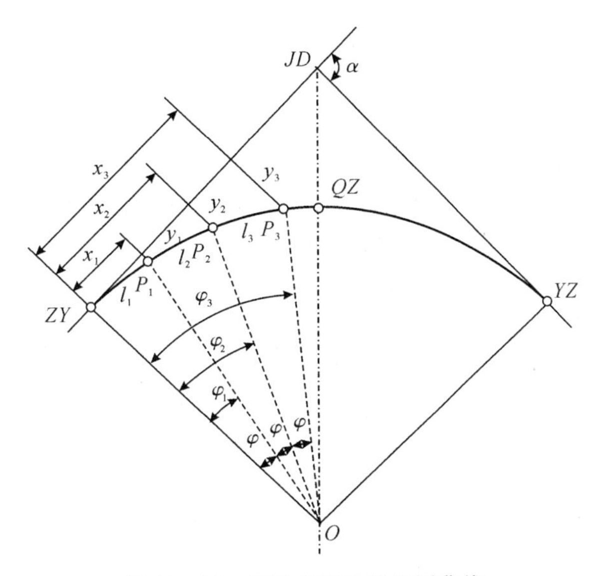

图 11－13　切线支距法测设圆曲线

（1）计算测设数据

待测设点 P_i 的坐标为：

$$\begin{cases} x_i = R\sin\varphi_i \\ y_i = R(1-\cos\varphi_i) \\ \varphi_i = \dfrac{l_i}{R} \cdot \dfrac{180}{\pi} \end{cases} \tag{11－8}$$

（2）测设方法

①安置经纬仪于 ZY 点上，瞄准交点 JD，沿该方向用钢尺从 ZY 开始，分别测设出 x_1，x_2，…，x_n，并插上测钎作为标志；

②在切线方向各标志处用经纬仪或方向架定出直角方向，沿此方向分别测设出 y_i，直至曲线中点 QZ；

③由 YZ 点测设曲线的另一半至 QZ，测设数据和测设方法与 ZY 至 QZ 完全相同；

④细部点测设完毕后，分别丈量各相邻点间的距离与相应的弦长，应满足表 11-7 的规定。

切线支距法适用于曲线外测有开阔平坦的场地的情况，该法使用工具简单，具有桩点误差不积累的特点，使用很广泛。

六、全站仪坐标法测设道路中线

用全站仪测设道路中线,速度快、精度高,目前在道路工程中已得到广泛应用。在测设时一般沿路线方向布设导线控制,然后依据导线进行中线测设。

11-1 道路测量

由第八章已经知道,全站仪一般都有坐标测量的功能,观测时可以直接得到点的坐标值,简化了运算。目前,理论与实践已经证明,用全站仪观测高程,如果采取对向(往返)观测,竖直角观测精度 $m_a \leqslant \pm 2''$,测距精度不低于$(5+5\times10^{-6}\times D)$ mm,边长控制在 2 km 之内,即可达到四等水准限差的要求。因此,在全站仪导线测量时通常都是观测三维坐标,将高程的观测结果作为路线高程的控制,以替代路线纵断面测量中的基平测量(见本章第四节)。

在全站仪进行道路中线测量时,通常是按中桩的坐标测设。中桩坐标一般是在测设时现场用计算机程序计算,并将其打印出来。

如图 11-14 所示,测设时将仪器置于导线点 D_i 上,按中桩坐标进行测设。在中桩位置定出后,随即测出该桩的地面高程(Z 坐标)。这样,纵断面测量中的中平测量(见本章第四节)就无须单独进行,大大简化了测量工作。

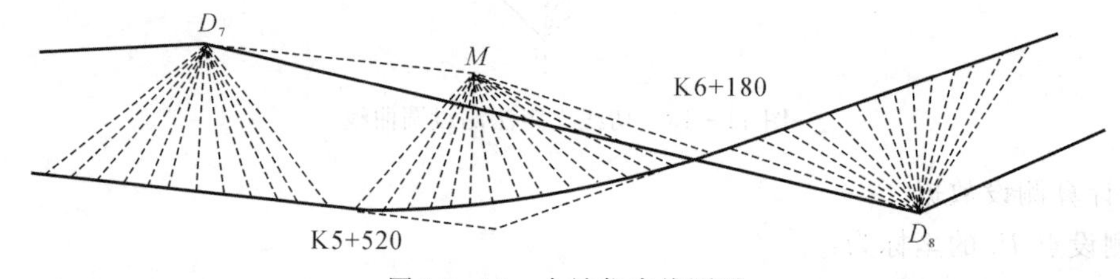

图 11-14 全站仪中线测量

在测设过程中往往需要在导线的基础上加密一些测站点,以便把中桩逐个定出。如图 11-14 所示,K5+520 至 K6+180 之间的中桩,在导线点 D_7 和 D_8 上均难以测设,可在 D_7 测设结束后,于适当位置选一 M 点后,测出 M 点的三维坐标,将仪器搬至 M 点上即可继续测设。

第四节 路线纵横断面测量

路线纵断面测量又称中线水准测量,它的任务是在道路中线测定之后,测定中线各里程桩的地面高程,绘制路线纵断面图,供路线纵坡设计之用。横断面测量是测定中线各里程桩两侧垂直于中线的地面高程,绘制横断面图,供路基设计、计算土石方数量以及施工放边桩之用。

为了提高测量精度和有效地进行成果检核,根据“由整体到局部”的测量原则,纵断面测量一般分两步进行:一是沿路线方向设置水准点,建立路线的高程控制,称为基平测量;二是根据基平测量建立的水准点高程,分段进行水准测量,测定各里程桩的地面高程,称为中平测量。

一、基平测量

基平测量的水准点包括永久性水准点和临时性水准点。在路线的起点、终点、大桥两岸、隧道两端以及一些需要长期观测高程的重点工程附近均应设置永久性水准点，在一般地区也应每隔 5 km 设置一个永久性水准点。水准点的密度，应根据地形和工程需要而定。

基平测量时，一般采用等级水准测量的方法，并根据条件采用附合水准路线或闭合水准路线。各级公路及构造物的高程控制测量等级按表 11－9 选定。

表 11－9　各级公路及构造物的高程控制测量等级

高架桥、路桥控制测量	多跨桥梁总长 L/m	单跨桥梁 L_K/m	隧道贯通长度 L_G/m	测量等级
—	$L \geqslant 3\ 000$	$L_K > 500$	$L_G > 6\ 000$	二等
—	$1\ 000 \leqslant L < 3\ 000$	$150 \leqslant L_K < 500$	$3\ 000 \leqslant L_G < 6\ 000$	三等
高架桥，高速、一级公路	$L < 1\ 000$	$L_K < 150$	$L_G < 3\ 000$	四等
二、三、四级公路	—	—	—	五等

二、中平测量

中平测量是利用基平测量布设的水准点，分段进行附合水准测量，测定路线中线上各里程桩的地面高程。根据中平测量的成果，绘制成纵断面图，供设计线路纵坡使用。

中平测量通常附合于基平测量所测定的水准点，即以相邻水准点为一测段，从一个水准点出发，逐个测定中桩的地面高程，附合到另一个水准点上。各测段的高差容许闭合差不应超过如下规定：

$$f_{h_{容}} = \pm 30\sqrt{L}\ \text{mm} \quad （高速公路，一、二级公路） \tag{11-9}$$

$$f_{h_{容}} = \pm 50\sqrt{L}\ \text{mm} \quad （三级及以下公路） \tag{11-10}$$

式中，L 为附合水准路线长度(km)。

中平测量可用普通水准测量、全站仪三角高程测量、GNSS RTK 等方法进行施测。观测时，在每一测站上先观测转点(TP)，再观测相邻两转点之间的中桩(称为中间点)。由于转点起传递高程的作用，因此，转点尺应立在尺垫、稳定的桩顶或岩石上，读数至毫米，视线长一般不应超过 150 m。中间点尺应立在紧靠桩边的地面上，读数至厘米。

以普通水准测量为例，如图 11－15 所示，水准仪置于第 1 站，后视水准点 BM1，前视转点 TP1，再观测 0＋000、0＋050、0＋100、0＋108、0＋110 等中间点；第 1 站观测结束后，将水准仪搬至第 2 站，后视转点 TP1，前视转点 TP2，再观测 0＋140、0＋160、0＋180、0＋200、0＋221 等中间点，完成第 2 站观测；同法继续向前测量，直至下一个水准点 BM2，则完成了一测段的观测工作。

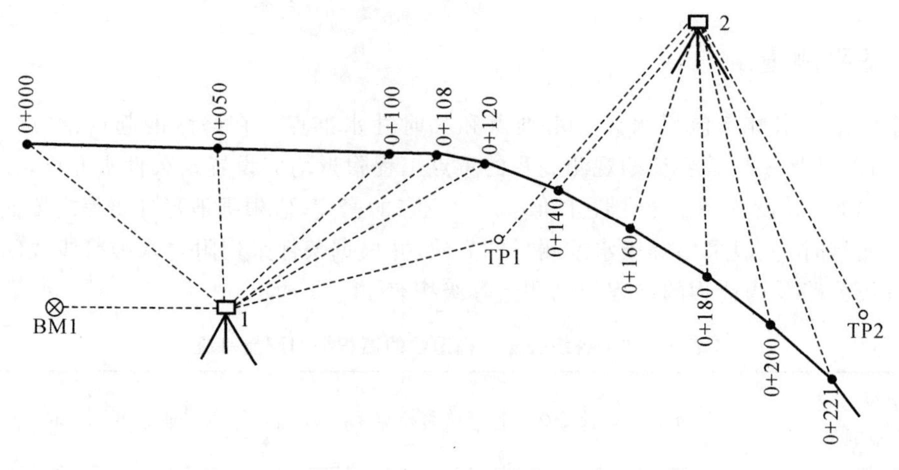

图 11-15 中平测量

在观测的同时,将观测数据分别记入如表 11-10 所示的纵断面测量记录表相应栏内,每一测站的各项计算按下式依次进行:

$$
\begin{cases}
\text{视线高程}=\text{后视点高程}+\text{后视读数} \\
\text{转点高程}=\text{视线高程}-\text{前视读数} \\
\text{中桩高程}=\text{视线高程}-\text{中间视读数}
\end{cases}
\tag{11-11}
$$

各站记录计算后,应及时计算各点的高程,直至下一个水准点为止,并计算高差闭合差 f_h,若 $f_h \leqslant f_{h_{容}}$,则符合要求。在路线高差闭合差符合要求的情况下,可不进行高差闭合差的调整,直接以原计算的各中桩点高程作为绘制纵断面图的数据。

表 11-10 线路纵断面水准(中平)测量记录

测站	点号	水准尺读数/m			视线高程/m	测点高程/m	备注
		后视	中间视	前视			
1	BM1	2.191			14.506	12.315	
	0+000		1.62			12.89	
	0+050		1.90			12.61	已知点
	0+100		0.62			13.89	ZY1
	0+108		1.03			13.48	
	0+110		0.91			13.60	
	TP1			1.007		13.499	
2	TP1	2.162			15.661	13.499	
	0+140		0.50			15.16	
	0+160		0.52			15.14	
	0+180		0.82			14.84	
	0+200		1.20			14.46	QZ1
	0+221		1.01			14.65	
	0+240		1.06			14.60	
	TP2			1.521		14.140	

续表

测站	点号	水准尺读数/m			视线高程/m	测点高程/m	备注
		后视	中间视	前视			
3	TP2	1.421			15.561	14.140	
	0+260		1.48			14.08	
	0+280		1.55			14.01	
	0+300		1.56			14.00	
	0+320		1.57			13.99	YZ1
	0+335		1.77			13.79	
	0+350		1.97			13.59	
	TP3			1.388		14.173	
4	TP3	1.724			15.897	14.173	
	0+384		1.58			14.32	
	0+391		1.53			14.37	JD2
	0+400		1.57			14.33	
	BM2			1.281		14.616	(14.591)

在表 11－10 中，已知水准点 BM1 及 BM2 的高程分别为 $H_1=12.315$ m、$H_2=14.591$ m，高差观测值 $h_{测}=2.301$ m，高差理论值 $h_{理}=2.276$ m，则高差闭合差 $f_h=h_{测}-h_{理}=0.025$ m，高差容许闭合差 $f_{h_{容}}=\pm 50\sqrt{L}=\pm 50\sqrt{0.4}=\pm 32$(mm)，成果符合要求。

三、纵断面图的绘制

纵断面图是沿中线方向绘制的反映地面起伏和纵坡设计的线状图，它表示出各段纵坡的大小和中线位置的填挖尺寸，是道路设计和施工中的重要文件资料。

如图 11－16 所示，图的上半部分从左至右有两条贯穿全图的线。其中细的折线表示中线方向的实际地面线，是以里程为横坐标、高程为纵坐标，根据中平测量的中桩地面高程绘制的。为了明显反映地面的起伏变化，一般里程比例尺取 1∶5 000、1∶2 000、1∶1 000，而高程比例尺则比里程比例尺大 10 倍，取 1∶500、1∶200 或 1∶100。图中另一条是粗线，是包含竖曲线在内的纵坡设计线，是在设计时绘制的。此外，图上还注有水准点的位置和高程，桥涵的类型、孔径、跨数、长度、坡度、里程桩号和设计水位、竖曲线示意图及其曲线要素，同公路、铁路交叉点的位置、里程及有关说明等。

图 11－16 的下部注有有关测量及纵坡设计的资料，主要包括以下内容：

(1)直线与曲线。按里程标明路线的直线和曲线部分。曲线部分用折线表示，上凸表示路线右转，下凹表示路线左转，并注明交点编号和圆曲线半径，带有缓和曲线者应注明其长度。在不设曲线的交点位置，用锐角折线表示。

(2)里程。按里程比例尺标注百米桩和公里桩。

(3)地面高程。按中平测量成果填写相应里程桩的地面高程。

(4)设计高程。根据设计纵坡和相应的平距推算出的里程桩设计高程。

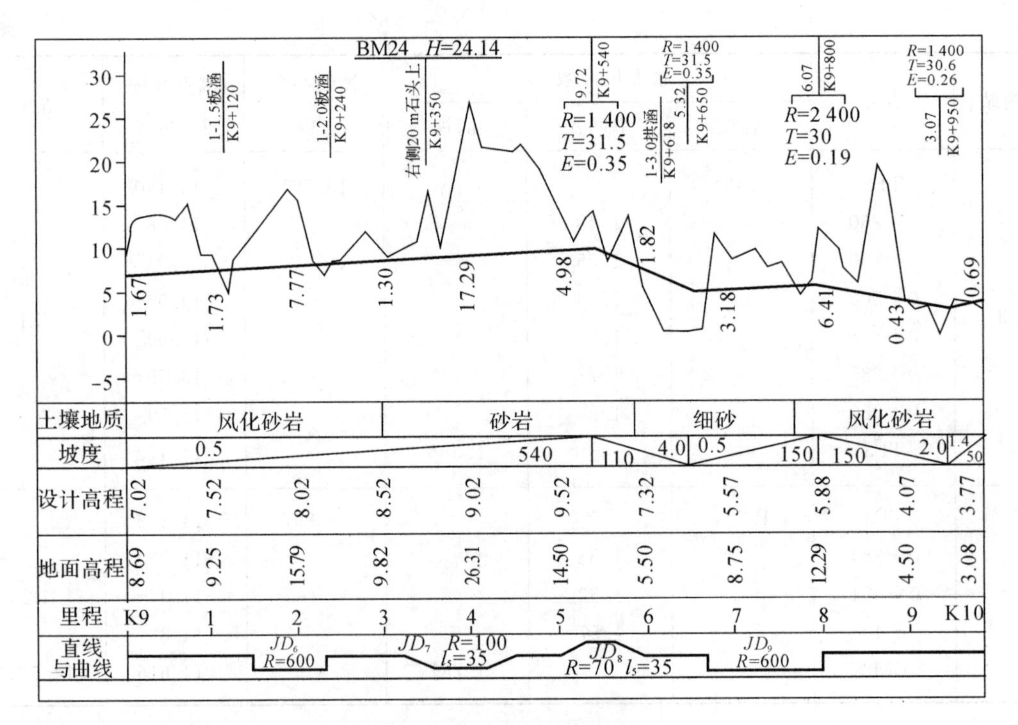

图 11－16　道路纵断面图

(5)坡度。从左至右向上斜的直线表示上坡(正坡),下斜的表示下坡(负坡),水平的表示平坡。斜线或水平线上面的数字表示坡度的百分数,下面的数字表示坡长。

(6)土壤土质。表明路段的土壤土质情况。

纵断面图的绘制一般可按下列步骤进行:

(1)按照选定的里程比例尺和高程比例尺打格制表,填写里程、地面高程、直线与曲线、土壤地质说明等资料。

(2)绘出地面线。首先选定纵坐标的起始高程,使绘出的地面线位于图上适当位置。一般是以 10 m 整倍数的高程定在 5 cm 方格的粗线上,便于绘图和阅图。然后根据中桩的里程和高程,在图上按纵、横比例尺依次点出各中桩的地面位置,再用直线将相邻点一个个连接起来,即得到地面线。在高差变化较大的地区,当纵向受到图幅限制时,可在适当地段变更图上高程起算位置,此时地面线将构成台阶形式。

(3)根据纵坡设计计算设计高程。当路线的纵坡确定后,即可根据设计纵坡和两点间的水平距离,由一点的高程计算另一点的设计高程。

设设计坡度为 i,起算点的高程为 H_0,推算点的高程为 H_P,推算点至起算点的水平距离为 D,则:

$$H_P = H_0 + iD \tag{11-12}$$

式中,上坡时 i 为正,下坡时 i 为负。

(4)计算各桩的填挖尺寸。同一桩号的设计高程与地面高程之差,即为该桩号的填土高度(正号)或挖土深度(负号)。在图上,填土高度应写在相应点的纵坡设计线之上,挖土深度则相反。也有在图中专列一栏注明填挖尺寸的。

(5)在图上注记有关资料,如水准点、桥涵、竖曲线等。

四、横断面测量

横断面测量是测定中桩两侧垂直于中线的地面高程，其目的是绘制横断面图，供基础设计、计算土方量及施工时放样边桩使用。测量时，按前进方向分成左右侧，分别测量横断面方向上各变坡点至中线桩的水平距离及高差。

横断面测量的宽度，应根据路基宽度、填挖尺寸、边坡大小、地形情况以及有关工程的特殊要求而定，一般要求中线两侧各测 10～15 m。横断面测绘的密度，除各中桩应施测外，在大/中桥头、隧道洞口、挡土墙等重点工程地段，可根据需要加密。对于地面点距离和高差的测定，一般只需精确至 0.1 m。

(一)横断面方向的测定

1. 直线段横断面方向的测定

直线段横断面方向与路线中线垂直，一般采用方向架测定。如图 11 - 17 所示，将方向架置于桩点上，方向架上有两个相互垂直的固定片，用其中一个瞄准该直线上任一中桩，另一个所指方向即为该桩点的横断面方向。

也可利用全站仪或经纬仪在需测设横断面的中桩上安置仪器，瞄准中线方向，测设 90°角，即得横断面方向。

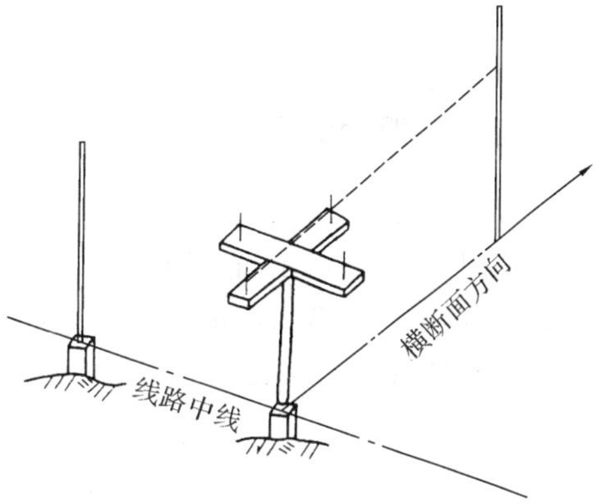

图 11 - 17　用方向架测设直线的横断面方向

2. 圆曲线横断面方向的测定

圆曲线上一点的横断面方向即是该点的半径方向。通常利用如图 11 - 18 所示的带活动定向杆的方向架进行测设。如图 11 - 19 所示，将方向架立于圆曲线起点 ZY(即 P_0 点)，用固定定向杆 ab 瞄准切线方向，则另一固定定向杆 cd 所指方向为 ZY 点的圆心方向；然后，用活动定向杆 ef 瞄准圆曲线上另一桩号 P_1，固紧定向杆 ef；再将方向架移至 P_1 点，用 cd 瞄准 ZY 点。由图 11 - 19 可看出：$\angle P_1P_0O=\angle OP_1P_0$，因此，$ef$ 方向即为 P_1 点的横断面方向。如要定出 P_2 点的横断面方向，可先在 P_1 点用 cd 对准 P_1O 方向，然后松开活动定向杆 ef 的固定螺丝，转动 ef 杆使其对准 P_2 点，固紧定向杆 ef，再将方向架移至 P_2 点，用 cd 瞄准 P_1 点，则 ef 方向即为 P_2 点的横断面方向。同法可依次定出圆曲线上其他各点的横断面方向。

当利用全站仪或经纬仪测设时，如图 11 - 19 所示，首先在圆曲线起点 ZY(即 P_0 点)处安置经纬仪或全站仪，后视切线方向，测设 90°角，则得 P_0 点的横断方向；然后测出水平角 $\angle P_1P_0O$ 的大小，再将仪器搬至 P_1 点，瞄准 P_0 点，测设 $\angle P_0P_1O=360°-\angle P_1P_0O$，则得 P_1 点的横断面方向。同法可定出圆曲线上其他各点的横断面方向。

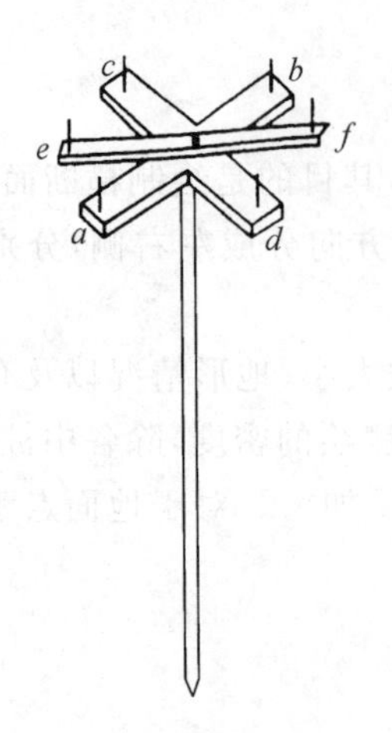

图 11－18　带活动定向杆的方向架

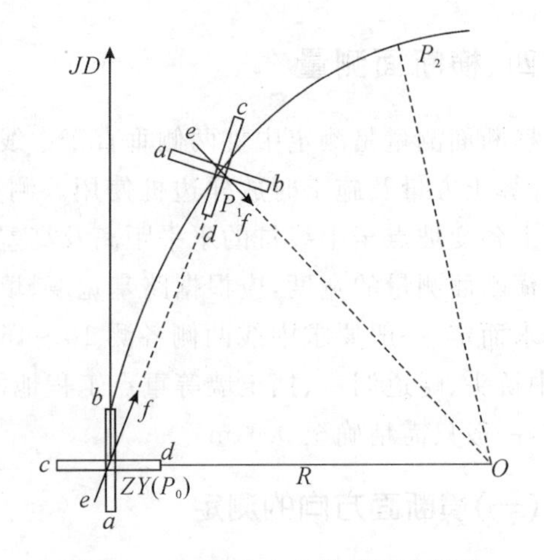

图 11－19　用方向架测设圆曲线的横断面方向

(二)横断面的测量方法

1.标杆皮尺法

如图 11－20 所示,在横断面方向的各特征点上依次立标杆,皮尺紧靠中桩及标杆并拉平,在皮尺上读取两点间的水平距离,在标杆上直接测出两点间的高差,直至所需宽度为止,横断面测量数据记入表 11－11 中。

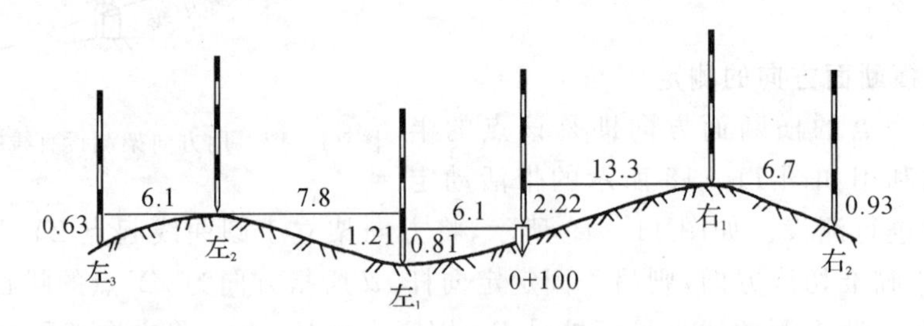

图 11－20　标杆皮尺法测量横断面

表 11－11　标杆皮尺法测量横断面记录

$\frac{\text{相邻两点间高差}}{\text{相邻两点间距离}}$(左侧)/m			桩号	$\frac{\text{相邻两点间高差}}{\text{相邻两点间距离}}$(右侧)/m	
$\frac{-0.63}{6.1}$	$\frac{+1.21}{7.8}$	$\frac{-0.81}{6.1}$	K0＋100	$\frac{+2.22}{13.3}$	$\frac{-0.93}{6.7}$

2.水准测量法

在平坦地区可使用水准仪测量横断面。施测时选一适当位置安置水准仪,后视中桩水准尺读取后视读数,求得视线高程后,前视横断面方向上各变坡点上水准尺得各前视读数,将视线高程分别减去各前视读数即得各变坡点高程。用钢尺或皮尺分别量取各变坡点至中桩的水平距离。根据变坡点的高程和至中桩的距离即可绘制横断面。

3. 经纬仪法

在地形复杂、山坡较陡的地段宜采用经纬仪施测。将经纬仪安置在中桩上，用视距法测出横断面各变坡点至中桩的水平距离和高差。

4. 全站仪法

利用全站仪的“对边测量”功能，测出横断面上各点相对中桩的水平距离和高差，或直接测定中桩至各地形特征点的水平距离和高差。

5. GNSS RTK 法

利用 GNSS RTK 法进行纵断面测量的同时，完成横断面测量，其精度均匀，成果可靠，减少了施测的环节和工序，效率也高。

高速公路、一级公路的横断面测量一般采用水准测量法和全站仪法；二级及二级以下公路可采用标杆皮尺法。

（三）横断面图的绘制

横断面图一般采用现场边测边绘的方法，以便及时对横断面进行检核。也可在现场记录（见表 11-10），回到室内绘图。绘图比例尺一般采用 1∶200 或 1∶100。图绘制在毫米方格纸上或直接利用计算机绘制。绘图时，先将中桩位置标出，然后分左、右两侧，按照相应的水平距离和高差，逐一将变坡点标在图上，再用直线连接相邻各点，即得横断面地面线。如图 11-21 所示，横断面图绘出后，可根据纵断面图上该中桩的设计高程，将路基断面设计线画在横断面图上，并根据横断面的填、挖面积及相邻中桩的桩号，可以算出施工的土、石方量。

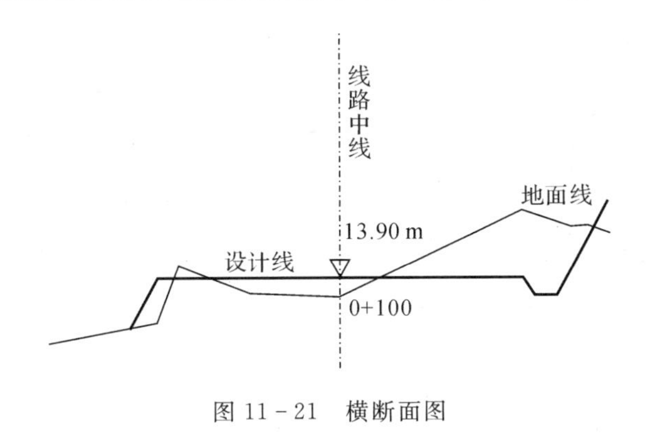

图 11-21　横断面图

第五节　道路施工测量

道路施工测量的主要工作包括恢复中线测量、路基边桩的测设、竖曲线的测设等多项工作。

一、恢复中线测量

从路线勘测到开始施工这段时间里，往往会有一些中桩丢失，故在施工之前，应根据设计文件进行恢复工作，并对原来的中线进行复核，以保证路线中线位置准确可靠。恢复中线所采用的测量方法与路线中线测量方法基本相同。此外,对路线水准点也应进行复核,必要时还应增设一些水准点以满足施工需要。

二、路基边桩的测设

路基边桩的测设就是在地面上将每一个横断面的路基边坡与地面的交点用木桩标定出来。边桩的位置由两侧边桩至中桩的距离来确定。常用的边桩测设方法如下。

(一)图解法

在绘有路基设计断面的横断面图上,直接量出中桩至坡脚点(或坡顶点)的水平距离,然后在实地用卷尺沿横断面方向测设出该长度,即得边桩的位置。

(二)解析法

解析法就是通过计算求出路基中桩至边桩的水平距离,然后现场测设该距离,得到边桩的位置。对于智能型全站仪,可直接输入路基设计参数进行自动计算,并现场测设边桩位置。在平地和山区,则计算和测设的方法有所不同。

1. 平坦地段路基边桩的测设

填方路基称为路堤,如图 11-22(a)所示,中桩至边桩的距离为:

$$l_{左}=l_{右}=\frac{B}{2}+mh \tag{11-13}$$

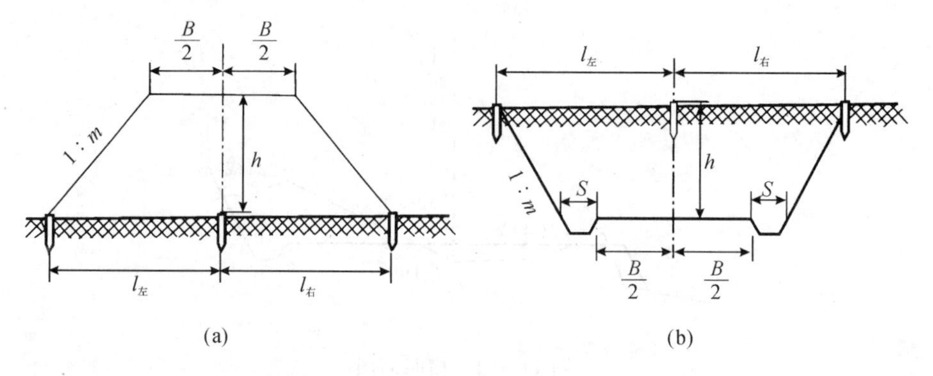

图 11-22 平坦地段路基边桩测设

挖方路基称为路堑,如图 11-22(b)所示,中桩至边桩的距离为:

$$l_{左}=l_{右}=\frac{B}{2}+S+mh \tag{11-14}$$

式中,B 为路基设计宽度;$1:m$ 为路基边坡坡度;h 为填土高度或挖土深度;S 为路堑边沟顶宽。

2. 倾斜地段路基边桩的测设

如图 11-23 所示为倾斜地段的路堤,由图 11-23(a)可得路堤左、右边桩至中桩的距离分别为:

$$l_{左}=\frac{B}{2}+m(h+h_1) \tag{11-15}$$

$$l_{右}=\frac{B}{2}+m(h+h_2) \tag{11-16}$$

由图 11－23(b)可得路堑左、右边桩至中桩的距离分别为：

$$l_{左}=\frac{B}{2}+S+m(h-h_1) \tag{11-17}$$

$$l_{右}=\frac{B}{2}+S+m(h-h_2) \tag{11-18}$$

式中，h_1 为中桩与斜坡上侧边桩的高差；h_2 为中桩与斜坡下侧边桩的高差。

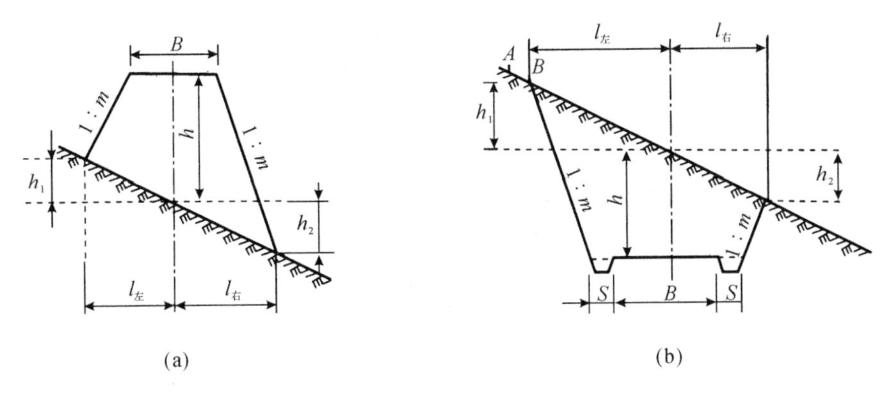

图 11－23　倾斜地段路基边桩测设

在式(11－15)～式(11－18)中，B、m、h、S 均为设计数据，$l_{左}$ 和 $l_{右}$ 随 h_1 和 h_2 而变化，由于 h_1 和 h_2 在边桩定出前是未知数，因此，在实际作业时，通常采用逐渐趋近法测设边桩位置。

三、竖曲线的测设

为了保证行车安全，当道路相邻坡度值之差超过一定数值时，必须在道路纵坡的变换处竖向设置成曲线，使坡度逐渐改变，这种曲线称为竖曲线(即在道路竖直面上连接相邻的不同坡道的曲线)。竖曲线可分为凸形竖曲线和凹形竖曲线，其线型通常为圆曲线，如图 11－24 所示。竖曲线的设计取决于公路等级、行车速度、线形、地形情况等因素，设计时应严格执行《公路工程技术标准》。

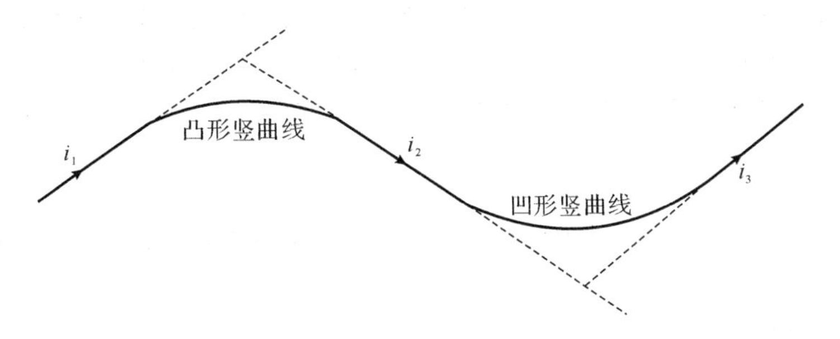

图 11－24　竖曲线

竖曲线测设时，应根据路线纵断面设计中所设计的竖曲线半径 R 和竖曲线双侧坡道的坡度 i_1、i_2 来计算测设数据。如图 11－25 所示，竖曲线主点要素有切线长 T、曲线长 L 和外矢距 E，可采用与平面圆曲线主点要素相同的公式进行计算：

$$\begin{cases} T=R\tan\dfrac{\alpha}{2} \\ L=R\alpha\dfrac{\pi}{180^\circ} \\ E=R\left(\sec\dfrac{\alpha}{2}-1\right) \end{cases} \tag{11-19}$$

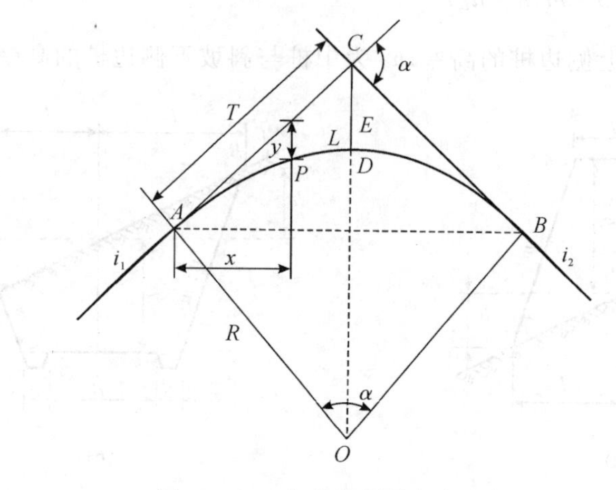

图 11-25 竖曲线测设主点要素

由于竖曲线的坡度转向角 α 一般很小，而竖曲线的设计半径 R 较大，因此，计算时可对转向角 α 做如下简化处理：

$$\alpha=\arctan i_1-\arctan i_2\approx(i_1-i_2)\frac{180^\circ}{\pi} \tag{11-20}$$

利用式(11-20)将式(11-19)简化为：

$$\begin{cases} T=\dfrac{1}{2}R(i_1-i_2) \\ L=R(i_1-i_2) \\ E=\dfrac{T^2}{2R} \end{cases} \tag{11-21}$$

竖曲线的细部测设通常采用直角坐标法。在图 11-25 中，设竖曲线上任意细部点 P 至竖曲线起点或终点的水平距离为 x，P 点至切线的纵距为 y(也称竖曲线上的标高改正值)，由于 α 角较小，所以可用 P 点至竖曲线起点或终点的曲线长度代替 x 值，而 y 值可按下式计算：

$$y=\frac{x^2}{2R} \tag{11-22}$$

根据设计道路的坡度计算出切线坡道在 P 点处的坡道高程，再根据 y 值，即可按下式计算出竖曲线上各点的设计高程。

对于凸形竖曲线：

$$设计高程=坡道高程-y \tag{11-23}$$

对于凹形竖曲线：

$$设计高程=坡道高程+y \tag{11-24}$$

竖曲线主点的测设方法与平面圆曲线相同。在实际工作中，竖曲线的测设一般与路面高程桩测设一起进行，测设时，只需将已经计算好的各点坡道高程减去（对于凸形竖曲线）或加上（对于凹形竖曲线）相应的标高改正值即可。

第六节　桥梁测量

桥梁测量主要包括桥位勘测和桥梁施工测量两部分。桥位勘测的目的就是为选择桥址和进行设计提供地形和水文资料，这些资料提供得越详细、全面，就越有利于选出最优的桥址方案和做出最经济合理的设计。对于中小型及技术条件简单、造价比较低廉的桥梁，其桥址位置往往服从于路线走向的需要，不单独进行勘测，而是包括在路线勘测之内。但对于大桥梁或技术条件复杂的桥梁，由于工程量大、造价高、施工期长，则桥位选择合理与否，对造价和使用条件都有极大的影响，所以路线的位置要服从桥梁的位置，为了能够选出最优的桥址，通常需要单独进行勘测。

桥梁设计通常需要经过设计意见书、初步设计、施工图设计等几个阶段，各阶段要相应地进行不同的测量。

一、桥位控制测量

（一）平面控制测量

为保证桥梁与相邻线路在平面位置上能正确衔接和进行桥梁施工放样，必须在桥址两岸的线路中线上埋设控制桩。两岸控制桩的连线称为桥轴线，两控制桩之间的水平距离称为桥轴线长度。施工前只有精确测得桥轴线的长度，才能精确定出桥墩、台的位置。而桥轴线的位置是在桥位勘测设计时，根据线路的走向、地形、地质、河床等情况选定设计的。

对于小型桥梁，可利用电磁波测距仪或检定过的钢尺按精密测距方法直接测定河流两岸线路中线上两桥位控制桩的距离，即得桥轴线长度。

对于河面较宽而不能直接测量桥轴线长度的大、中型桥梁，可采用三角测量、边角测量或GNSS RTK 测量的方法建立桥梁施工平面控制网。根据桥长和施工要求，控制网可布设成如图 11－26 所示的双三角形、大地四边形和双大地四边形等形式。桥梁施工控制网等级的选择，

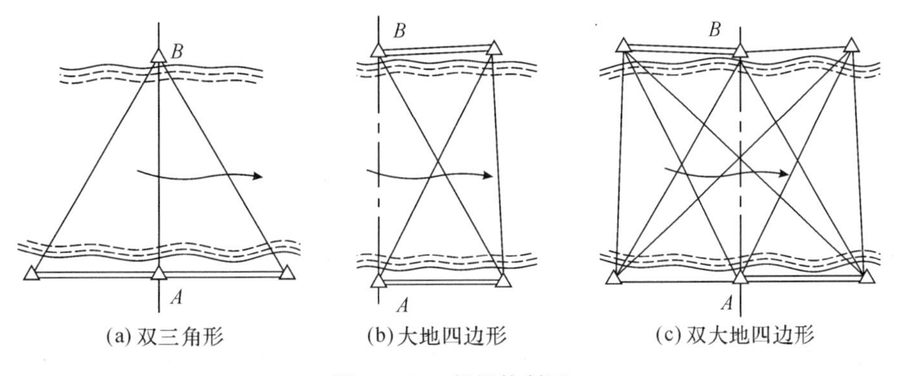

图 11－26　桥梁控制网

应根据桥梁的结构和设计要求合理确定，并符合表 11－12 的规定。桥梁控制点应选在不被水淹、不受施工干扰的地方，并建立桥梁施工专用控制网。对于跨越宽度较小的桥梁，也可利用勘测阶段所布设的等级控制点，但必须经过复测，并满足桥梁控制网的等级和精度要求。

表 11－12　桥梁施工控制网等级

桥长 L/m	跨越的宽度 l/m	平面控制网的等级	高程控制网的等级
$L>5\,000$	$l>1\,000$	二等或三等	二等
$2\,000\leqslant L\leqslant 5\,000$	$500\leqslant l\leqslant 1\,000$	三等或四等	三等
$500<L<2\,000$	$200<l<500$	四等或一级	四等
$L\leqslant 500$	$l\leqslant 200$	一级	四等或五等

注：①L 为桥的总长；

②l 为跨越的宽度，指桥梁所跨越的江、河、峡谷的宽度。

对于大型桥梁，目前普遍采用 GNSS RTK 技术建立桥梁施工平面控制网。

(二)高程控制测量

在桥梁施工阶段，为了在河流两岸建立可靠而统一的高程系统，需将高程由河的一岸传递到另一岸。桥梁高程控制可采用跨河水准测量或光电测距三角高程的方法建立。高程控制点应设在不受水淹、不受施工干扰、便于观测的稳固处，并尽可能接近施工场地，以便于施工及检核工作。桥位高程控制点应与线路水准点或附近的其他水准点联测，采用国家高程系统；当联测有困难时，可引用桥位附近的其他水准点，或使用假定高程系统。控制网等级的选用，应符合表 11－12 的规定。

跨河水准测量的地点应尽量选择在桥渡附近河宽最窄处，两岸测站点和立尺点可布设成如图 11－27 所示的对称图形。图 11－27 中，A、B 为立尺点，1、2 为测站点，要求 $A2$ 与 $B1$ 基本相等，$A1$ 与 $B2$ 基本相等且不小于 10 m，视线离水面的高度宜大于 3 m。观测时，用两台水准仪同时做一次对向观测，或用一台水准仪分别在两岸做一次观测，即完成一个测回。

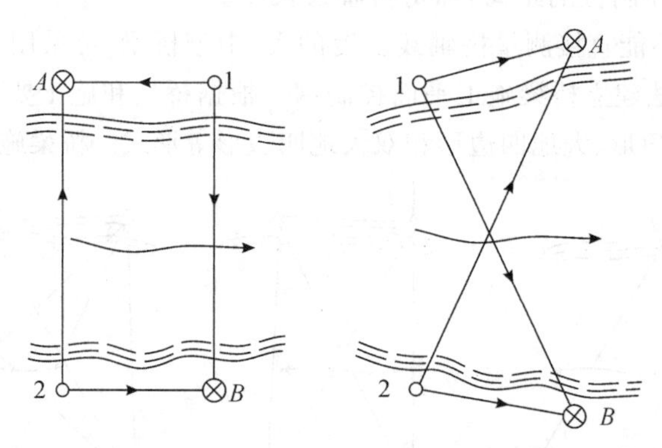

图 11－27　跨河水准测量测站点和立尺点布设

由于跨河水准测量视线较长，远尺读数困难，因此可在水准尺上安装一块可以沿尺上下移动的觇板(见图 11－28)。观测时，由观测员指挥立尺员上下移动觇板，使觇板上的水平指标线落在水准仪十字丝横丝上，由立尺员根据觇板中心孔在水准尺上读数。

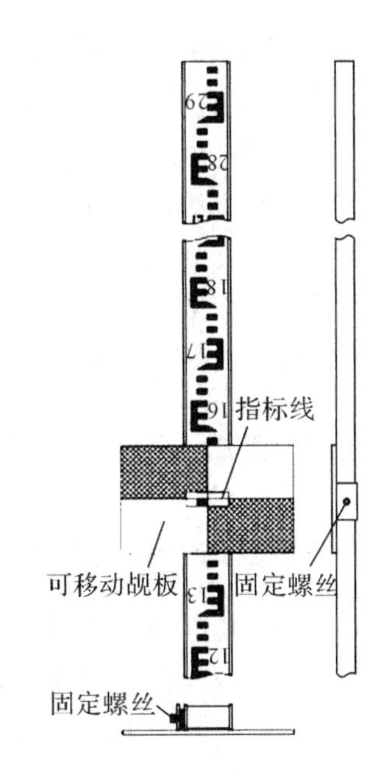

图 11－28　跨河水准测量观测觇板

二、桥轴线纵断面测量

桥轴线纵断面测量就是测量轴线方向地表的起伏状态，其测量结果绘制成的纵断面图称为桥轴线纵断面图。桥梁设计时，通常需要根据桥轴线纵断面图来决定桥梁的孔径和布置墩、台的位置。

桥轴线纵断面图包括岸上和水下两部分，两部分的测量方法不同。岸上部分与路线纵断面测量方法相同，因而应在进行路线纵断面测量的同时完成。如果路线中线上的整桩及加桩尚嫌不足，则应根据地形、地质的变化情况进行加密。水下部分由于无法钉设里程桩，也无法进行水准测量，所以测点的位置及高程都是用间接方法测求的。测点高程的测定是先测出水面高程（水位）和水深，再由水面高程减去水深，以求得河底的高程。

水面高程是随时间变化的，所以必须求得测量水深时的瞬时水面高程。为了测得水面高程，应在岸边水中竖立水标尺。水标尺的构造与水准尺相似。立好水标尺后，采用水准测量的方法自附近的水准点测算出水标尺零点的高程。水标尺零点的高程加上水面在水标尺上的读数等于水面的高程。由于水位随时会发生变化，所以应定期进行观测。

纵断面上测点的平面位置和水深是同时测定的。水深测量所采用的工具，可根据水深及流速的大小，采用测深杆、测深锤或回声测深仪。

(1)测深杆为一直径 5～8 cm、长 3～5 m 的竹竿，其上涂有测量深度标记，下端镶一直径 10～15 cm 的铁制底盘，用以防止测深时测杆下陷而影响测深精度，如图 11－29(a)所示。测深杆宜在水深 5 m 以内，流速和船速不大的情况下使用。测深杆要顺船头插入水中，使测杆触到水底时，正好垂直以读取水深。

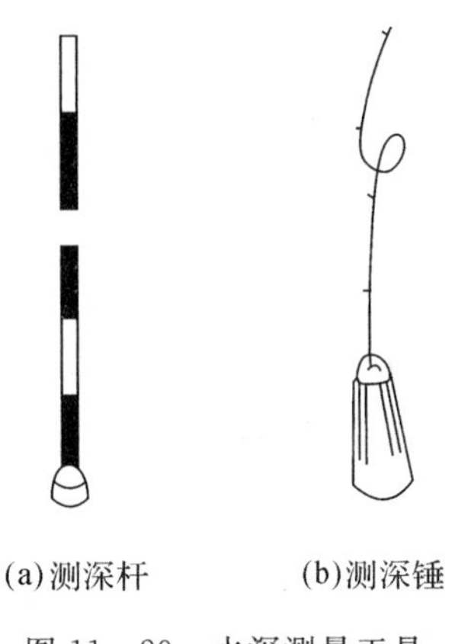

(a)测深杆　　(b)测深锤

图 11－29　水深测量工具

(2)测深锤又叫水铊，由一质量为 3～8 kg 的铅铊上系一根做了分米标记的绳索构成，如图 11－29(b)所示。测深锤测深时，应预估水深取相应绳长盘好，将铊抛向船首方向，在铊触水底、测绳垂直时，读取水深读数。测深锤适用于潜水区测量水深。

(3)回声测深仪简称测深仪，是测量水深的一种仪器。在水深流急的江河与港湾，测深仪得到广泛的应用。测深仪是根据超声波能在均质介质中匀速直线传播，遇不同介质而产生反射的原理设计而成的。使用测深仪测量水深时，应按仪器使用方法操作。

在测得断面上的测点位置及岸上和水下的地面高程后，即可用绘制路线纵断面图的方法绘制出桥轴线纵断面图。纵断面图上应注明施测水位、最大洪水位及最低水位。

三、桥梁墩、台施工测量

(一)桥梁墩、台定位测量

桥梁中线长度测定后，即可根据设计桥位的桩号在中线上测设出桥梁墩、台的中心位置，再根据墩、台的设计尺寸测设出各部分的位置。桥梁墩、台定位测量是桥梁施工测量中的关键性工作。测设方法有直接丈量法、方向交会法和极坐标法等。

1. 直接丈量法

直接丈量法只适用于直线桥梁的墩、台测设。如图 11－30 所示，首先根据桥轴线控制桩(A、B)、各桥墩中心(P_1、P_2、P_3)的里程计算控制桩至桥墩中心的距离，然后用钢尺、测距仪或全站仪沿桥梁中线方向测设各段距离，定出墩、台中心的位置，并进行相应的检核。

2. 方向交会法

大中型桥梁的桥墩一般位于水中，其中心位置可用经纬仪或全站仪按方向交会法进行测设。如图 11－30 所示，A、B 为桥轴线控制桩，C、A、D 都是桥梁三角网的控制点。根据 C、A、D 点的已知坐标以及桥墩点 P_i(P_1、P_2、P_3)的设计坐标，可计算出放样数据 α_i、β_i。在 C、D、A 三点各安置一台经纬仪或全站仪，自 A 点照准 B 点，定出桥轴线方向；在 C 点及 D 点分别测设 α_i、β_i 角，以正倒镜分中法交会出 P_i 点的位置。

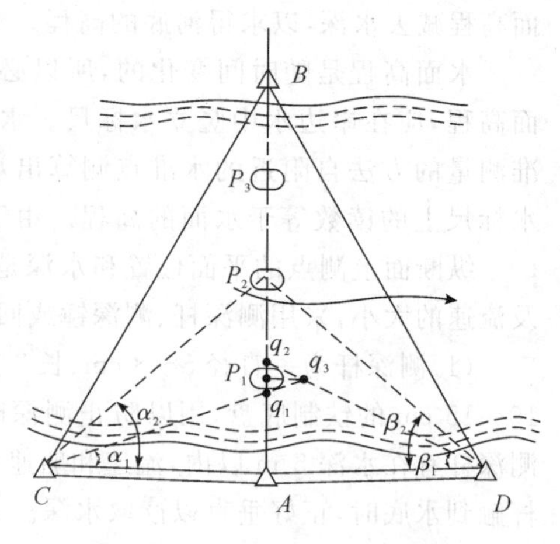

图 11－30　桥梁墩、台测设

在图 11－30 中，由于测量误差的影响，从 C、D、A 三点测设 P_1 点的三方向线不是正好交于一点，而是构成误差三角形$\triangle q_1q_2q_3$。若误差三角形在桥轴线方向的边长 q_1q_2 不超过规定的数值(墩底放样为 2.5 cm、墩顶放样为 1.5 cm)，则取 q_3 在桥轴线上的投影点 P_1 作为桥墩的中心位置。

3. 极坐标法

在桥梁的设计图纸上，一般已给出墩、台中心的坐标，因此，对于智能型全站仪可直接将控制点坐标和墩、台中心的设计坐标输入全站仪，自动计算出方位角和水平距离；对于非智能型全站仪，则先计算出方位角和水平距离，然后按极坐标法精确而方便地测设墩、台的中心位置。在图 11－30 中，将全站仪安置在桥轴线点 A 或 B，照准另一轴线点作为定向，指挥棱镜安置在该方向上，测设 AP_i 或 BP_i 的距离，即可测设出桥墩的中心位置 P_i。若采用无协作目标的全站仪，将会使桥梁墩、台定位测量更为方便和精确。

(二)桥梁墩、台定位测量

在墩、台定位以后，还得测设墩、台的纵横轴线，作为墩、台细部放样的依据。

在直线桥上，各墩、台的纵轴线在同一个方向上，而且与桥轴线重合，无须另行测设。墩、台的横轴线是过墩、台中心且与纵轴线垂直或与纵轴垂直方向成斜交角度的，测设时应在墩、台中心加设经纬仪，自桥轴线方向测设 90°角或减去斜交角度，即为横轴线方向。

在曲线桥上，若墩、台中心位于路线中线上，则墩、台的纵轴线为墩、台中心处曲线的切线方向，横轴与纵轴垂直。测设时，在墩、台中心安置经纬仪，自相邻的墩、台中心方向测设 $\frac{180° \cdot l}{2\pi R}$(其中 l 为相邻墩、台中心间曲线长度，R 为曲线半径)角，即得纵轴线方向。自纵轴线方向再测设 90°角，即得横轴线方向。

(三)桥梁墩、台基础及细部施工放样

桥墩中心位置定出后，应测设出桥墩定位桩，根据桥墩定位桩及桥墩的设计尺寸可放样出桥墩各部分的位置。

四、桥梁上部结构测设

桥梁墩、台施工完成后，即可进行桥梁上部结构的施工。为了保证预制梁安全准确地架设，首先要在桥墩、台上测设出桥梁中线的位置，并根据设计高程进行桥梁墩、台高程的检核，使桥梁中线及高程与道路线路平面、纵断面的衔接符合设计的要求。

桥梁的上部有多种不同结构，所以在安装时应根据各自的特点进行测设。对于预埋部件，在桥梁墩、台施工过程中应及时、准确地按设计要求进行放样及施工。

桥梁全线架通后，应进行方向、距离和高差的全面测量，其成果作为钢梁整体纵、横移动和起落调整的施工依据。

思考题与习题

1. 什么是中线测量？中线测量包括哪些主要工作？

2. 如何计算圆曲线的测设要素和主点桩号？

3. 简述用偏角法测设圆曲线细部点的步骤。

4. 已知某圆曲线交点 JD 的桩号为 K2＋356.11，测得转角 $\alpha_R=15°30'$，圆曲线设计半径 $R=800$ m，试求该圆曲线的测设要素和主点桩号。

5. 路线纵断面测量的目的是什么？其主要工作内容有哪些？

6. 路线横断面的测定通常有哪些方法？怎样进行？

7. 桥梁施工测量的主要工作有哪些？

参考文献

[1] 程鹏飞,等.国家大地坐标系实用宝典[M].北京:测绘出版社,2008.
[2] 邓辉,刘玉珠.土木工程测量[M].广州:华南理工大学出版社,2015.
[3] 高伟,韩兴辉,肖鸾.土木工程测量[M].北京:中国建材工业出版社,2017.
[4] 顾校烈,鲍峰,程效军.测量学[M].4版.上海:同济大学出版社,2011.
[5] 合肥工业大学,等.测量学[M].4版.北京:中国建筑工业出版社,1995.
[6] 胡伍生,潘庆林.土木工程测量[M].5版.南京:东南大学出版社,2016.
[7] 李桂苓.土木工程测量[M].青岛:中国石油大学出版社,2008.
[8] 李生平.建筑工程测量[M].北京:高等教育出版社,2002.
[9] 李祖峰.GNSS工程控制测量技术与应用[M].北京:水利水电出版社,2018.
[10] 刘星,吴斌.工程测量学[M].重庆:重庆大学出版社,2004.
[11] 宁津生,姚宜斌,张小红.全球导航卫星系统发展概述[J].导航定位学报,2013(1):3-7.
[12] 史玉峰.测量学[M].北京:中国林业出版社,2012.
[13] 覃辉,马德富,熊友谊.测量学[M].北京:中国建筑工业出版社,2007.
[14] 王国辉.土木工程测量[M].北京:中国建筑工业出版社,2011.
[15] 王晓明,殷耀国.土木工程测量[M].武汉:武汉大学出版社,2013.
[16] 武汉测绘科技大学.测量学[M].武汉:测绘出版社,1991.
[17] 殷耀国,王晓明.土木工程测量[M].2版.武汉:武汉大学出版社,2017.
[18] 张豪.建筑工程测量[M].北京:北京建筑工业大学出版社,2012.
[19] 张坤宜.交通土木工程测量[M].4版.北京:人民交通出版社,2013.
[20] 张卫民,曾经梁.土木工程测量[M].天津:天津科学技术出版社,2013.
[21] 赵长胜.GNSS原理及其应用[M].北京:测绘出版社,2015.
[22] 中华人民共和国国家标准.工程测量规范(GB 50026—2007)[S].北京:中国计划出版社,2008.
[23] 中华人民共和国国家标准.工程测量基本术语标准(GB/T 50228—2011)[S].北京:中国计划出版社,2011.
[24] 中华人民共和国国家标准.国家基本比例尺地图图式　第1部分:1∶500　1∶1 000　1∶2000 地形图图式(GB/T 20257.1—2017)[S].北京:中国标准出版社,2017.
[25] 中华人民共和国国家标准.国家基本比例尺地图图式　第2部分:1∶5 000　1∶

10 000地形图图式(GB/T 20257.2—2017)[S].北京:中国标准出版社,2017.

[26] 中华人民共和国行业标准.城市测量规范(GJJ/T 8—2011)[S].北京:中国建筑工业出版社,2012.

[27] 中华人民共和国行业标准.公路勘测规范(JTG C10—2007)[S].北京:人民交通出版社,2007.

[28] 中华人民共和国行业标准.建筑变形测量规范(JGJ 8—2016)[S].北京:中国建筑工业出版社,2016.

[29] 中华人民共和国行业推荐性标准.公路勘测细则(JTG/T C10—2007)[S].北京:人民交通出版社,2007.